A ERA DA EMPATIA

FRANS DE WAAL

A era da empatia

Lições da natureza para uma sociedade mais gentil

Com desenhos do autor

Tradução
Rejane Rubino

COMPANHIA DAS LETRAS

Tradução publicada mediante acordo com Harmony Books, uma divisão da Random House, Inc.

Grafia atualizada segundo o Acordo Ortográfico da Língua Portuguesa de 1990, que entrou em vigor no Brasil em 2009.

Título original
The age of empathy

Capa
Luciana Facchini

Foto de capa
Museu de História Natural, Nova York, s/d
© Martin Shields/ Photoresearchers/ LatinStock

Preparação
Carlos Alberto Bárbaro

Índice remissivo
Luciano Marchiori

Revisão
Arlete Zebber
Carmen S. da Costa

Dados Internacionais de Catalogação na Publicação (CIP)
(Câmara Brasileira do Livro, SP, Brasil)

Waal, Frans de
A era da empatia : Lições da natureza para uma sociedade mais gentil / Frans de Waal ; com desenhos do autor ; tradução Rejane Rubino. — São Paulo : Companhia das Letras, 2010.

Título original: The age of empathy.
Bibliografia
ISBN 978-85-359-1763-5

1. Empatia 2. Empatia - Aspectos sociais I. Título.

10-10522 CDD-156.241

Índice para catálogo sistemático:
1. Empatia : Psicologia comparada 156.241

EDITORA SCHWARCZ S.A.
Rua Bandeira Paulista, 702, cj. 32
04532-002 — São Paulo — SP
Telefone: (11) 3707-3500
www.companhiadasletras.com.br
www.blogdacompanhia.com.br
facebook.com/companhiadasletras
instagram.com/companhiadasletras
twitter.com/cialetras

Para Catherine, que me faz rir

Sumário

Prefácio 9

1. Biologia, esquerda e direita 11
2. O outro darwinismo 46
3. Conversas entre corpos 72
4. No lugar do outro 124
5. O elefante na sala 170
6. Justiça seja feita 224
7. Pau torto 284

Notas 319
Referências bibliográficas 353
Agradecimentos 377
Índice remissivo 379

Prefácio

A empatia está na moda, a ganância, ultrapassada.

A crise financeira global de 2008, associada à eleição de um novo presidente americano, produziu uma mudança sísmica na sociedade. Muitos a sentiram como se estivessem acordando de um sonho ruim em que seu dinheiro, empregado em arriscadas apostas num grande cassino, fora reduzido a pó, deixando mais rico um pequeno número de felizardos que não estavam nem aí para o restante de nós. Esse pesadelo tem suas raízes na *trickle-down economics*, a economia do fomento direto aos ricos, inaugurada por Reagan e Thatcher 25 anos antes, e na certeza reconfortante de que os mercados se autorregulam maravilhosamente bem, algo em que ninguém mais acredita.

A política americana parece estar pronta para uma nova era de afirmação da cooperação e da responsabilidade social. A ênfase recai no que mantém uma sociedade unida e a torna um lugar onde vale a pena viver, e não nos ganhos materiais que podemos extrair dela. A empatia é o grande tema da nossa época, como os discursos de Barack Obama deixam transparecer. Dirigindo-se aos estudantes da Northwestern University, em Chicago, ele declarou: "Penso que deveríamos falar mais sobre o nosso déficit de empatia... É só quando almejamos algo maior do que nós mesmos que nos tornamos capazes de realizar nosso verdadeiro potencial".[1]

A mensagem de *A era da empatia* é de que a natureza humana tem uma enorme contribuição a oferecer para que esse esforço seja bem-sucedido. É verdade que quase sempre se recorre à biologia para justificar uma sociedade baseada em princípios egoístas. Mas não devemos nos esquecer de que a nossa biologia produz também a liga que mantém as comunidades unidas. Essa liga é o mesmo para nós e para muitas outras espécies de animais. Estar em sintonia, agir coordenadamente e cuidar daqueles que necessitam não são ações exclusivas da nossa espécie. A empatia humana conta com o apoio de uma longa história evolutiva — e é daí que vem o segundo significado de "era" no título deste livro.

1. Biologia, esquerda e direita

Mas o que é o governo em si, senão a maior de todas as reflexões sobre a natureza humana?[1]

JAMES MADISON, 1788

Somos nós os responsáveis pela guarda de nossos irmãos? Deveríamos ser? Ou essa função apenas atrapalharia os propósitos pelos quais estamos aqui na Terra — para produzir e consumir, segundo os economistas; para sobreviver e nos reproduzir, segundo os biólogos? Que essas duas visões pareçam tão semelhantes não é uma simples coincidência, uma vez que surgiram aproximadamente na mesma época e no mesmo lugar, em meio à Revolução Industrial inglesa. As duas adotam como princípio a ideia de que a competição é saudável.

Pouco tempo antes, e ligeiramente mais ao norte, na Escócia, o pensamento era outro. Adam Smith, o pai da economia, compreendia melhor do que ninguém que a luta em defesa de nossos interesses pessoais necessita ser temperada pelo sentimento de solidariedade. Ele defendeu esse ponto de vista em *A teoria dos sentimentos morais*, um livro muito menos conhecido do que *A riqueza das nações*. Smith iniciou seu primeiro livro com uma frase memorável:

> Por mais egoísta que se possa admitir que seja o homem, é evidente que existem certos princípios em sua natureza que o levam a interessar-se pela sorte dos outros e fazem com que a felicidade destes lhe seja necessária, embora disso ele nada obtenha que não o prazer de a testemunhar.[2]

Os revolucionários franceses cantaram a *fraternité*, Abraham Lincoln invocou os laços que unem as pessoas e Theodore Roosevelt afirmou com ardor que a solidariedade é "o fator mais importante na produção de uma vida política e social saudável". Mas se isso é verdade, então por que esses sentimentos são muitas vezes ridicularizados e chamados — ora essa — de sentimentais? Um exemplo recente disso ocorreu depois que o furacão Katrina atingiu o estado da Louisiana em 2005. Enquanto a população americana encontrava-se paralisada de horror pela catástrofe sem precedentes, um canal de notícias na TV a cabo julgou apropriado questionar se a Constituição americana de fato prevê a assistência à população em situações de desastre. Um convidado do programa chegou a dizer que a miséria dos outros não é da nossa conta.

Por um acaso, no dia em que os diques se romperam eu tinha viajado de Atlanta ao Alabama para apresentar uma palestra na Auburn University. Exceto pela queda de algumas árvores, essa região do Alabama sofrera poucos danos. Mas o hotel estava apinhado de refugiados da tragédia. Os quartos estavam lotados de avós, crianças, cachorros e gatos. Ao acordar, no dia seguinte, me senti num verdadeiro jardim zoológico! Não que se trate de um lugar estranho para um biólogo, mas isso dava uma ideia da dimensão da calamidade. E essas eram as pessoas que tinham sido abençoadas pela sorte. O jornal da manhã na minha porta clamava "Por que fomos abandonados como animais?", citando o desabafo de uma das pessoas que haviam ficado presas durante dias, sem comida e submetidas às piores condições de higiene, no Superdome de Louisiana.

Discordei dessa manchete, não por considerar que não havia do que reclamar, mas porque os animais não necessariamente abandonam uns aos outros. A minha palestra era exatamente sobre esse tema, o nosso "primata interior" — que não é nem de longe tão insensível e torpe como se costuma apregoar —, e sobre a naturalidade da empatia na nossa espécie. Mas eu não estava afirmando que a empatia sempre encontra expressão. Milhares de pessoas haviam fugido de carro de Nova Orleans, deixando os doentes, os velhos e os pobres entregues à própria sorte. Em certos lugares, cadáveres flutuavam na água e eram devorados pelos jacarés.

Mas imediatamente depois do desastre houve também um profundo constrangimento no país em relação ao que havia ocorrido e uma corrente inacreditável de esforços de socorro às vítimas. A solidariedade não estava ausente — apenas havia demorado a se manifestar. Os americanos são um povo generoso, embora sejam educados com a crença equivocada de que a "mão invisível" da economia de livre mercado — uma metáfora introduzida pelo mesmo Adam Smith — cuidará dos infortúnios da sociedade. Mas a mão invisível não fez nada para impedir as cenas estarrecedoras de "sobrevivência dos mais aptos" em Nova Orleans.

A face oculta e cruel da riqueza de um país é que às vezes ela se produz às custas do investimento público, criando uma gigantesca classe de desfavorecidos com a qual ninguém se importa. O Katrina expôs o ponto fraco da sociedade americana. Em meu retorno a Atlanta me ocorreu que esse é o grande tema de nossos tempos: o bem comum. Tendemos a dar atenção às guerras, às ameaças terroristas, à globalização e a escândalos políticos insignificantes, quando a questão mais importante é saber de que modo combinar uma economia próspera com uma sociedade humanitária. Isso tem relação com a saúde pública, a educação, a justiça e — como ilustrado pelo Katrina — a proteção contra a natureza. Os diques em Louisiana tinham sido criminosamente negligenciados. Nas semanas que se seguiram à inundação, a mídia encarregou-se de apontar os culpados. Seria a culpa dos engenheiros? O dinheiro público fora desviado? O presidente não deveria ter interrompido as suas férias? No país onde nasci, um dedo pode salvar um dique, ou, pelo menos, é o que diz a lenda. Boa parte da Holanda fica até seis metros abaixo do nível do mar. Por esse motivo, os diques são tão sagrados que os políticos não têm, literalmente, poder algum de decisão sobre eles. Quem cuida de sua segurança são os engenheiros e as comissões locais de cidadãos que já funcionavam antes mesmo que a Holanda existisse como um país.

Pensando bem, isso reflete também uma desconfiança em relação ao governo, não exatamente ao papel ativo do Estado, mas à falta de visão da maioria dos políticos.

O ESPÍRITO EVOLUCIONÁRIO

O modo como as pessoas organizam a sociedade talvez não pareça o tipo de assunto com que um biólogo deva se preocupar. O certo seria eu me interessar pelo pica-pau-bico-de-marfim, pelo papel dos primatas na disseminação da aids ou do Ébola, pelo desaparecimento das florestas tropicais, ou se evoluímos ou não dos grandes primatas. Embora esta última questão continue a ser objeto de discussão para algumas pessoas, houve uma mudança radical na opinião do público quanto ao papel da biologia. Vai longe o tempo em que E. O. Wilson levou um balde de água fria na cabeça depois de uma conferência sobre as relações entre o comportamento animal e o comportamento humano. Os paralelos com os animais são mais aceitos hoje em dia, o que facilita a vida dos biólogos. Daí minha decisão de avançar um passo a mais e ver se a biologia pode lançar alguma luz sobre a sociedade humana. Se isso significa entrar em controvérsias políticas, então, que seja. A verdade é que a biologia já faz parte delas. Todo debate sobre a sociedade e o governo parte de enormes pressuposições sobre a natureza humana, apresentadas como se elas derivassem diretamente da biologia. Mas isso quase nunca é verdade.

Os adoradores da competição aberta, por exemplo, estão sempre invocando a evolução. A "palavra com e"* entrou até no famigerado "discurso da ganância" de Gordon Gekko, o especulador implacável interpretado por Michael Douglas no filme *Wall Street*, de 1987:

> O que interessa, senhoras e senhores, é que a "ganância" — por falta de uma palavra melhor — é boa. A ganância funciona. Ela esclarece as coisas, ela resolve e capta a essência do espírito evolucionário.

O espírito evolucionário? Por que razão as premissas sobre a biologia estão sempre do lado negativo? Nas ciências sociais, a natureza humana é representada pelo velho provérbio hobbesiano *Homo homini lupus* ("O homem é o lobo do homem"), uma afirmação questionável sobre a nossa espécie baseada em premissas falsas sobre uma espécie diferente. Por essa razão, um biólogo que se interesse em explorar a relação entre a sociedade e a natureza

* No original, *e-word*, expressão que alude às controvérsias em relação ao ensino da teoria evolucionista (e até mesmo ao emprego da palavra "evolução") nas escolas americanas. (N. T.)

humana não estará realmente fazendo nada de novo. A diferença é que em vez de tentar justificar um modelo ideológico em particular, o biólogo tem um interesse genuíno em compreender o que é a natureza humana e qual a sua origem. Será que o espírito evolucionário se resume à ganância, como advogou Gekko, ou haverá mais coisas em jogo?

Os estudantes de direito, economia e política carecem dos instrumentos para examinar a sociedade humana com alguma objetividade. Com o que poderão compará-la? Raramente (ou talvez nunca) eles consultam o vasto conhecimento sobre o comportamento humano acumulado pela antropologia, pela psicologia, pela biologia ou pela neurociência. Em poucas palavras, a resposta encontrada por essas disciplinas é de que os homens são animais gregários, altamente cooperativos e sensíveis à injustiça, belicosos às vezes, mas na maior parte do tempo amantes da paz. Uma sociedade que ignore essas tendências não poderá funcionar bem. É verdade que somos também animais movidos a incentivos, preocupados com o prestígio social, com o território e com a segurança alimentar, de modo que toda sociedade que desconsidere essas tendências tampouco poderá funcionar adequadamente. A nossa espécie tem um lado social e um lado egoísta. Mas dado que seu lado egoísta é o pressuposto dominante, pelo menos no Ocidente, vou me concentrar principalmente no primeiro, no papel da empatia e da conexão social.

Pesquisas novas e estimulantes sobre as origens do altruísmo e da justiça têm sido realizadas tanto em seres humanos como em outros animais. Por exemplo, se dois macacos receberem recompensas muito diferentes pela mesma tarefa, aquele que ficar em desvantagem simplesmente se recusará a executá-la. Também na nossa espécie os indivíduos se recusam a aceitar um salário que eles considerem injusto. Uma vez que *todo* pagamento, seja ele qual for, é maior do que nenhum pagamento, isso significa que os macacos, assim como as pessoas, não seguem o princípio do lucro ao pé da letra. O protesto dos macacos contra a desigualdade comprova tanto a importância dos incentivos quanto a aversão natural à injustiça por parte desses animais.

A despeito disso, estamos de certa forma cada vez mais próximos de nos tornar uma sociedade absolutamente desprovida de solidariedade, em que um grande número de pessoas podem contar que receberão um tratamento injusto. Conciliar essa tendência com os bons e velhos valores cristãos, como a preocupação com os pobres e os doentes, talvez pareça uma causa perdida. Uma estratégia corriqueira é a de se acusar as vítimas. Se se pode atribuir aos pobres a responsabilidade por sua pobreza, os demais ficam isentos de culpa. Foi isso que permitiu que, passado um ano do Katrina, Newt Gingrich, um conhecido político conservador, recomendasse uma investigação sobre a "falta de cidadania"[3] dos que não haviam logrado escapar do furacão.

Os que enfatizam a liberdade individual quase sempre consideram os interesses coletivos uma ideia romântica, coisa de maricas e comunistas. Eles preferem a lógica do "cada um por si". Por exemplo, em vez de gastar dinheiro em diques para proteger uma região inteira, por que não deixar que cada um cuide da própria segurança? É exatamente isso que uma nova empresa na Flórida está fazendo, ao oferecer o aluguel de assentos em jatos particulares para retirar as pessoas de locais ameaçados por furacões. Desse modo, aqueles que puderem arcar com esse custo não precisarão fugir de carro, com o resto do populacho, a oito quilômetros por hora.

Toda sociedade tem que lidar com essa atitude "primeiro eu". Eu a observo todos os dias, bem diante dos meus olhos. E aqui não me refiro às pessoas, mas aos chimpanzés no Centro Nacional de Pesquisa Yerkes sobre Primatas, onde trabalho. Em nossa estação de campo próxima a Atlanta, os chimpanzés vivem em grandes cercados ao ar livre. Às vezes lhes damos alimentos que podem ser repartidos, como melancias. Quase todos os chimpanzés querem ser os primeiros a apanhar o alimento, pois isso, uma vez garantido, é muito raro que os outros o tirem de suas mãos. O direito à posse é realmente respeitado, a ponto de até mesmo o macho dominante permitir à fêmea da mais baixa posição hierárquica manter o alimento do qual se apoderou. Os animais que estão de posse da comida geralmente são abordados pelos outros, que pedem um pedaço estendendo a mão (com o mesmo gesto universal com que os humanos pedem esmola). Eles imploram e choramingam, lamuriando-se diante do outro. Se o dono do alimento não entrega os pontos, os pedintes às vezes perdem as estribeiras, gritando e rolando no chão como se o mundo estivesse prestes a acabar.

O importante aqui é que tanto o direito à posse quanto o compartilhamento da comida são observados. No final, quase sempre em menos de vinte minutos, todos os chimpanzés do grupo terão recebido algum alimento. Os que haviam se apoderado do alimento o repartem com seus melhores amigos e a família deles, que por sua vez também a dividem com os melhores amigos e suas famílias. É uma cena bastante pacífica, embora uma certa dose de conflito pelas posições na hierarquia também esteja presente. Ainda me recordo de um cinegrafista que, depois de filmar uma dessas sessões, virou-se para mim, dizendo: "Eu devia mostrar esse filme aos meus filhos. Eles aprenderiam alguma coisa com isso".

Os chimpanzés imploram por uma porção do alimento com o mesmo gesto, típico da nossa espécie, de estender a mão com a palma virada para cima.

Por isso, não acredite em ninguém que saia por aí afirmando que uma vez que a natureza se baseia numa luta pela vida, só resta a nós, os humanos, viver dessa maneira. Muitos animais sobrevivem cooperando e compartilhando os recursos, e não aniquilando-se uns aos outros ou conservando tudo para si mesmos. Isso se aplica mais claramente aos animais que caçam em bando, como os lobos e as orcas, mas também aos nossos parentes mais próximos, os primatas. Um estudo desenvolvido no Parque Nacional de Taï, na Costa do Marfim, constatou que os chimpanzés cuidavam dos companheiros feridos por leopardos: lambiam o sangue, removiam cuidadosamente a sujeira e impediam as moscas de chegar perto das feridas. Eles faziam a proteção dos companheiros machucados e se deslocavam mais devagar quando estes tinham dificuldade para acompanhá-los. Isso faz sentido, uma vez que existem razões para que os chimpanzés vivam em grupo, do mesmo modo como existem razões para que os lobos e os humanos vivam em grupo. Se o homem é o lobo do homem, isso é verdadeiro em todos os sentidos, e não apenas no sentido negativo. Não seríamos o que somos hoje se nossos ancestrais tivessem vivido isolados uns dos outros.

O que necessitamos é de uma completa reformulação dos nossos pressupostos sobre a natureza humana. Muitos economistas e políticos assumem como modelo da sociedade humana a luta permanente que julgam existir na natureza, o que não passa de uma projeção. Como os mágicos, primeiro eles jogam seus preconceitos ideológicos dentro da cartola da natureza, para então tirá-los de lá pelas orelhas, mostrando que a natureza corresponde ao que eles pensam. Já caímos nesse truque por um tempo longo demais. Obviamente, a competição faz parte do cenário, mas os humanos não podem viver somente de competição.

O filósofo alemão Immanuel Kant considerava de tão pouca valia a bondade humana quanto o ex-vice-presidente dos Estados Unidos Dick Cheney desprezava a conservação de energia. Cheney costumava ridicularizar a economia de energia, descrevendo-a como "um sinal de virtude pessoal" que, infelizmente, não faria bem algum ao planeta. Kant louvava a compaixão por sua beleza, mas a considerava irrelevante no tocante a uma vida virtuosa. Quem precisa de sentimentos delicados se o que realmente importa é o dever?

Vivemos numa época que enaltece o que é cerebral e menospreza as emoções, encaradas como complicadas e piegas. Pior ainda, as emoções são difíceis de controlar, e não é justamente o autocontrole que nos faz humanos? Como eremitas resistindo às tentações da vida, os filósofos modernos tentam manter as paixões à distância, e concentrar-se, em vez disso, na lógica e na razão. Mas assim como eremita algum pode impedir-se de sonhar com lindas donzelas e refeições saborosas, nenhum filósofo consegue esquivar-se de suas necessidades básicas, de seus desejos e de suas obsessões que, infelizmente para eles, são realmente feitos de carne e osso. A ideia de "razão pura" é pura ficção.

Se a moralidade deriva de princípios abstratos, por que então os julgamentos ocorrem quase sempre de forma instantânea? Praticamente não temos necessidade de pensar sobre eles. Com efeito, o psicólogo Jonathan Haidt acredita que eles são produzidos intuitivamente. Ele apresentou a um grupo de sujeitos histórias envolvendo comportamentos estranhos, que as pessoas desaprovaram imediatamente. Num caso apresentado, do romance entre um homem e sua irmã, Haidt contestou uma a uma as justificativas dos sujeitos para a rejeição do incesto, até que elas se esgotassem. Se dissessem que o incesto gera filhos com anomalias, Haid rebatia dizendo que os irmãos usavam um método contraceptivo eficiente, invalidando o argumento. Boa parte dos sujeitos chegou rapidamente ao estágio da "confusão moral". Eles insistiam obstinadamente na ideia de que o comportamento em questão era reprovável, sem que conseguissem explicar por quê.

Não há dúvida de que geralmente tomamos decisões morais instantâneas que nos vêm das "entranhas". Nossas emoções é que decidem. Em seguida, nosso poder de raciocínio tenta ganhar terreno, como um consultor de imagem em busca de justificações plausíveis. Esse arranhão no privilégio da lógica humana tem conduzido a um ressurgimento das abordagens pré-kantianas da moralidade. Numa visão bastante condizente com a teoria evolucionista, a neurociência moderna e o comportamento dos nossos parentes primatas, elas sustentam que a base da moralidade está nos sentimentos. Isso não equivale a dizer que os macacos e os grandes primatas não humanos* são seres morais. Mas tendo a concordar com a visão de Darwin, que afirmava em seu livro *The descent of man* [traduzido para o português como *A origem do homem*] que a moralidade humana se origina da sociabilidade animal:

> Todo e qualquer animal dotado de instintos sociais bem definidos [...] inevitavelmente adquirirá senso ou consciência moral assim que suas faculdades intelectuais se tenham tornado tão bem desenvolvidas, ou quase tão bem desenvolvidas, quanto no homem.[4]

O que são esses instintos sociais? O que é que faz com que nos importemos com o comportamento dos outros, ou, simplesmente, com os outros? Embora o julgamento moral seguramente

* Os grandes primatas não humanos (os chimpanzés, os bonobos, os gorilas e os orangotangos) distinguem-se dos macacos pela ausência de cauda e por seu porte avantajado. (N. T.)

vá além disso, o interesse pelos outros é fundamental. Sem ele, o que seria da moralidade humana? Ele é o fundamento sobre o qual tudo o mais se constrói.[5]

Muita coisa ocorre em um nível corporal no qual raramente pensamos. Ouvimos uma pessoa contar uma história triste e inconscientemente deixamos cair os ombros, inclinamos a cabeça para o lado como o nosso interlocutor, imitamos suas sobrancelhas franzidas e assim por diante. Essas mudanças corporais produzem em nós o mesmo estado de desalento que percebemos no outro. Não é a nossa mente que penetra na da outra pessoa, é o nosso corpo que mapeia o do outro. O mesmo se aplica às emoções felizes. Lembro-me de sair de um restaurante certa manhã tentando descobrir por que eu estava assobiando alegremente. O que havia provocado em mim um estado de espírito tão animado? Eu me sentara perto de dois homens que, obviamente, eram velhos amigos e não se encontravam havia muito tempo. Esses homens tinham rido e contado histórias divertidas, dando tapinhas nas costas um do outro. Isso deve ter levantado o meu estado de ânimo, embora eu não os conhecesse e não tivesse participado da conversa entre eles.

A transferência do estado de humor pelas expressões faciais e pela linguagem corporal é tão poderosa que as pessoas que fazem isso todos os dias começam literalmente a se parecer umas com as outras. Isso já foi testado com fotografias de pessoas casadas por um longo período. Elas foram fotografadas no dia de seu casamento, e também 25 anos depois. Os retratos desses homens e mulheres foram apresentados separadamente a um grupo de sujeitos a quem se solicitou que os combinassem com base na semelhança. Para o conjunto de fotografias tiradas 25 anos depois do casamento, os participantes não tiveram dificuldade de decidir quem era casado com quem. Mas para as fotografias tiradas no dia do casamento, os sujeitos foram reprovados na tarefa. As pessoas casadas se assemelham uma à outra, não pelo fato de terem escolhido parceiros parecidos com elas, mas porque seus traços convergem ao longo dos anos. A semelhança era mais acentuada nos casais que se diziam mais felizes. O compartilhamento diário das emoções parece levar um parceiro a "internalizar" o outro, e vice-versa, até o ponto em que qualquer pessoa pode enxergar o quanto eles são próximos.

Não resisto a introduzir aqui a ideia de que os cachorros e seus donos também são parecidos, às vezes. Mas não se trata da mesma coisa. Conseguimos combinar corretamente as fotografias das pessoas e de seus cães somente quando se trata de animais puro-sangue. Isso não funciona com os vira-latas. Os cachorros de raça são cuidadosamente escolhidos por seus donos, que pagam altas quantias por eles. Uma senhora elegante talvez deseje levar um *wolfhound* para passear, ao passo que uma pessoa com uma personalidade mais assertiva poderá preferir um *rottweiler*. Dado que a semelhança entre o cão e o seu dono não aumenta com o passar dos anos, o fator crucial aí é a escolha da raça, algo diverso da convergência emocional entre os cônjuges.

Nossos corpos e mentes são feitos para a vida social, o que nos deixa irremediavelmente deprimidos na ausência dela. Excluindo a pena de morte, a pior das punições é o confinamento numa solitária. Os laços entre as pessoas são tão benéficos que a maneira mais segura de prolongar nossa expectativa de vida é nos casarmos e assim permanecermos. O outro lado disso é o risco que corremos ao perder um parceiro. A morte do cônjuge quase sempre leva ao desespero e à diminuição da vontade de viver, o que explica os acidentes de carro, o abuso do álcool, a doença cardíaca e os cânceres que interrompem a vida daqueles que foram deixados para trás. O índice de mortalidade permanece elevado por aproximadamente meio ano após a morte do cônjuge. O risco é maior para as pessoas mais jovens, e é também mais elevado para os homens do que para as mulheres.

Com os animais não é diferente. Eu mesmo tive a experiência de perder dois animais de estimação nessas circunstâncias. O primeiro foi uma gralha de nuca cinzenta que eu havia alimentado na mão. Johan era manso e amistoso, mas não tinha uma forte ligação comigo. O grande amor de sua vida era Rafia, uma fêmea da mesma espécie. Eles ficaram juntos durante anos, até o dia em que ela escapou do viveiro ao ar livre onde moravam (suspeito que uma criança da vizinhança, movida pela curiosidade, tenha aberto a porta). Abandonado, Johan passou dias e dias chamando a companheira e examinando o céu. Ele morreu algumas semanas depois.

O mesmo aconteceu com Sarah, a nossa gata siamesa, que fora adotada por Diego, o gato lá de casa, que a limpava com lambidas, deixava que ela pressionasse sua barriga como se estivesse mamando, e dormia com ela. Eles foram grandes companheiros por quase uma década, até que Diego morreu de velhice. Embora Sarah fosse mais jovem e estivesse em perfeita saúde, parou de comer e morreu dois meses mais tarde, sem que o veterinário pudesse determinar a razão disso.

Existem milhares de histórias como essas, incluindo os casos dos animais que se recusam a abandonar aqueles com quem se sentem afetivamente ligados. Não é raro que as mães primatas carreguem seus filhos mortos até que nada tenha restado deles além da pele e dos ossos. No Quênia, uma fêmea de babuíno que acabara de perder seu filhote ficou extremamente agitada uma semana depois, ao reconhecer, na savana, a moita onde havia deixado o corpo do filho. Ela subiu numa árvore bem alta, de onde podia esquadrinhar todo o terreno ao redor, e ficou emitindo os chamados lastimosos normalmente usados pelos babuínos quando separados de seu bando. Os elefantes também são conhecidos por retornar ao local onde se encontram os restos dos companheiros mortos, postando-se solenemente diante de seus ossos descorados pelo sol. Às vezes eles passam algum tempo cheirando os ossos e revirando-os delicadamente. Em alguns casos, carregam esses ossos consigo, mas há também registros de elefantes que foram vistos levando-os de volta ao local de sua "sepultura".

Impressionados com a lealdade dos animais, os humanos já ergueram estátuas em homenagem a alguns deles. Em Edimburgo, na Escócia, há uma pequena escultura do "Greyfriars Bobby", um cachorro da raça Skye terrier que se recusou a deixar o túmulo do dono, enterrado em 1858. Bobby, que era alimentado pelas pessoas admiradas com seu comportamento fiel, guardou o túmulo do dono durante catorze anos, e foi enterrado perto dele. Na sua lápide está escrito "Que sua lealdade e devoção sejam uma lição para todos nós". Em Tóquio, há uma estátua semelhante em homenagem a Hachiko, um cão da raça Akita que todos os dias ia até a estação Shibuya encontrar o dono que retornava do trabalho. Hachiko ficou famoso por ter mantido o hábito de esperar o dono na estação depois da morte deste, em 1925. Durante onze anos o cão foi esperá-lo na hora exata em que o dono costumava chegar. Até hoje um grande número de pessoas que adoram cachorros se reúne uma vez por ano na saída da estação Hachiko, que recebeu esse nome em homenagem à fidelidade do animal.

Essas histórias são certamente comoventes, mas o que elas têm a ver com o comportamento humano? O elemento importante aqui é que somos mamíferos, animais que dependem obrigatoriamente do cuidado materno. Consequentemente, os vínculos afetivos têm enorme valor de sobrevivência para nós. A ligação mais crucial de todas é aquela entre a mãe e seus filhotes. Essa ligação fornece o molde evolutivo para todas as outras, incluindo as relações entre os adultos. Assim, não é de se espantar que os humanos apaixonados tendam a regredir ao estágio da relação dos pais com o bebê, dando bocadinhos de alimento um ao outro como se não fossem capazes de comer por si mesmos e dizendo coisas sem sentido com as mesmas vozes agudas normalmente reservadas às criancinhas. Eu mesmo cresci ao som da canção "I wanna hold your hand", dos Beatles, um outro exemplo de regressão.

Na verdade, um conjunto de estudos com animais exerceu uma influência muito forte e concreta no modo como os humanos tratam uns aos outros. Cem anos atrás, os orfanatos puseram em prática as recomendações do *comportamentalismo*, uma teoria do campo da psicologia que, a meu ver, produziu mais estragos do que qualquer outra. O nome dessa teoria reflete a crença de que o comportamento é tudo o que a ciência pode observar e conhecer, e, por essa razão, a única coisa a ser levada em conta. A mente, caso exista, equivale a uma caixa preta. As emoções são consideradas praticamente irrelevantes. Esse ponto de vista conduziu a um tabu em relação à vida interior dos animais. Os animais deveriam ser descritos como máquinas. Os pesquisadores do comportamento animal, consequentemente, deveriam desenvolver uma terminologia desprovida de conotações humanas. Ironicamente, o tiro saiu pela culatra, pelo menos em relação a uma palavra do vocabulário comportamentalista. O termo *ligação* foi cunhado originalmente para evitar a utilização de termos antropomórficos, como *amigos* ou *companheiros*, em referência aos animais. Mas desde então tornou-se tão popular no que diz respeito aos relacionamentos humanos (como em "ligação entre os homens" ou "experiência de ligação"), que provavelmente teremos que deixar de empregá-lo para os animais.

O pai do comportamentalismo, John Watson,[6] produziu uma demonstração convincente de que os humanos são controlados pela mesma lei do efeito que os animais, fazendo com que um bebê humano desenvolvesse uma fobia de objetos peludos. De início, o "pequeno Albert" brincava alegremente com o coelho branco que fora dado a ele. Mas depois que Watson passou a introduzir batidas estridentes de objetos metálicos bem atrás do pobre Albert no mesmo instante em que o coelho aparecia, o resultado inevitável foi o medo. Daí por diante, Albert choramingava e cobria os olhos com as mãos a cada vez que via o coelho (ou o pesquisador).

Watson ficou tão fascinado pelo poder do condicionamento que se tornou alérgico às emoções. Mostrava-se particularmente cético em relação ao amor materno, que considerava um instrumento perigoso. Watson acreditava que as mães, ao se preocuparem demasiadamente com os filhos, acabavam por arruiná-los, infundindo-lhes fraquezas, medos e inferioridades. A sociedade precisava de menos calor e de mais estrutura. Watson sonhava com um "criadouro de bebês" sem a presença dos pais, de maneira que as crianças pudessem ser educadas segundo princípios científicos. Por exemplo, elas só deveriam ser tocadas se tivessem se comportado excepcionalmente bem, e não com um abraço ou um beijo, mas com um leve tapinha nas costas. As recompensas físicas administradas de forma sistemática poderiam produzir resultados maravilhosos, acreditava Watson, e eram muito superiores ao estilo de educar exageradamente sentimental da mãe bem-intencionada típica.

Infelizmente, ambientes como o criadouro de bebês existiram, e tudo o que podemos dizer é que eles eram mortíferos! Isso ficou evidente quando os psicólogos estudaram os órfãos mantidos em berços separados por lençóis brancos, privados de estimulação visual e de contato corporal. Seguindo as recomendações dos cientistas, os adultos nunca haviam falado com ternura a essas crianças, e jamais fizeram cócegas nelas ou as carregaram no colo. Os bebês pareciam zumbis, com rostos imóveis e olhos arregalados e sem expressão. Se Watson estivesse certo, essas crianças deveriam apresentar um ótimo nível de desenvolvimento, mas a verdade é que elas não tinham a menor resistência às doenças. Em alguns orfanatos, a mortalidade chegava perto de cem por cento.

A cruzada de Watson contra o que ele chamou de "a criança beijada demais" e o grande respeito concedido a ele pela opinião pública na década de 1920 parecem incompreensíveis nos dias de hoje, mas permitem entender por que Harry Harlow, outro psicólogo, teve a ideia de demonstrar o óbvio, isto é, que o amor materno faz diferença... para os macacos.[7] Num laboratório de primatas, em Madison, Wisconsin, Harlow comprovou que os macacos criados em isolamento manifestavam perturbações mentais e sociais. Quando colocados em grupo, não interagiam, parecendo desprovidos de habilidades para fazê-lo. Na idade adulta, não se mostravam capazes de copular ou de cuidar de seus filhotes. A despeito das objeções que possamos levantar hoje em dia quanto aos aspectos éticos da pesquisa de Harlow, ele demonstrou, sem deixar dúvidas, que a privação do contato corporal é algo que não combina com os mamíferos.

Com o tempo, pesquisas como essa reverteram o cenário anterior, ajudando a garantir um destino mais favorável para as crianças órfãs, exceto na Romênia, onde o presidente Nicolau Ceaușescu produziu um *gulag* emocional, criando milhares de recém-nascidos em instituições. Quando esses orfanatos foram abertos após a queda da Cortina de Ferro, o mundo foi forçado a se lembrar do pesadelo das crianças criadas em regime de privação. Os órfãos não eram capazes de rir ou chorar, passavam o dia em posição fetal (à semelhança dos macacos de Harlow) ou se balançando, e nem

Os órfãos da Romênia foram criados de acordo com princípios "científicos" que desconsideravam suas necessidades emocionais.

mesmo sabiam brincar. Os brinquedos oferecidos a eles eram arremessados contra a parede.

O vínculo é um elemento essencial para a nossa espécie. Não há nada que nos faça mais felizes. E não estou falando daquele tipo de felicidade que nos faz pular de alegria — provavelmente o que Charles de Gaulle tinha em mente quando afirmou desdenhosamente que "a felicidade é para os idiotas". A busca da felicidade mencionada na Declaração da Independência dos Estados Unidos é antes de tudo um estado de satisfação das pessoas com a própria vida. Isso é passível de ser mensurado, e há estudos que demonstram que, uma vez assegurado um nível básico de renda, o peso atribuído à riqueza material é relativamente pequeno. O padrão de vida vem subindo de forma estável há décadas, mas será que isso produziu alterações significativas no nosso quociente de felicidade? De modo algum. Não é o dinheiro, o sucesso ou a fama o que mais faz bem às pessoas, mas o tempo que elas passam com os amigos e a família.

Não damos a devida importância às redes sociais. Por vezes, chegamos realmente a negligenciá-las. Isso ocorreu quando minha equipe de especialistas em primatas decidiu instalar estruturas novas para os chimpanzés escalarem. Demos tanta atenção ao ambiente físico que nos esquecemos do resto. Por mais de trinta anos, os chimpanzés tinham vivido no mesmo lugar, um vasto cercado ao ar livre equipado com trepa-trepas de metal. Resolvemos construir algo mais emocionante utilizando postes de madeira. Durante a construção, os chimpanzés permaneceram nas jaulas próximas ao cercado. Inicialmente, eles fizeram muito alvoroço, mas depois de ouvirem as máquinas trabalhando, perceberam que o assunto era sério e se aquietaram. Usamos cordas para interligar os postes, renovamos a grama e fizemos escoadouros novos. A obra toda levou oito dias para ser concluída. A nova estrutura para escalar ficou dez vezes mais alta que a anterior.

Umas trinta pessoas da nossa estação de campo vieram assistir aos chimpanzés serem soltos na nova moradia. Chegamos a fazer um bolão para adivinhar que animal seria o primeiro a tocar na madeira ou a subir até o ponto mais alto da estrutura. A maior parte dos chimpanzés não sentiam o cheiro ou o toque da madeira havia décadas, e alguns deles nunca tinham tido essa experiência. O diretor do centro conjecturou que os primeiros seriam o macho e a fêmea no topo da hierarquia, como seria de se esperar, mas sabíamos, ao mesmo tempo, que os chimpanzés machos estão longe de ser heróis. Embora estejam sempre ocupados em melhorar sua posição política, assumindo grandes riscos nesse processo, eles literalmente se borram de medo quando encontram alguma coisa nova.

Instalados na torre de onde tínhamos uma vista panorâmica das instalações da colônia, soltamos os chimpanzés. Seguiu-se algo totalmente inesperado para nós. Estávamos tão fascinados com o resultado da nossa construção que tínhamos esquecido que os chimpanzés haviam ficado em jaulas separadas, ou até mesmo em prédios separados, durante vários dias. Nos primeiros dez minutos em liberdade, tudo o que pudemos ver foram manifestações sociais. Alguns chimpanzés pularam literalmente nos braços uns dos outros, trocando abraços e beijos. Em pouco tempo, os machos adultos começaram a fazer demonstrações de intimidação, para que ninguém se esquecesse de quem é que mandava ali.

Eles mal pareciam ter notado a construção nova. Alguns animais foram se colocar bem debaixo dela, como se ela fosse invisível. Pareciam negar sua existência, até que repararam nas bananas que havíamos colocado em lugares estratégicos visíveis do chão. Os primeiros a se aventurar na estrutura foram as fêmeas mais velhas. Ironicamente, o último animal a tocar na madeira foi uma fêmea conhecida como a valentona do grupo.

Assim que as frutas foram apanhadas e consumidas, no entanto, todo mundo abandonou a construção. Definitivamente, eles não estavam prontos para ela. Os chimpanzés se reuniram no velho trepa-trepa de metal, que meus alunos haviam experimentado no dia anterior, observando que ele era extremamente desconfortável para se sentar. Mas os chimpanzés o conheciam de longa data, de modo que se espalharam nele preguiçosamente, olhando para o Taj Mahal construído ao lado como se este fosse um objeto a ser estudado, mais do que usufruído. Levou meses até que os animais passassem a permanecer períodos significativos na estrutura nova.

O orgulho pelo nosso feito tinha nos deixado cegos. Os chimpanzés nos corrigiram, lembrando-nos da importância de princípios mais simples. Isso me faz pensar mais uma vez em Immanuel Kant, pois não é justamente esse o problema da filosofia moderna? Obcecados pelos atributos que consideramos novos e relevantes em relação aos humanos — o pensamento abstrato, a consciência e a moralidade —, perdemos de vista os seus fundamentos. Não pretendo menosprezar de modo algum as capacidades que são exclusivamente humanas, mas se algum dia quisermos entender como foi que chegamos até aqui, teremos que começar a pensar de baixo para cima. Em vez de nos aferrarmos aos pontos culminantes da civilização, é preciso prestar atenção em seus contrafortes. Ainda que os picos brilhem à luz do sol, é no sopé das montanhas que encontramos a parte mais substancial daquilo que nos move, incluindo aquelas emoções desordenadas que nos levam a mimar nossos filhos.

OS MITOS DE ORIGEM DO MACHO

Durante o jantar num sofisticado restaurante italiano, um típico conflito entre primatas se desenrolava: um macho da espécie humana desafiava o outro — eu — na frente de sua namorada. Dado que ele conhecia meus livros, o que poderia ser um alvo melhor do que o lugar do ser humano na natureza? "Cite uma área em que seja difícil diferenciar os homens dos animais", disse ele, à procura de um caso teste. Antes que me desse conta disso, e entre duas garfadas de uma massa saborosíssima, respondi, "O ato sexual".

Talvez isso tenha lhe trazido à lembrança algo proibido de ser mencionado, pois pude perceber que ele ficou levemente embaraçado. Mas foi por pouco tempo. Ele logo engatou numa defesa notável da paixão como um sentimento exclusivamente humano, enfatizando a origem recente do amor romântico, os poemas e serenatas maravilhosos que o acompanham, ao mesmo tempo que fazia pouco da minha ênfase na mecânica do amor, que é essencialmente a mesma para os humanos, os hamsters e os peixes ornamentais (estes últimos são equipados com uma nadadeira modificada semelhante ao pênis). Esses detalhes anatômicos mundanos provocaram nele uma careta de profunda repulsa.

Infelizmente para ele, sua namorada era minha colega de profissão. Ela juntou-se a mim com grande entusiasmo, mencionando outros exemplos de sexo animal, de maneira que o nosso jantar foi regado pelo tipo de conversação que os primatólogos adoram, mas que deixa constrangidas quase todas as outras pessoas. Um silêncio aturdido caiu sobre as mesas vizinhas quando a namorada dele disse em alto e bom som que "ele tinha *uma* ereção!". Não ficou claro se a reação resultava do que ela acabara de dizer ou do esclarecimento que ela nos dava mostrando o polegar e o indicador apenas um pouquinho separados. Ela falava sobre um pequeno macaco da América do Sul.

Nosso debate não chegou a nenhuma solução, mas na hora da sobremesa, felizmente, a discussão já havia perdido parcialmente o seu ímpeto. Essas discussões tocam em questões essenciais para mim. Eu acredito que somos animais, enquanto outras pessoas acreditam que somos algo inteiramente diferente. A singularidade da espécie humana pode ser difícil de sustentar quando estamos falando de sexo, mas a coisa muda de figura quando consideramos os aviões, os parlamentos e os arranha-céus. Os seres humanos têm uma capacidade verdadeiramente extraordinária para produzir cultura e tecnologia. Ainda que muitos animais manifestem alguns elementos de cultura, se encontrarmos um chimpanzé na selva com uma câmera fotográfica na mão, poderemos estar certos de que não foi ele quem a produziu.

Mas e quanto aos humanos que ficaram totalmente de fora do espantoso desenvolvimento cultural que boa parte do mundo conheceu nos últimos milhares de anos? Escondidas em cantos espalhados pelo planeta, essas pessoas possuem todas as marcas distintivas da nossa espécie, como a linguagem, a arte e o fogo. Podemos estudar o modo como elas sobrevivem sem nos deixarmos desviar pelos avanços tecnológicos de hoje. Será que a vida dessas pessoas é condizente com os pressupostos amplamente assumidos sobre o "estado natural" da humanidade — um conceito que tem uma história bastante rica no Ocidente? Levando em conta o papel desempenhado por esse conceito na Revolução Francesa, na Constituição dos Estados Unidos e em outros marcos históricos da democracia moderna, seria muito interessante poder indicar com precisão de que maneira os humanos podem ter vivido em seu estado original.

Um bom exemplo disso são os boxímanes do sudoeste da África, cujo estilo de vida espantosamente simples foi satirizado no filme *Os deuses devem estar loucos*, de 1980. Na adolescência, a antropóloga Elizabeth Marshall Thomas, juntamente com seus pais, também antropólogos, foi viver entre os boxímanes no deserto de Kalahari. Conhecidos igualmente como os San,[8] os boxímanes são um povo pequeno e ágil que conquistou um nicho muito modesto num ecossistema que sofre com uma falta d'água tão intensa que os poucos buracos d'água confiáveis restringem seriamente os deslocamentos da população. Eles vivem dessa maneira há milhares e milhares de anos, o que levou Marshall Thomas a dar o título de *The old way* [À moda antiga] ao livro que dedicou a eles.

Esse estilo de vida ancestral inclui um mínimo de roupas de pele de antílope, uma cabana modesta, um pedaço de madeira afiada para cavar e uma casca de ovo de avestruz usada para transportar água em viagens curtas. As cabanas são construídas e reconstruídas o tempo todo fincando-se na terra alguns galhos finos, que são entrelaçados na sua parte superior e recobertos com capim. Segundo Marshall Thomas, isso a fez lembrar dos abrigos que os grandes primatas constroem nas árvores antes de dormir, entrelaçando rapidamente alguns galhos para formar uma plataforma. Dessa maneira, eles se mantêm afastados do chão, onde espreita o perigo.[9]

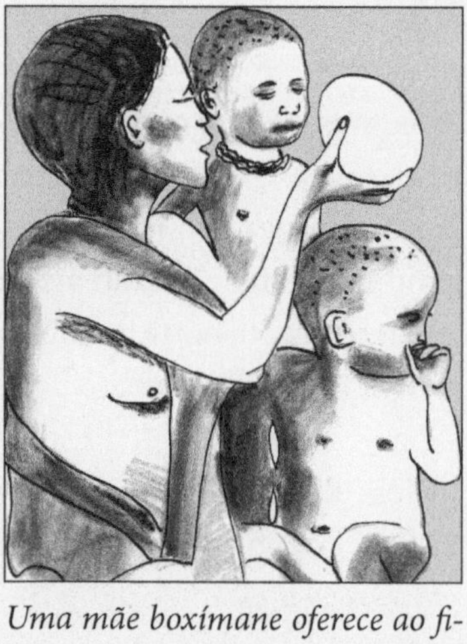

Uma mãe boxímane oferece ao filho um pouco d'água armazenada num ovo de avestruz.

Quando viajam, os boxímanes caminham em fila indiana, com um homem na posição dianteira, atento à presença de pegadas frescas de predadores, cobras e outros perigos. As mulheres e as crianças ocupam posições mais seguras. Isso também faz lembrar os chimpanzés, que, ao atravessar uma estrada de terra aberta pelos humanos, mantêm os machos adultos nas posições traseira e dianteira, com as fêmeas e os filhotes no intervalo entre eles.[10] Às vezes, o macho alfa vigia a estrada até que todos os membros do grupo a tenham atravessado.

Pode ser que os nossos ancestrais tenham ocupado uma posição na cadeia alimentar superior à da maior parte dos primatas, mas definitivamente eles não estavam no seu topo. Eles precisavam se manter em permanente estado de alerta. Isso tem relação com o primeiro falso mito acerca do "estado natural" da nossa espécie, o mito de que os nossos ancestrais eram os reis da savana. Como isso poderia ser verdade se, de pé, esses primatas bípedes não passavam de um metro e vinte de altura? Eles certamente viviam aterrorizados pelas hienas do tamanho de ursos que existiam naqueles tempos, e pelos tigres de dente de sabre que tinham o dobro do tamanho dos leões que conhecemos hoje. Em consequência disso, nossos ancestrais tiveram que se contentar em caçar num horário de "segunda classe". A escuridão é o melhor esconderijo, mas, da mesma forma que os boxímanes de hoje, os primeiros caçadores humanos tiveram que optar pela luz do dia, quando suas presas podiam vê-los a quilômetros de distância, uma vez que não tinham outra escolha senão deixar a noite para os caçadores "profissionais".

Na savana, os leões são os animais soberanos, como se pode inferir das nossas histórias do "rei leão" e da grande consideração que os boxímanes sentem por esses animais. A prova disso é que os boxímanes nunca empregam suas flechas mortíferas contra esses animais, conscientes de que isso pode desencadear uma batalha que não teriam como vencer. Os leões geralmente os deixam em paz, mas se por alguma razão esses animais começam a atacar e a devorar as pessoas, elas não têm escolha senão abandonar o local. O perigo está tão presente na mente dos boxímanes que, à noite, enquanto dormem, mantêm uma fogueira acesa, o que requer que acordem para alimentar o fogo. Caso percebam a presença dos olhos fosforescentes dos predadores noturnos, os boxímanes tomam as medidas apropriadas, como apanhar um galho em chamas e agitá-lo numa altura acima da cabeça (dando a impressão de serem maiores do que são na realidade) enquanto tentam exortar o predador, num tom de voz calmo, mas resoluto, a procurar coisa melhor para fazer. Os boxímanes são um povo corajoso, mas dirigir apelos aos predadores não combina muito com a ideia de posição dominante da espécie humana.

Mas o modo de vida dos nossos ancestrais foi certamente bem-sucedido, uma vez que, mesmo no mundo moderno, conservamos a tendência de nos agrupar em nome da segurança. Em tempos de perigo, as questões que nos dividem são esquecidas. Isso ficou evidente, por exemplo, após o ataque de 11 de setembro ao World Trade Center em Nova York, uma experiência excepcionalmente traumática para todos os que passaram por ela. Nove meses depois, perguntados sobre o modo como viam as relações raciais, nova-iorquinos de todas as raças responderam que na maior parte do tempo as consideravam boas. Nos anos anteriores, a maior parte deles afirmara o contrário. O ataque terrorista suscitou o sentimento de que eles "estavam todos no mesmo barco", favorecendo a união dos moradores da cidade.

Essas reações remontam às camadas mais antigas e mais profundas do nosso cérebro, que partilhamos com muitos animais não mamíferos. Observe como os arenques nadam em cardumes que se retraem imediatamente à aproximação de um tubarão ou de uma toninha. Ou a mudança de direção abrupta dos cardumes, que produz um repentino clarão prateado, impossibilitando que o predador tome como alvo qualquer um dos peixes individualmente. Os peixes que formam cardumes mantêm distâncias muito precisas um do outro e sincronizam perfeitamente a velocidade e a direção de seu movimento, numa fração de segundo. São milhares de indivíduos agindo praticamente como se fossem um só organismo. Entre os pássaros, temos o exemplo dos estorninhos reunidos em bandos, que fogem instantaneamente à aproximação de um falcão. Os biólogos chamam esses agrupamentos de "rebanhos egoístas". Cada indivíduo se esconde atrás de uma massa de outros em benefício de sua própria segurança. A presença de outras presas dilui o risco para cada um deles, o que me faz lembrar a velha piada sobre os dois homens perseguidos por um urso: não é preciso que nenhum deles corra mais rápido do que o urso, contanto que consiga correr mais rápido do que o amigo.

Mesmo os rivais mais encarniçados procuram a companhia um do outro nos momentos de perigo. Os pássaros que na época do acasalamento lutam até a morte para assegurar seu território podem acabar fazendo parte do mesmo bando durante a migração. A cada vez que remonto um dos meus tanques de peixes tropicais, tenho a oportunidade de observar diretamente essa tendência. Muitos peixes, como os ciclídeos, têm um comportamento territorial, exibindo suas nadadeiras abertas e perseguindo-se uns aos outros para manter seu nicho a salvo de intrusos. Meus tanques são desmontados para limpeza a cada dois anos e nesse período os peixes são transferidos para um tonel. Depois de alguns dias, eles são soltos novamente no tanque, que, a essa altura, tem um aspecto bem diferente do que tinha ante-

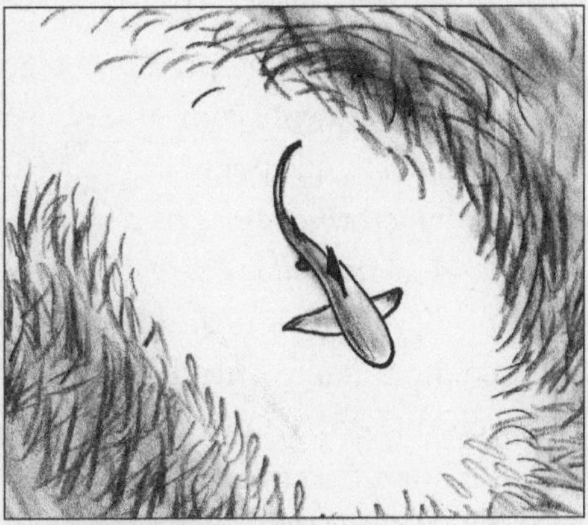

Os peixes se juntam em densos cardumes que confundem os predadores, como no caso desses peixes ao fugir de um tubarão.

riormente. Sempre me divirto ao observar como os peixes repentinamente buscam a companhia uns dos outros. Os mais briguentos nadam lado a lado, como se fossem os melhores amigos, explorando juntos o novo ambiente. Isso dura somente até que comecem a se sentir confiantes outra vez e a reivindicar a posse de seu pedaço de território.

A segurança é a primeira e a mais forte motivação da vida social. Isso tem relação com o segundo mito de origem, igualmente falso, de que a sociedade humana é uma criação voluntária de homens autônomos. A ilusão, nesse caso, é a de que os nossos ancestrais levavam vidas independentes, não precisando de mais ninguém. O único problema é que eles eram competitivos demais, o que fez com que o custo de suas disputas se tornasse insuportável. Como eles eram animais inteligentes, decidiram abrir mão de algumas liberdades em troca da vida em comunidade. Essa história de origem, proposta pelo filósofo francês Jean-Jacques Rousseau sob o nome de *contrato social*, inspirou os fundadores dos Estados Unidos a criar a "terra dos homens livres". Esse mito permanece extremamente popular nos departamentos de ciência política e nas faculdades de direito, uma vez que ele apresenta a sociedade como um compromisso negociado e não como algo que ocorreu naturalmente com a nossa espécie.

Reconheço que pode ser muito instrutivo examinar as relações humanas *como se* elas resultassem de um entendimento entre as partes. Isso nos ajuda a refletir sobre o modo como nos tratamos (e como deveríamos nos tratar) uns aos outros. É bom que se entenda, no entanto, que essa maneira de formular a questão é remanescente dos tempos pré-darwinianos e se baseia numa imagem totalmente equivocada da nossa espécie. Como ocorre com boa parte dos mamíferos, todo ciclo da vida humana inclui estágios nos quais dependemos dos outros (na infância, na velhice ou quando ficamos doentes) e nos quais os outros dependem de nós (quando cuidamos das crianças, dos velhos ou dos doentes). Precisamos uns dos outros para sobreviver. É dessa realidade que precisamos partir em toda discussão sobre a sociedade humana, e não dos devaneios dos séculos passados, que descreviam nossos antepassados como se fossem criaturas livres como pássaros, sem nenhum tipo de obrigação social.[11]

Descendemos de uma longa linhagem de primatas que viviam em grupo e eram ligados entre si por uma dependência recíproca. A necessidade de segurança molda a vida social. Isso ficou evidente quando os primatólogos calcularam o número de animais de uma espécie do gênero *Macaca* em diferentes ilhas no arquipélago da Indonésia. Algumas dessas ilhas são habitadas por felídeos (como os tigres e os leopardos nebulosos) e outras não. Nas primeiras, os macacos foram vistos deslocando-se em grandes grupos, enquanto nas últimas eles o faziam em agrupamentos pequenos. A predação força os indivíduos a se agruparem. De modo geral, quanto mais vulnerável é uma espécie, maiores são suas aglomerações. Os macacos que habitam o solo, como os babuínos, deslocam-se em grupos maiores do que os macacos que habitam as árvores e contam com melhores oportunidades de fuga. Os chimpanzés, que em virtude do seu tamanho sentem pouco medo à luz do dia, têm o hábito de coletar alimento sozinhos ou em pequenos grupos.

Há poucos animais desprovidos de um instinto de rebanho. Quando Trent Lott, o ex-líder da maioria no senado americano, deu à sua autobiografia o título de *Herding Cats** ele estava se referindo à impossibilidade de se chegar ao consenso. Isso pode

* Em inglês, dizer que uma determinada atividade é como "herding cats" significa que se trata de uma tarefa extremamente difícil ou mesmo impossível de se cumprir em razão do grande número de facções, muitas vezes rivais, que nela se encontram envolvidas. (N. T.)

parecer frustrante para os políticos, mas para os gatos trata-se de algo inteiramente lógico. Os gatos domésticos são caçadores solitários e, por esse motivo, não necessitam prestar muita atenção nos outros gatos. Mas todos os animais que dependem uns dos outros para caçar, como os membros da família dos canídeos, ou que são presas eles mesmos, como é o caso dos gnus, precisam coordenar seus movimentos. Eles tendem a seguir os líderes e a obedecer à maioria. Ao deixarem a floresta e entrarem num ambiente aberto e perigoso, nossos ancestrais tornaram-se alvo de predadores e tiveram que desenvolver um instinto de rebanho que supera o de muitos animais. Somos muito habilidosos na sincronização corporal e extraímos verdadeiro prazer disso. Quando caminhamos ao lado de alguém, por exemplo, nossos passos seguem automaticamente o mesmo ritmo dos passos dessa outra pessoa. Coordenamos as olas e os gritos da torcida nos eventos esportivos, balançamos o corpo no mesmo ritmo nos concertos de música pop e fazemos aulas de aeróbica pulando para cima e para baixo na mesma batida. Experimente bater palmas ao fim de uma conferência quando ninguém mais estiver aplaudindo, ou tente *não* bater palmas quando todos o estiverem fazendo. Somos animais espantosamente grupais. Os líderes políticos, que são peritos em psicologia das massas, sabem como tirar proveito disso. Por essa razão, a história está repleta de casos em que as pessoas embarcaram com eles em aventuras insanas. Tudo o que um líder precisa fazer é criar uma ameaça exterior, estimular o medo e, *voilà*, o instinto de manada assume o comando.

Chegamos assim ao terceiro e falso mito de origem, o de que a nossa espécie vem se dedicando à guerra desde seu aparecimento. Na década de 1960, após as devastações da Segunda Guerra Mundial, os humanos costumavam ser retratados como "primatas assassinos" — em oposição aos verdadeiros grandes primatas não humanos, considerados pacifistas. A agressão era considerada a marca inconfundível da espécie humana. Embora eu não pretenda nem de longe afirmar que os humanos são anjos da paz, é preciso fazer uma distinção entre o homicídio e a guerra. A guerra depende de uma estrutura hierárquica rígida composta por muitos participantes. A maioria deles, longe de ser movidos pelos impulsos agressivos, nada mais faz do que cumprir ordens. Os soldados de Napoleão não invadiram a Rússia motivados pela sua disposição bélica, do mesmo modo como os soldados americanos não voaram para o Iraque porque estavam com gana de matar alguém. Geralmente, a decisão de entrar em guerra é tomada pelos homens de idade mais avançada que fazem parte do governo. Quando observo um exército marchando, o que vejo não é necessariamente o ataque em ação, mas sim o instinto de manada: milhares de homens em fileira cerrada, dispostos a obedecer a seus superiores.

Na história recente, temos visto tantas mortes ocasionadas pela guerra que acabamos imaginando que isso sempre foi assim e que a guerra está inscrita em nosso DNA. Nas palavras de Winston Churchill, "A história da raça humana é a guerra. Com exceção de breves e precários interlúdios, nunca houve paz no mundo, e muito antes de a história ter início os conflitos homicidas eram universais e intermináveis".[12] Mas será o estado natural belicoso de Churchill mais plausível que o bom selvagem de Rousseau? Embora as evidências arqueológicas de assassinatos individuais datem de centenas de milhares de anos, não encontramos sinais arqueológicos de guerra (como cemitérios com armas incrustadas num grande número de esqueletos) que sejam anteriores à revolução agrícola. Mesmo as muralhas de Jericó, consideradas uma das primeiras provas da existência da guerra e famosas pelo seu desmoronamento descrito no Antigo Testamento, podem ter servido sobretudo como uma proteção contra as correntes de água e lama.[13]

Muito tempo antes disso, nossos ancestrais viviam num planeta escassamente povoado, com apenas uns poucos milhões de habitantes. Essa situação se assemelha àquela vivida pelos boxímanes, que contam com uma área de dezesseis quilômetros quadrados *per capita*. Existem até sugestões de que há cerca de 70 mil anos nossa linhagem esteve à beira da extinção, vivendo em pequenos grupos esparsos, com uma população global de alguns poucos milhares.[14] Esse não é, nem de longe, o tipo de situação que costuma levar a conflitos permanentes. Além disso, é provável que os nossos antepassados tivessem poucos bens a defender, como é também o caso dos boxímanes, cujas únicas preocupações são a água e as mulheres. Mas os boxímanes dividem a água com seus visitantes e, de tempos em tempos, arranjam o casamento de seus filhos com membros das comunidades vizinhas. Isso produz a união entre os grupos, pois significa que os homens num grupo quase sempre têm relações de parentesco com os homens do outro. No longo prazo, matar um parente não é uma característica bem-sucedida.

Marshall Thomas não testemunhou nenhuma guerra entre os boxímanes. Além disso, ela interpreta o fato de eles não terem escudos como uma indicação de que esse povo raramente luta com estranhos. Os escudos, que podem ser facilmente fabricados com as peles de animais mais resistentes, oferecem proteção efetiva contra as flechas. Sua ausência sugere que os boxímanes não se preocupam muito com a hostilidade entre os grupos. Isso não significa que a guerra esteja totalmente ausente nas sociedades sem escrita. Temos conhecimento de muitas tribos que ocasionalmente se envolvem em guerras e há algumas que o fazem regularmente. No meu entender, embora a guerra tenha sido sempre uma possibilidade para os nossos antepassados, eles seguiam o padrão dos caçadores-coletores dos dias de hoje, que agem de maneira exatamente oposta ao que Churchill imaginou, alternando longos períodos de paz e harmonia com breves interlúdios de confrontação violenta.[15]

As comparações com os grandes primatas não humanos estão

longe de solucionar essa questão.[16] Os chimpanzés são os grandes primatas que mais se aproximam da imagem de guerreiros que fazemos da nossa própria espécie. Como nós, eles travam violentas batalhas para assegurar seus territórios, atacando os vizinhos e assassinando brutalmente seus inimigos. Mas do ponto de vista genético, a nossa espécie é tão próxima dos chimpanzés quanto de outro grande primata, o bonobo, que não faz nada parecido com isso. Os bonobos podem ser hostis com os vizinhos, mas tão logo um conflito se inicie, as fêmeas correm para o outro lado e começam a fazer sexo tanto com os machos quanto com as outras fêmeas. Como fica difícil fazer sexo e guerrear ao mesmo tempo, a cena rapidamente se transforma numa espécie de piquenique, que termina com os adultos dos diferentes grupos trocando cafunés enquanto seus filhotes brincam. Até hoje, nunca se ouviu falar de agressões mortais entre os bonobos.

Nossa única certeza é de que a nossa espécie dispõe de um *potencial* para a guerra. Sob certas circunstâncias, esse potencial manifestará sua face tenebrosa. As brigas às vezes escapam ao controle e resultam em morte. Em todos os lugares do mundo os homens jovens tendem a ostentar sua valentia física lutando com estranhos e parecendo pouco se importar com as consequências. Ao mesmo tempo, porém, a espécie humana é a única que mantém os vínculos com os familiares muito tempo depois de cada um ter seguido seu caminho. O resultado disso é a existência de redes inteiras entre os grupos que favorecem as trocas econômicas e tornam a guerra contraprodutiva. Os laços com os estranhos asseguram a sobrevivência em ambientes imprevisíveis, possibilitando que os riscos da escassez de água ou de alimentos sejam repartidos entre os grupos.

Polly Wiessner, uma antropóloga americana, estudou a "partilha dos riscos" entre os boxímanes e oferece a seguinte descrição das delicadas negociações praticadas por eles para obter acesso aos recursos fora de seu território. Como a competição nunca está ausente das relações humanas, essas negociações necessitam ser muito cuidadosas e são realizadas de maneira indireta:

> Na década de 1970, a média dos boxímanes passava mais de três meses por ano longe de casa. Os visitantes faziam um ritual de cumprimentos cujas finalidades eram demonstrar respeito e pedir permissão para permanecer algum tempo com os anfitriões. Os visitantes sentavam-se à sombra de uma árvore na periferia do acampamento. Depois de algumas horas, os anfitriões vinham cumprimentá-los. Numa fala ritmada, os visitantes descreviam as condições em que estavam vivendo. Os anfitriões confirmavam cada afirmação repetindo as últimas palavras, seguidas da forma "eh he". O anfitrião geralmente se queixava da escassez de alimento, mas os visitantes sabiam interpretar até que ponto isso era sério. Se considerassem que sim, diziam que tinham vindo para ficar apenas alguns dias. Se o anfitrião não enfatizasse a escassez de alimento ou a presença de outros problemas, eles sabiam que poderiam permanecer por um período mais longo. Depois dessa troca, os visitantes eram convidados a entrar no acampamento. Quase sempre eles traziam presentes, embora os distribuíssem de forma muito sutil e com grande modéstia, para não despertar inveja.[17]

Em virtude da dependência mútua entre os grupos com poucos recursos é provável que nossos ancestrais nunca tenham feito guerras em grande escala. Isso só passou a ocorrer depois que eles se estabeleceram e começaram a acumular riquezas com a agricultura. O ataque a outros grupos tornou-se então uma empreitada mais lucrativa. A guerra parece ter mais relação com o poder e os ganhos do que com os impulsos agressivos. É lógico que isso implica também que a guerra não é inevitável.

Esqueçam os mitos de origem ocidentais, que retratam nossos ancestrais como seres ferozes, livres e destemidos. Liberados de compromissos sociais e impiedosos com os inimigos, eles parecem diretamente saídos dos filmes de ação. O pensamento político de hoje mantém-se apegado a esses "mitos do macho", como deixam transparecer as crenças de que podemos tratar o planeta como bem quisermos, de que a humanidade continuará sempre a guerrear e de que a liberdade individual tem precedência sobre a vida em comunidade.

Nada disso está de acordo com o modo de vida ancestral. A dependência mútua, os laços sociais com os outros e a supressão das disputas internas e externas são elementos fundamentais desse modo de vida, uma vez que o controle dos meios de subsistência é tão frágil que o alimento e a segurança são assuntos de prioridade máxima. As mulheres coletam frutos e raízes e os homens caçam. Juntos, eles criam pequenas famílias que só sobrevivem graças à sua integração num tecido social mais amplo. Eles contam com sua comunidade e sua comunidade também conta com eles. Os boxímanes dedicam muito tempo e atenção à troca de pequenos presentes em redes que percorrem muitos quilômetros e múltiplas gerações. Eles trabalham duro para chegar ao consenso em suas decisões e temem o ostracismo e o isolamento mais do que a própria morte. Uma das mulheres afirmou em segredo que "Morrer é ruim, pois quando morremos, ficamos sozinhos".[18]

Não é possível voltarmos ao modo de vida pré-industrial. Vivemos em sociedades de escala gigantesca e de enorme complexidade. Isso exige uma organização totalmente diferente daquela que os humanos desfrutaram em seu estado natural. Mas apesar de vivermos em cidades, cercados de carros e de computadores, permanecemos essencialmente os mesmos animais, com os mesmos desejos e as mesmas necessidades psicológicas.

2. O outro darwinismo

Recebi, num jornal de Manchester, uma sátira muito perspicaz, mostrando que eu provei que "o forte tem sempre razão" e que, consequentemente, Napoleão está com a razão e todo negociante vigarista também tem sempre razão.[1]

CHARLES DARWIN, 1860

Há muito tempo, a sociedade americana adotou a competição como seu princípio organizador mais importante, embora para todo lugar que se olhe — no trabalho, na rua ou nos lares — encontremos sempre a mesma valorização da família, do companheirismo, da cooperação e da responsabilidade cívica que observamos também nos outros lugares do mundo. É fascinante observar essa tensão entre a liberdade econômica e os valores da comunidade. Eu a observo tanto "de fora", como um estrangeiro nascido na Europa, quanto "de dentro", uma vez que vivo e trabalho nos Estados Unidos há mais de 25 anos. A alternância entre os principais partidos políticos do país, que ocorre a intervalos regulares, demonstra que essa tensão está bem viva e gozando de boa saúde, e que tão cedo não veremos um candidato obter uma vitória folgada.

Esse estado bipolar da sociedade americana não é difícil de entender. Ele não é tão diferente do que acontece na Europa, exceto pelo fato de que deste lado do Atlântico as ideologias políticas parecem deslocadas para a direita. O que torna a política americana tão desconcertante é o modo como ela explora a biologia e a religião.

A teoria evolucionista é surpreendentemente popular entre aqueles que se encontram no lado conservador do espectro, mas não da forma como os biólogos gostariam. A teoria é como uma amante secreta. Embora a assumam apaixonadamente na *persona* obscura do "darwinismo social", não se comprometem com ela quando o que está em jogo é o darwinismo de verdade. Num debate presidencial do Partido Republicano, em 2008, nada menos do que três candidatos levantaram a mão em resposta à pergunta "Quem não acredita na evolução?".[2] Não admira que as escolas se mostrem hesitantes quanto ao ensino da teoria evolucionista e que os zoológicos e os museus de história natural evitem usar "aquele palavrão que começa com e". O primeiro grande paradoxo do cenário político americano é sua relação de amor e ódio com a biologia.

O darwinismo social é bem aquilo que Gordon Gekko chamou de "espírito evolucionário". Ele descreve a vida como uma luta em que os mais fortes não devem se permitir atrapalhar pelos mais fracos. Essa ideologia foi introduzida pelo filósofo inglês Herbert Spencer, que, no século XIX, traduziu as leis da natureza para a linguagem dos negócios, cunhando a expressão "sobrevivência dos mais bem adaptados", muitas vezes atribuída, indevidamente, a Darwin. Spencer condenou as tentativas de nivelamento do terreno onde se desenrola a vida em sociedade. Segundo ele, seria contraproducente que os "adaptados" sentissem algum tipo de obrigação para com os "inadaptados". Em densos volumes que venderam centenas de milhares de cópias, Spencer afirmou a respeito dos pobres que "todo o esforço da natureza é para se desfazer deles, limpando o mundo de sua presença e deixando espaço para os melhores".[3]

Os Estados Unidos ouviram atentamente. O mundo dos negócios convenceu-se completamente disso. Descrevendo a competição como uma lei biológica, Andrew Carnegie afirmou que ela melhorava a raça humana.[4] John D. Rockfeller chegou mesmo a associá-la à religião, concluindo que a acumulação de uma grande fortuna "nada mais é que o resultado de uma lei da natureza e de uma lei de Deus".[5] Esse ponto de vista religioso — visível até hoje na chamada Direita Cristã — constitui o segundo grande paradoxo.[6] Enquanto o livro encontrado na maioria dos lares americanos e em todo quarto de hotel recomenda a compaixão pelo semelhante, o darwinismo social ridiculariza esse sentimento, que apenas impede a natureza de seguir seu próprio curso. A pobreza é desdenhada como uma demonstração de preguiça, a justiça social, como uma fraqueza. Por que não deixar simplesmente que os pobres pereçam? Acho difícil entender como os cristãos conseguem abraçar uma ideologia tão implacável na ausência de um estado colossal de dissonância cognitiva, mas muitos parecem capazes de fazê-lo.

O terceiro e último paradoxo é que a ênfase na liberdade econômica desperta tanto o melhor quanto o pior nas pessoas. O pior é a já mencionada falta de compaixão, pelo menos no nível governamental. Mas existe também um lado bom, eu diria até mesmo admirável, no caráter americano — caso contrário eu já teria feito as malas há muito tempo —, que é o de ser uma sociedade baseada no mérito. Berço de ouro, títulos pomposos, legados de família, tudo isso é reconhecido e respeitado, mas não é nem de longe tão valorizado quanto a iniciativa pessoal, a criatividade e o esforço puro e simples. Os americanos sentem admiração pelas histórias de sucesso e nunca recriminam aqueles que "chegam lá" de maneira honesta. Isso é verdadeiramente emancipador para os que se sentem dispostos a encarar o desafio.

Os europeus são muito mais divididos por hierarquia e classe social, e tendem a preferir a segurança à oportunidade. O sucesso é visto com suspeita. Não é à toa que a língua francesa oferece somente expressões negativas para as pessoas que alcançaram o sucesso pelo próprio esforço, como *nouveau riche* e *parvenu*. O resultado dessa mentalidade tem sido, em alguns países, a estagnação econômica. Quando vejo jovens de vinte anos marchando nas ruas de Paris pela garantia da estabilidade do emprego ou pessoas mais velhas pedindo a preservação da aposentadoria aos 55 anos, sinto-me, repentinamente, do lado dos conservadores americanos, que detestam a ideia de direitos adquiridos. O Estado não é uma teta da qual se pode fazer jorrar leite a qualquer hora do dia, mas é assim que muitos europeus parecem encará-lo.

Assim, minha filosofia política parece situar-se em algum ponto no meio do Atlântico — um lugar não muito confortável. Aprecio e valorizo a vitalidade econômica e criativa do lado de cá, mas continuo a me sentir perplexo com o ódio generalizado aos impostos e ao governo. A biologia é parte integrante dessa combinação, assim como de qualquer outra ideologia em busca de justificação. O darwinismo social procurou fornecer o endosso científico almejado por uma nação de imigrantes que havia desenvolvido naturalmente um forte senso de individualismo e de autossuficiência.

O problema é que não se pode deduzir os objetivos da sociedade dos objetivos da natureza. A tentativa de fazer isso é conhecida como a *falácia naturalista*. A falácia naturalista é cometida sempre que se confunde "o que é" com "o que deve ser". Se os animais se matassem uns aos outros em grande escala, isso não significaria que deveríamos fazer o mesmo. Do mesmo modo, caso os animais vivessem em perfeita harmonia, isso também não significaria que temos a obrigação de fazê-lo. A natureza pode nos oferecer informação e inspiração, mas não nos oferece prescrições.

Ainda assim, a informação é essencial. Se um zoológico planeja a construção de uma nova jaula, precisa levar em conta se os animais que viverão nela são sociais ou solitários, se são trepadores ou escavadores, noturnos ou diurnos, e assim por diante. Sendo assim, quando se trata da sociedade humana, por que deveríamos agir como se não conhecêssemos as características da nossa espécie? É muito diferente ver a natureza humana como "rubra nos dentes e garras" ou considerar que a solidariedade e a cooperação fazem parte de nossos antecedentes. Cada uma dessas visões terá implicações distintas quanto aos limites a serem impostos na vida em sociedade. O próprio Darwin se sentia desconfortável com as lições sobre o "direito do mais forte" que outros pensadores, como Spencer, tentaram extrair de sua teoria. É por essa razão que, como biólogo, estou cansado de ouvir a teoria evolucionista ser repetidamente apresentada como uma prescrição para a sociedade por aqueles que não estão verdadeiramente interessados nela e nem na riqueza do que ela tem a oferecer.[7]

AUTOINTERESSE ESCLARECIDO

A ideia de que os indivíduos de uma espécie competem entre si pelos mesmos recursos atraiu o interesse de Darwin e o ajudou a formular o conceito de seleção natural. Ele havia lido o influente ensaio sobre o crescimento populacional que Thomas Malthus publicara em 1798. Malthus afirmava que as populações que crescem a uma velocidade maior do que seus estoques de alimento serão automaticamente reduzidas pela fome, pela doença e pela mortalidade. Infelizmente, Spencer leu o mesmo ensaio e chegou a conclusões diferentes. Se as variedades mais aptas progridem às custas das menos aptas, então esse era um princípio que não se aplicava somente ao modo como as coisas *ocorriam*, mas também ao modo como elas *deveriam ocorrer*. Spencer concluiu então que a competição era boa e natural, e que a sociedade como um todo se beneficiava com ela. A aplicação da falácia naturalista serviu a ele como uma luva.

Por que as ideias de Spencer foram tão bem recebidas? No meu modo de ver, elas ofereciam uma saída para um dilema moral ao qual as pessoas estavam apenas começando a se habituar. Num passado mais distante, os ricos não precisavam de nenhuma justificativa para ignorar os pobres. A nobreza, com seu sangue azul, considerava-se uma espécie diferente. Ela manifestava seu desprezo pelo trabalho braçal adotando a cintura de vespa, no Ocidente, ou deixando as unhas crescerem, no Oriente. Não que os nobres não sentissem obrigação alguma em relação aos que se encontravam abaixo deles — daí a existência da expressão *noblesse oblige* —, mas eles não tinham o menor escrúpulo de levar uma vida de opulência, saborear um bom vinho e andar por aí em carruagens douradas enquanto as massas quase morriam de fome.

Tudo isso mudou com a Revolução Industrial, que criou uma nova elite que já não podia ignorar tão facilmente as adversidades enfrentadas pelos desfavorecidos. Muitos integrantes dessa elite descendiam da classe mais baixa. Era evidente, portanto, que eles tinham o mesmo sangue que essas pessoas. Eles não deveriam, então, partilhar sua riqueza com elas? Como relutassem em fazê-lo, sentiram-se fascinados quando descobriram que não havia nada de errado em ignorar as pessoas que trabalhavam para eles e que era perfeitamente honroso galgar a ladeira do sucesso sem olhar para trás. É assim que a natureza funciona, afirmou Spencer, tranquilizando-os e removendo toda dor na consciência que os ricos pudessem sentir.

Acrescente-se a isso um traço peculiar da sociedade americana, que é a sua dívida para com os imigrantes. Mudar de um lado do globo para o outro exige forte determinação e independência. Sinto-me à vontade para falar sobre isso, pois vivi essa experiência. Deixar para trás nossos amigos e familiares, nossa língua materna, a cozinha de nosso país, sua música, seu clima, e assim por diante, equivale a um passo gigantesco. A emigração é uma aposta, e foi num impulso que decidi por ela, da mesma forma como, estou certo disso, muitos outros o fizeram antes de mim.

Hoje em dia, o ato de emigrar não é algo tão impressionante. Com as viagens de avião a jato, o telefone e o e-mail, é fácil manter contato com nossos parentes e amigos. Mas, antigamente, as pessoas partiam em embarcações decrépitas e inseguras, que eram chamadas de "navios-caixão". Aquelas que sobreviviam às tempestades e às doenças aportavam numa terra desconhecida e podiam estar certas de que não voltariam a ver seu país de origem e nem as pessoas próximas. Imagine despedir-se de seus pais sabendo que eles morrerão longe de você, e que é bem possível que você nem mesmo tomará conhecimento disso. Um número gigantesco de pessoas dispostas a correr riscos em busca de uma vida nova emigraram para o Canadá, a Austrália e os Estados Unidos, contribuindo para que uma população autosselecionada fincasse raízes nessas nações.[8] A autosseleção funciona mais ou menos como a seleção natural. As gerações seguintes herdam o mesmo tipo de personalidade — tanto do ponto de vista genético como do ponto de vista cultural. Como o objetivo de todo emigrante é construir uma vida melhor, o resultado inevitável é uma cultura que gira em torno do sucesso individual.

Isso já parecia claro ao pensador político e estadista francês Alexis de Tocqueville:

> Na Europa, temos a tendência de considerar um espírito inquieto, um desejo considerável de fazer fortuna e um amor extremo pela independência como grandes perigos sociais, mas são exatamente essas qualidades que garantem um futuro longo e tranquilo nas repúblicas americanas.[9]

Não admira, portanto, que a mensagem de Spencer de que o sucesso se justifica por si tenha sido tão bem recebida. Mais recentemente, Ayn Rand, uma imigrante russa naturalizada americana, exprimiu a mesma mensagem numa embalagem diferente, ridicularizando a ideia de que o sucesso se faz acompanhar de obrigações morais.[10] Milhões de leitores se entusiasmaram com a afirmação de Rand de que o egoísmo não é um defeito, e sim uma virtude. Ela virou o problema todo de cabeça para baixo, dedicando romances de mil páginas à opinião de que a única obrigação de um indivíduo é para consigo mesmo. Alan Greenspan, o ex-presidente do Banco Central dos Estados Unidos, considera Rand uma das principais influências em sua vida e em seu trabalho.

Mas, uma vez que esses argumentos se baseiam no que é supostamente natural, eles são fundamentalmente enganosos. Na época de Spencer, isso foi demonstrado pela figura improvável de Piotr Kropotkin, um príncipe russo. Apesar de ser um anarquista barbudo, Kropotkin foi também um naturalista de grande renome. Em *Ajuda mútua*, seu livro publicado em 1902, ele argumentou que a luta pela sobrevivência não é uma batalha de cada indivíduo contra todos, mas das massas de organismos contra um ambiente hostil. A cooperação é frequente, como no caso dos cavalos selvagens ou dos bois almiscarados que formam um círculo em torno de seus filhotes para protegê-los dos ataques dos lobos.

Kropotkin foi influenciado por um ambiente totalmente diferente daquele que servira de inspiração a Darwin. Enquanto Darwin visitou regiões tropicais com vida animal abundante, Kropotkin explorou a Sibéria. As ideias desses dois homens refletem a diferença entre um ambiente rico, que resulta no tipo de densidade populacional e competição previstos por Malthus, e um ambiente que, durante a maior parte do tempo, mostra-se congelado e hostil. Depois de testemunhar calamidades climáticas em que cavalos eram dispersados pelo vento e rebanhos inteiros pereciam sob montes de neve, Kropotkin se contrapôs à representação da vida como um "espetáculo de gladiadores". Em lugar de animais atacando-se uns aos outros, com os vitoriosos saindo premiados, ele viu um princípio comunitário em ação. No frio abaixo de zero, ou os indivíduos se aconchegam ou morrem.

A ajuda mútua tornou-se um ingrediente padrão das teorias evolucionistas modernas, embora não exatamente do modo como ela foi formulada por Kropotkin. Como Darwin, ele acreditava que os grupos cooperativos de animais (ou de humanos) superam em desempenho os menos cooperativos. Em outras palavras, a

Bois almiscarados adultos formam um paredão de chifres para enfrentar predadores, como os lobos.

capacidade de operar em grupo e de construir uma rede de sustentação é uma habilidade de sobrevivência decisiva. A importância dessas capacidades em relação aos primatas foi confirmada por um estudo recente com os babuínos nas planícies do Quênia. Verificou-se que as fêmeas que tinham laços sociais mais fortes conseguiam assegurar a sobrevivência de um número maior de filhotes. As parceiras de cafuné se protegem mutuamente da agressão externa, emitem avisos uma para a outra ao descobrir a presença de um predador e são uma fonte de contato reconfortante. Tudo isso ajuda as mães babuínas a criarem seus filhotes.

Conheci duas fêmeas inseparáveis do gênero *Macaca* chamadas Ropey e Beatle, que tinham aproximadamente a mesma idade. Inicialmente, pensei que elas fossem irmãs, porque estavam sempre juntas, trocavam cafunés e estalavam os lábios amistosamente para os filhotes uma da outra. Elas também se ajudavam nas situações de conflito. Beatle, cuja posição hierárquica era inferior à de Ropey, gritava e olhava para a amiga toda vez que outro macaco se atrevia a ameaçá-la. Todos no grupo sabiam que, numa situação de conflito com uma delas, teriam que lidar com as duas juntas. No entanto, de acordo com nossos registros, Ropey e Beatle não tinham nenhuma relação de parentesco.

A relação estabelecida entre elas era apenas um exemplo daquelas alianças de confiança que os macacos desenvolvem em seu próprio benefício. Todos os primatas têm essa tendência, e alguns chegam mesmo a investir na comunidade como um todo. Em vez de darem atenção à sua própria posição hierárquica, mostram um comportamento orientado para o grupo. Essa tendência é mais visível nas tentativas de assegurar a harmonia social. Os macacos-dourados da China, por exemplo, vivem em haréns onde um macho tem várias fêmeas. O macho é bem maior do que elas e tem uma camada compacta de pelos cor de laranja. Quando as fêmeas brigam, ele se coloca entre elas até que o conflito tenha cessado.

Ao mesmo tempo, esforça-se para lhes acalmar os ânimos, olhando de uma para a outra com expressão facial amistosa ou penteando os pelos das costas de cada uma delas com os dedos.

Entre os chimpanzés, tanto os machos como as fêmeas são mediadores ativos das relações na comunidade. Numa grande colônia de chimpanzés que estudei num zoológico, as fêmeas ocasionalmente desarmavam os machos que se preparavam para uma demonstração de força. Com os pelos arrepiados, assoviando e gingando de um lado para o outro, os chimpanzés machos podem levar até dez minutos para dar início a um ataque. Esse intervalo de tempo permite que a fêmea se aproxime de um macho zangado e o force a abrir a mão, retirando dela os galhos e pedras pesados. O mais interessante é que os machos permitem que as fêmeas o façam.

As fêmeas também atuam na reaproximação dos machos, caso eles se mostrem incapazes de se reconciliar depois de uma briga. Os machos sentam-se de frente um para o outro, olhando-se de maneira oblíqua. A fêmea aproxima-se de um, depois do outro, até que tenha conseguido reuni-los. Em seguida a isso, eles começam a fazer cafuné um no outro. Já observamos fêmeas mediadoras literalmente pegarem um macho pelo braço para puxá-lo na direção de seu rival.

Os machos também se encarregam com frequência da resolução de conflitos. Essa é uma tarefa que cabe aos machos no topo da hierarquia, que intervêm quando as disputas esquentam demais. Quase sempre é suficiente que eles se aproximem com uma postura imponente para que a situação se acalme, mas, quando é necessário, o macho separa os contendores à força. Os machos que atuam como árbitros geralmente não tomam partido e podem ser extraordinariamente eficientes na manutenção da paz. Em todos esses casos, os primatas manifestam *interesse pela comunidade*, esforçando-se para melhorar a situação do grupo como um todo.

Uma aluna minha, Jessica Flack, pesquisou o efeito desse comportamento nos macacos-rabo-de-porco. Esses belos macacos, com seus rabos curtos e enrolados, têm a reputação de ser muito inteligentes. No Sudeste da Ásia, eles são frequentemente empregados como "trabalhadores rurais", o que pode resultar em encontros assustadores no tráfego da cidade. Um homem passa dirigindo uma motocicleta com um passageiro não humano sentado na garupa, ereto, e com as pernas balançando de ambos os lados, como se fosse uma pessoa de verdade. Ele encontra-se a caminho do trabalho numa plantação. Os macacos foram treinados a obedecer aos comandos do patrão, que fica no chão, gritando para os macacos, enquanto estes, no alto de um coqueiro, arrancam os cocos maduros que o patrão recolhe e vende no mercado.

Um chimpanzé macho intervém para separar duas fêmeas que brigam por causa de melões. Ele se coloca entre elas com os braços estendidos, até que elas parem de gritar.

Os macacos-rabo-de-porco geralmente vivem em grupos onde os machos de posição mais elevada (como ocorre também entre os chimpanzés) atuam como policiais. Eles intervêm para separar brigas e manter a ordem. Nessa pesquisa, trabalhamos com cerca de oitenta macacos num grande cercado ao ar livre. Com uma garrafa d'água numa mão e um microfone na outra, Jessica ficou sentada numa torre sob o sol escaldante da Geórgia, por dias a fio, descrevendo os milhares de acontecimentos sociais observados por ela. À semelhança dos estudos com camundongos nocaute onde um gene é desativado para que se possa pesquisar seus efeitos, o nosso era um estudo nocaute em que desativávamos temporariamente a polícia para verificar como o grupo se saía.

A cada duas semanas, escolhíamos um dia em que os três machos no topo da hierarquia eram retirados do grupo pela manhã e devolvidos ao final da tarde. Durante esse período, eles eram mantidos numa jaula contígua. Às vezes, quando uma disputa irrompia no grupo, os macacos corriam para a porta da jaula onde esses machos estavam presos, e gritavam através das rachaduras. Mas, por razões óbvias, eles tinham que resolver os problemas por si mesmos naquele dia. O efeito dos nocautes era inteiramente negativo. O número de conflitos aumentava, as agressões eram mais intensas, havia menos reconciliações após as brigas e verificava-se também uma redução no cafuné e nas brincadeiras. Sob todos os aspectos, a sociedade dos macacos começava a desmoronar.[11]

Alguns poucos indivíduos podem fazer uma diferença gigantesca. A vida social se beneficia enormemente dos machos que fazem o policiamento. É importante notar que não se trata de um sacrifício em nome do bando. Todo comportamento orientado para o grupo — a mediação, o desarmamento e o policiamento — serve também aos indivíduos que se incumbem dessas tarefas. As fêmeas têm interesse na redução da tensão entre os machos, pois não é raro que eles descarreguem seus problemas nelas e também nos filhotes. E os machos que se mostram eficientes como "guardiões da paz" quase sempre se tornam extremamente populares e respeitados no interior do grupo. Além disso, o comportamento orientado para o grupo melhora a qualidade do ambiente social não apenas para os indivíduos que agem dessa forma, mas também para todos os demais.

Quase sempre damos pouca importância à coletividade, mas todos os organismos que vivem em grupo são sensíveis a ela. Eles estão todos no mesmo barco. Se isso se aplica aos outros primatas, não se aplicará ainda mais significativamente à nossa espécie, com suas sociedades tão mais complexas? A maioria de nós reconhece a necessidade de preservar certos serviços e instituições e estamos prontos a batalhar por isso. Os darwinistas sociais talvez discordem, mas de um ponto de vista verdadeiramente darwiniano faz muito sentido supor a existência de um "motivo social" nos animais que vivem em grupos, que os leve a lutar por uma sociedade que funcione bem como um todo.

Mas esse motivo, por si só, não é suficiente. Talvez as abelhas e as formigas — que vivem em comunidades onde todos são parentes próximos e servem à mesma rainha — estejam prontas a dar a vida pelo bem comum, mas esse não é o caso dos humanos. Não importa a quantidade de lavagem cerebral a que tenhamos nos submetido e nem o número de canções patrióticas que tenhamos aprendido a cantar, nós continuamos sempre a pensar em nós mesmos antes de pensarmos na sociedade. Se alguma boa lição foi extraída do "experimento" comunista, foi esse esclarecimento quanto aos limites da solidariedade.

Motivos puramente egoístas, por outro lado, também não são suficientes. Existe algo como o autointeresse "esclarecido", que nos leva a trabalhar em prol de uma sociedade que sirva aos nossos melhores interesses. Tanto os ricos como os pobres dependem do mesmo sistema de esgotos, das mesmas autoestradas e do mesmo sistema de leis. Todos nós precisamos da defesa nacional, do sistema educacional e do sistema de saúde. Uma sociedade funciona como um contrato. Espera-se que aqueles que ganham com ela possam também contribuir, e, inversamente, aqueles que contribuam, sintam-se no direito de obter benefícios. Ao crescermos em sociedade, somos automaticamente introduzidos nesse contrato e reagimos com indignação quando ele é violado.

Num comício político em 2007, um metalúrgico de Indiana chamado Steve Skvara quase irrompeu em lágrimas ao descrever a situação difícil que estava vivendo:

> Depois de trinta e quatro anos trabalhando na LTV Steel, fui forçado a me aposentar por invalidez. Dois anos depois, a LTV pediu falência. Fiquei sem um terço da minha pensão e minha família perdeu o direito à assistência médica. Todos os dias eu me sento à mesa da cozinha diante da mulher que dedicou 36 anos de sua vida à minha família e eu não tenho como pagar pelo seu plano de saúde.

Da mesma forma como Skvara sentia uma obrigação em relação à esposa, a sociedade deveria sentir uma obrigação em relação a ele, depois de uma vida inteira de trabalho pesado. Essa é uma questão *moral*, e foi por essa razão que Skvara foi aplaudido de pé quando desafiou os candidatos presentes, acrescentando "O que há de errado com os Estados Unidos e o que vocês farão para mudar isso?".[12]

Na realidade, a sociedade americana está entrando num período de correção, em consequência do colapso de seu sistema financeiro e das dimensões da crise em seu sistema de saúde. A confiança no princípio do lucro mostrou-se desastrosa e os Estados Unidos ocupam hoje uma das piores posições no mundo industrializado em termos da qualidade da assistência de saúde oferecida pelo país.[13] A Europa ocidental, por outro lado, tem uma política de saúde invejável, mas, ainda assim, por razões diversas e em outras áreas, vem fazendo um movimento na direção oposta. Quando os cidadãos são mal-acostumados pelo Estado, eles perdem o interesse no avanço econômico. Tornam-se participantes passivos, mais interessados em receber do que em contribuir. Algumas nações já começaram a reverter o processo em relação ao estado de bem-estar social e a expectativa é de que outras também venham a fazê-lo.

Toda sociedade precisa encontrar um equilíbrio entre os motivos egoístas e os motivos sociais para garantir que sua economia sirva à sociedade, e não o contrário. Os economistas muitas vezes ignoram essa dinâmica, pensando somente em termos monetários. O renomado economista Milton Friedman argumentou que "poucas tendências poderiam minar de forma tão completa as próprias fundações da nossa sociedade livre do que a aceitação, por parte dos executivos, de outra responsabilidade social que não seja a de ganhar o máximo de dinheiro possível para seus acionistas".[14] Dessa maneira, Friedman ofereceu uma ideologia que coloca as pessoas em último lugar.

Ainda que a visão de Friedman estivesse correta, em teoria, quanto à relação entre o dinheiro e a liberdade, a verdade é que, na prática, o dinheiro corrompe. No mais das vezes ele leva à exploração, à injustiça e à desonestidade desenfreada. Em consequência de sua fraude colossal, as 64 páginas do código de ética da Enron Corporation parecem hoje algo tão fictício quanto o manual de segurança do *Titanic*.[15] Na última década, todas as nações desenvolvidas passaram por grandes escândalos financeiros. Em todos eles os executivos conseguiram estremecer as bases da sociedade seguindo exatamente o conselho de Friedman.

A ENRON E O GENE EGOÍSTA

Do lado de fora de um restaurante da moda, finalmente tive meu encontro com uma celebridade. Meus amigos haviam jurado que o lugar era frequentado pelas estrelas de Hollywood e, realmente, no meio do jantar, quando tudo ficou às escuras e as pessoas começaram a sair à rua aos borbotões, eu me vi bem ao lado de um ídolo do cinema que fumava seu cigarro. Conversamos um pouco sobre um assunto e outro e também sobre a nossa comida que a essas alturas devia estar ficando gelada. O encontro ocorreu graças a um dos apagões de energia que atingiram a Califórnia em 2000. Quinze minutos mais tarde, estávamos todos de volta às nossas mesas, de volta à normalidade, mas, obviamente, o que acabara de acontecer era extraordinário.

Não me refiro ao meu encontro com o astro do cinema, mas ao fato de que eu acabara de testemunhar os prodígios do capitalismo desenfreado, e tudo graças à Enron, a companhia de energia situada no Texas que desenvolvera métodos inovadores para turbinar o mercado e criar artificialmente apagões de energia levando os preços a dispararem. Pouco importava que os blecautes trouxessem sérios riscos às pessoas nos respiradores ou nos elevadores. A responsabilidade social simplesmente não fazia parte da mentalidade da Enron. Eles jogavam segundo as regras de Friedman, mas foram inspirados por uma inesperada fonte adicional saída diretamente do mundo da biologia. O diretor executivo da companhia, Jeff Skilling — hoje na prisão —, era um grande fã de *O gene egoísta*, de Richard Dawkins, e tentou deliberadamente imitar a natureza instigando a competição impiedosa no interior de sua empresa.[16]

Skilling instituiu um comitê em que os empregados eram avaliados pelos seus pares e que ficou conhecido como "Rank and yank" [Avalie e chute]. Esse comitê classificava os empregados numa escala de 1 a 5, em que 1 representava o melhor e 5, o pior, e demitia todos aqueles que recebiam uma nota 5. A cada ano, Skilling chegava a demitir 20% de seus empregados, mas não sem antes humilhá-los num website em que exibia fotografias deles. Primeiramente eles eram mandados para a Sibéria — o que significava que eles tinham o prazo de duas semanas para encontrar uma nova colocação dentro da empresa. Caso não conseguissem, eram convidados a se retirar. O pensamento por trás do comitê de Skilling era o de que a espécie humana conhece apenas dois impulsos fundamentais: a ganância e o medo. Obviamente, isso se tornou uma "profecia autorrealizável". As pessoas se mostraram inclinadas a cortar o pescoço umas das outras de modo a sobreviver no ambiente da Enron, o que resultou numa atmosfera corporativa marcada por uma desonestidade espantosa dentro da companhia, e por uma exploração implacável fora dela. Tudo isso levou, no final das contas, à implosão da Enron em 2001.

O livro da natureza é como a Bíblia: cada um lê nele o que quiser, da tolerância à intolerância, do altruísmo à ganância. É bom que se compreenda, no entanto, que se os biólogos nunca deixam de falar em competição, isso não significa que a estejam advogando, e que se eles chamam os genes de egoístas, isso não quer dizer que os genes realmente o sejam. Os genes não podem ser "egoístas", ao menos não mais do que um rio pode ser "bravo" ou os raios de sol "ternos".[17] Os genes são, literalmente, pedaços de DNA. Na melhor das hipóteses, eles podem ser "autopromotores", uma vez que os genes bem-sucedidos ajudam os organismos que são seus portadores a disseminar mais cópias de si mesmos.

Como muitos antes dele, Skilling havia caído completamente na metáfora do gene egoísta, pensando que se os nossos genes são egoístas, então o que temos a fazer é ser egoístas também. Mas isso não é necessariamente o que Dawkins quis dizer, como pude constatar uma vez mais durante um autêntico debate que tivemos no alto da torre com vista panorâmica para a minha colônia de chimpanzés.

Como um breve pano de fundo, é preciso dizer que Dawkins e eu havíamos criticado um ao outro por escrito. Ele dissera que eu fazia uso de licença poética em relação à gentileza animal, ao passo que eu o havia criticado por cunhar uma metáfora que tinha tudo para ser mal compreendida. Talvez essas críticas não passassem das disputas acadêmicas de sempre, mas eram suficientes para suscitar em mim certo temor de que nosso encontro na estação de campo Yerkes pudesse ser um pouco frio. Dawkins veio visitar a estação durante a produção de uma série de TV intitulada *The genius of Charles Darwin*. Os produtores chegaram antes dele para preparar um encontro "espontâneo" em que Dawkins chegava dirigindo até a entrada do centro, descia do carro, caminhava até mim e apertava a minha mão calorosamente antes que saíssemos juntos para ver os primatas. Fizemos tudo isso como se estivéssemos nos encontrando pela primeira vez — embora já nos conhecêssemos antes. Para quebrar o gelo, descrevi para ele a seca homérica que estávamos enfrentando na Geórgia e contei-lhe que nosso governador acabara de encabeçar uma vigília de orações na escadaria do edifício-sede do governo para garantir que tivéssemos alguma chuva.[18] Isso acendeu o interesse do ateísta convicto e rimos os dois da fabulosa coincidência de que a vigília tinha sido planejada imediatamente depois do anúncio da meteorologia de que iria chover.

Nosso debate na torre foi de fato frio, mas somente porque naquele dia a temperatura estava excepcionalmente baixa na Geórgia. Enquanto Dawkins generosamente jogava frutas para os macacos lá embaixo, entramos rapidamente num terreno comum, o que não foi muito difícil, dada a formação científica compartilhada por nós.[19] Não tenho nenhum problema em chamar os genes de "egoístas" desde que fique bem entendido que isso não diz nada em relação às motivações dos seres humanos ou dos animais, e Dawkins concordou que todos os tipos de comportamento, incluindo os atos de gentileza genuínos, podem ser produzidos pelos genes selecionados para beneficiar os seus portadores. Em resumo, concordamos com a separação entre as razões que guiam a evolução e as razões que guiam o comportamento propriamente dito. Essa separação é tão bem reconhecida pela biologia quanto a separação entre a Igreja e o Estado fora do estado da Geórgia.

No conjunto, tivemos um esplêndido bate-papo, tentando desenvolver essa abordagem de dois níveis.[20] Antes de aplicá-la à gentileza ou ao altruísmo, começarei com um exemplo mais simples: a visão das cores. Acredita-se que a nossa capacidade de enxergar as cores surgiu em razão da necessidade de nossos ancestrais primatas de distinguir as frutas maduras das verdes. Mas uma vez que desenvolvemos essa capacidade, ela se tornou disponível para uma grande variedade de propósitos. Nós a utilizamos para ler os mapas, para perceber quando uma pessoa fica ruborizada ou para escolher um par de sapatos que combinem com nossa blusa. Isso tem pouco a ver com as frutas, embora as cores que indicam os frutos maduros — vermelho ou amarelo — ainda nos deixem excitados e tenham, portanto, um lugar privilegiado nas luzes dos semáforos, na propaganda e nas obras de arte. Em contrapartida, a cor padrão da natureza — o verde — é considerada repousante e monótona.

O reino animal está repleto de traços que se desenvolveram para uma determinada finalidade, mas são usados também para outras. Os cascos dos ungulados são adaptados para a corrida em superfícies duras, mas servem também para desferir um violento coice em seus perseguidores. As mãos dos primatas evoluíram para que eles conseguissem se dependurar nos galhos, mas também ajudam os filhotes a se manterem agarrados às mães. As bocas dos peixes são feitas para sua alimentação, mas funcionam também como tanques provisórios para os filhotes dos ciclídeos, que são incubadores bucais. Também quando o assunto é o comportamento, a função original nem sempre nos revela de que maneira e por qual motivo um comportamento será utilizado na vida diária. O comportamento goza de *autonomia motivacional*.

Um bom exemplo disso é o sexo. Embora a nossa anatomia genital e nossos impulsos sexuais tenham evoluído visando à reprodução, a maioria de nós se entrega à atividade sexual sem prestar atenção às suas consequências no longo prazo. Sempre pensei que a principal força propulsora do sexo fosse o prazer, mas numa pesquisa de opinião feita recentemente pelos psicólogos americanos Cindy Meston e David Buss, as pessoas ofereceram um leque desconcertante de motivos para o sexo, desde "Eu queria agradar meu namorado" e "Eu estava precisando de um aumento" até

"Não tínhamos nada para fazer" e "Eu estava curioso para saber como ela seria na cama". Se os humanos costumam ter relações sexuais sem nem ao menos pensar na reprodução — motivo pelo qual existe a pílula do dia seguinte —, isso vale ainda mais para os animais, que desconhecem a ligação entre o sexo e a reprodução. Os animais fazem sexo porque sentem atração um pelo outro, ou porque aprenderam que o sexo tem efeitos prazerosos, mas não porque queiram se reproduzir. Não é possível querer uma coisa da qual não se tem conhecimento. É isso o que quero dizer com autonomia motivacional: o impulso sexual não tem praticamente relação nenhuma com o motivo porque o sexo existe.

Considere a situação da adoção. Entre os primatas, se a mãe de um filhote morre, as outras fêmeas quase sempre cuidam dele. Mesmo os machos adultos podem adotar um filhote órfão com quem não têm laços de parentesco e carregá-lo em suas marchas, protegendo-o de perigos e permitindo até mesmo que ele retire alimento de suas mãos. A adoção é praticada também por um grande número de humanos, que geralmente enfrentam procedimentos burocráticos infernais para encontrar uma criança a quem dedicar seus cuidados. Os casos mais estranhos, no entanto, são as adoções entre espécies diferentes, como o caso de uma cadela em Buenos Aires que ficou famosa por salvar um bebê abandonado colocando-o junto de seus próprios filhotes, num feito que faz lembrar a história de Rômulo e Remo. Essa tendência à adoção é bem conhecida nos zoológicos. Num dos casos mais extraordinários ocorridos em cativeiro, porquinhos foram adotados por uma tigresa de Bengala. A generosidade do instinto maternal é verdadeiramente espantosa.

Alguns biólogos classificam como "erro" o emprego de um comportamento para finalidades diferentes daquelas previstas pela evolução.[21] Embora esse ponto de vista soe um pouco como a advertência da Igreja católica de que o sexo se destina à reprodução, e não à diversão, devo dizer que entendo o argumento deles. Em lugar de cuidar daqueles porquinhos, seria mais adequado do ponto de vista biológico que a tigresa os usasse como uma refeição rica em proteínas. Mas essa perspectiva muda assim que nos deslocamos da biologia para a psicologia. Os mamíferos foram dotados de impulsos poderosos para cuidar de seus filhotes vulneráveis. Por essa razão, a tigresa fez apenas o que era natural para ela. Do ponto de vista psicológico, não há erro algum nisso.

Da mesma forma, se um casal humano adota uma criança de um lugar distante, o cuidado e as preocupações por parte deles são tão genuínos quanto aqueles dos pais biológicos. Ou se as pessoas fazem sexo porque "querem mudar de assunto" (um dos motivos apresentados na pesquisa de opinião mencionada acima), o desejo e o prazer que elas experimentam são tão reais quanto os de outro casal qualquer. As tendências desenvolvidas no processo evolutivo são parte integrante da nossa psicologia e estamos livres para empregá-las da forma que quisermos.

Apliquemos agora essas ideias à solidariedade. O importante é que ainda que um determinado traço tenha evoluído pela razão X, ele pode muito bem ser utilizado na vida diária pelas razões X, Y e Z. A assistência aos outros é um traço que evoluiu para servir ao autointeresse, como nas situações em que a ajuda é dirigida aos parentes próximos ou aos companheiros inclinados a retribuir o favor. É assim que a seleção natural opera. Ela produz comportamentos que, usualmente e a longo prazo, beneficiam aqueles que os adotam. Mas isso não quer dizer que os humanos ou os animais só ajudem uns aos outros por motivações egoístas. O comportamento não se deixa restringir necessariamente pelas razões que são relevantes do ponto de vista da evolução. Os indivíduos seguem suas próprias tendências e, às vezes, comportam-se de uma maneira que não lhes traz benefício algum. Um homem que salta sobre os trilhos do trem para salvar um estranho, um cachorro que pula à frente de uma criança para protegê-la de uma cascavel ou os golfinhos que formam um círculo protetor ao redor de pessoas nadando em águas infestadas de tubarões não estão procurando recompensas futuras.[22] Do mesmo modo como o sexo nem sempre visa à reprodução e o cuidado dos pais não necessariamente favorece sua descendência, a assistência prestada aos outros não requer que o indivíduo que a coloca em prática saiba se ele extrairá benefícios disso ou não.

É por essa razão que a metáfora do gene egoísta é tão enganadora. Ao introduzir uma terminologia psicológica numa discussão sobre a evolução do gene, os dois níveis que os biólogos se esforçam tanto para manter separados acabam por colidir. O obscurecimento da distinção entre os genes e as motivações levou a uma visão excepcionalmente cínica do comportamento humano e do comportamento animal. Acredite ou não, a empatia é frequentemente apresentada como uma ilusão, como algo que não existe realmente nem mesmo nos humanos. Um dos mais repetidos gracejos da literatura sociobiológica das últimas décadas é "Arranhe um 'altruísta' e verá um 'hipócrita' sangrar".[23] Com tiradas propositalmente chocantes, os autores se empenham em nos retratar como verdadeiros avarentos. Em *O animal moral*, Robert Wright afirma que "Fingir altruísmo faz parte da natureza humana, e é algo tão frequente quanto a ausência desse sentimento".[24] A incredulidade reinante em relação à amabilidade humana faz lembrar um esquete do Monthy Python em que um banqueiro era solicitado a fazer uma pequena doação para um orfanato. Perplexo com a ideia de doar, que lhe escapava completamente à compreensão, o banqueiro se perguntava "Mas o que vou ganhar com isso?".[25] Ele simplesmente não conseguia entender por que motivo uma pessoa faria algo sem ganhar nada em troca.

A psicologia moderna e a neurociência não apoiam essas visões desoladoras. Somos pré-programados para estender a mão ao nosso semelhante. A empatia é uma reação automática sobre a qual temos controle limitado. Podemos suprimi-la, bloqueá-la mentalmente ou apenas deixar de agir com base nela, mas exceto por uma parcela extremamente pequena dos seres humanos — aqueles conhecidos como psicopatas —, ninguém consegue se manter emocionalmente imune à situação dos outros. A pergunta fundamental aqui é: por que a seleção natural modelou o nosso cérebro de forma que nos sintonizássemos com os outros seres humanos, sofrendo com o sofrimento deles e sentindo prazer com o prazer que eles sentem? Se a exploração dos outros fosse realmente tudo o que importa, a evolução jamais teria se envolvido no negócio da empatia.

Ao mesmo tempo, é preciso que eu esclareça que não tenho absolutamente nenhuma ilusão quanto ao lado abominável da nossa espécie. Aliás, não tenho ilusão alguma quanto ao lado abominável de qualquer primata. Já vi muito sangue ser derramado entre os macacos e entre os grandes primatas não humanos, seguramente bem mais do que a maioria das pessoas. Assisti a inúmeras lutas cruéis, vi machos matarem filhotes e já tive que examinar os ferimentos num macaco morto para tentar descobrir se eles eram produto dos caninos pontiagudos de outro macho ou dos dentes menores das fêmeas. A agressão foi meu primeiro tema de pesquisa e tenho plena consciência de que há agressão de sobra entre os primatas.

Foi apenas mais tarde que comecei a me interessar pela resolução de conflitos e pela cooperação. O empurrão final nessa direção ocorreu quando o chimpanzé de quem eu mais gostava foi assassinado durante as maquiavélicas lutas de poder que descrevi em *Chimpanzee politics*.[26] Pouco antes de minha mudança para os Estados Unidos, em 1980, dois machos no zoológico holandês onde eu trabalhava atacaram e castraram um terceiro, chamado Luit, que morreu em consequência desses ferimentos. Incidentes desse tipo são hoje bem conhecidos pelos pesquisadores de campo. Não estou me referindo à bem documentada luta pelo território, dirigida aos indivíduos de fora do grupo, mas ao fato de que, em certas ocasiões, os chimpanzés selvagens também matam indivíduos de sua própria comunidade.

Antes dessa catástrofe, eu não nutria um grande interesse pelo fenômeno da resolução de conflitos. Eu sabia que os chimpanzés se beijam e se abraçam depois das lutas, mas foi a experiência chocante de ficar numa sala de cirurgia ensanguentada passando os instrumentos ao veterinário enquanto ele dava centenas de pontos nos ferimentos de Luit que fez com que eu compreendesse a importância decisiva desse comportamento. Ele possibilita que os grandes primatas mantenham boas relações entre si, a despeito dos conflitos ocasionais. Sem ele, as coisas podem ficar muito feias. O destino trágico de Luit abriu-me os olhos para o valor da reconciliação e desempenhou um papel central na minha decisão de centrar esforços nos comportamentos que mantêm as sociedades unidas.

A natureza violenta dos chimpanzés é às vezes utilizada como argumento contra a existência de empatia entre eles. Costumamos associar a empatia à benevolência, de tal maneira que frequentemente se pergunta "Como os chimpanzés podem ser dotados de empatia se eles caçam macacos para comer e matam seus semelhantes?". O mais surpreendente é que a mesma pergunta não seja feita com mais frequência em relação à espécie humana. Se essa pergunta fosse estendida a nós, seríamos obviamente a primeira espécie a ser desqualificada como dotada de empatia. Na verdade, não existe nenhuma ligação obrigatória entre a empatia e a benevolência, e não há nenhum animal que possa se dar ao luxo de tratar a todos amigavelmente o tempo todo. O animal enfrenta a competição pelo alimento, pelos parceiros sexuais e pelo território. Uma sociedade fundada na empatia não está mais livre de conflitos do que um casamento baseado no amor.

Como outros primatas, os humanos podem ser descritos como animais altamente cooperativos que precisam se esforçar para manter sob controle seus impulsos egoístas e agressivos ou como animais altamente competitivos que, a despeito disso, são capazes de se entender com os outros e de participar de relações de troca. O que torna as tendências socialmente positivas tão interessantes é justamente o fato de que elas se desenvolvem sobre um fundo de competição.[27] A meu ver, os homens devem ser incluídos entre os primatas mais agressivos. Ao mesmo tempo, porém, estou convicto de nossa mestria em estabelecer vínculos com nossos semelhantes e que esses laços sociais limitam a competição entre nós. Em outras palavras, não somos obrigatoriamente agressivos. É tudo uma questão de equilíbrio. A confiança e a cooperação puras e incondicionais são ingênuas e prejudiciais, ao passo que a ganância sem limites só pode levar ao "salve-se quem puder" advogado por Skilling até que a Enron desmoronasse sob seu próprio peso perverso.

Se a biologia fornece alguma orientação ao governo e à sociedade, o mínimo que precisamos fazer é obter uma visão completa, abandonando a versão estereotipada formulada pelo darwinismo social e olhando para aquilo que foi verdadeiramente implementado pela evolução. Que tipo de animais somos nós? Os traços produzidos pela seleção natural são ricos e variados e incluem tendências sociais muito mais propícias ao otimismo do que geralmente se pressupõe. Na verdade, minha hipótese é de que a biologia é a nossa maior esperança. Se a humanidade de nossa sociedade dependesse dos caprichos da política, da cultura e da religião, aí sim seria o caso de sentirmos calafrios.

As ideologias vêm e vão, mas a natureza humana permanece.

3. Conversas entre corpos

Quando assisto a um acrobata andando sobre uma corda bamba, sinto-me nele.

THEODOR LIPPS, 1903

Certa manhã, a voz do diretor do colégio em que eu estudava soou pelo sistema de comunicação interna com o anúncio chocante de que um professor de francês estimado por todos acabara de morrer em aula, diante de seus alunos. Todos ficaram em silêncio. Enquanto o diretor seguia explicando que o professor tinha sofrido um ataque do coração, não pude conter um acesso de riso. Sinto vergonha disso até hoje.

O que há no riso que o torna incontrolável, mesmo quando ele é desencadeado pelas circunstâncias mais impróprias? Ataques de riso muito violentos podem ser uma verdadeira perturbação. Perdemos o controle, derramamos lágrimas, ficamos sem fôlego, nos apoiamos fisicamente nas outras pessoas e, às vezes, chegamos mesmo a molhar as calças enquanto rolamos no chão! Que peça é essa que foi pregada na nossa espécie falante para que ela tivesse que se expressar com esses estúpidos "ha ha ha"! Por que não nos contentamos com um tranquilo "isso foi engraçado"?

Essas são perguntas muito antigas. Os filósofos se exasperaram diante desse problema, tentando compreender por que motivos uma das conquistas mais refinadas da humanidade, seu senso de humor, manifesta-se sob a forma de um abandono grosseiro que parece mais condizente com os animais. Não resta dúvida de que o riso é inato. Essa forma de expressão é um universal humano que partilhamos com nossos parentes mais próximos, os grandes primatas não humanos. O primatólogo holandês Jan van Hooff investigou em que circunstâncias os grandes primatas dão suas risadas roucas e ofegantes, e concluiu que isso acontece quando eles assumem uma atitude brincalhona. Geralmente as risadas ocorrem em resposta a uma situação de surpresa ou a uma situação incongruente — por exemplo, quando um filhote muito pequeno corre atrás do macho dominante, que foge "apavorado", rindo sem parar. A relação entre o riso e a surpresa está presente também nas crianças, como se pode ver nas brincadeiras em que alguém cobre o rosto com um pano dizendo "Cadê? Achou!". Essa relação é observada ainda nas piadas com reviravoltas inesperadas, que ficam reservadas para o último momento, e que chamamos, apropriadamente, de *punch lines.*

A gargalhada humana é uma demonstração ruidosa, acompanhada de acentuada exposição dos dentes e de exalação intensa (razão da falta de fôlego que a ela se segue). Geralmente ela indica afeição mútua e bem-estar. Quando várias pessoas caem na gargalhada ao mesmo tempo, elas transmitem sinais de solidariedade e de proximidade. Mas essa ligação pode também ser dirigida contra os de fora, o que sugere que o riso pode conter um elemento de hostilidade, como no caso das piadas étnicas. Em consequência disso, alguns pensadores levantaram a hipótese de que o riso teria se originado do desprezo e da zombaria.[1] A meu ver, isso parece improvável, uma vez que as primeiras risadas ocorrem entre mãe e filho, relação que parece passar muito longe desse tipo de sentimentos. O mesmo vale para os grandes primatas, cuja primeira "cara de brincadeira" (*playface*, como a expressão facial de riso é conhecida) se manifesta quando a mãe, com seus dedos enormes, cutuca e acaricia a barriga do pequeno filhote.

O PROBLEMA DA CORRESPONDÊNCIA

O que mais me intriga em relação ao riso é a forma como ele se *propaga*. É quase impossível *não* rir quando todas as pessoas à nossa volta estão rindo. Já houve relatos de epidemias em que ninguém conseguia parar de rir e que levaram algumas pessoas à morte em decorrência de um acesso muito prolongado.[2] A unção do riso é praticada em certas igrejas e há também terapias do riso, que se baseiam no poder curativo dessa manifestação. Em 1996, tornou-se febre um brinquedo que ria histericamente quando era apertado três vezes seguidas — o Tickle me Elmo [Me faça cosquinhas, Elmo]. Tudo isso porque adoramos rir e não resistimos a nos juntar às gargalhadas ao nosso redor. É por esse motivo que os programas de humor na televisão utilizam *playbacks* de risadas e que os teatros empregam às vezes a claque de risadas — pessoas espalhadas pela plateia, contratadas para gargalhar ruidosamente a cada nova piada.

O caráter contagiante do riso se manifesta até mesmo entre espécies diferentes. Muitas vezes, sob a janela do meu escritório no Centro Yerkes de Primatas, ouço as risadas dos chimpanzés durante suas brincadeiras turbulentas, e não consigo conter meu próprio riso. As cócegas e as brincadeiras de luta são geralmente os gatilhos do riso entre os grandes primatas, e é provável que também entre os humanos elas sejam os gatilhos originais. Todo mundo sabe que fazer cócegas em si mesmo é algo que não funciona, o que indica o caráter social desse comportamento. Quando os filhotes dos grandes primatas fazem sua "cara de brincadeira", seus companheiros prontamente fazem o mesmo,[3] da mesma forma como acontece entre os humanos, que rapidamente se juntam em suas risadas.

O riso compartilhado é apenas um exemplo da nossa sensibilidade aos outros. Não somos Robinson Crusoés instalados em ilhas isoladas. Somos interligados aos nossos semelhantes, tanto do ponto de vista corporal quanto do ponto de vista emocional. Essa afirmação pode soar estranha no Ocidente, com sua tradição de independência e de liberdade individual, mas a prontidão com que o *Homo sapiens* é impelido numa ou noutra direção emocional pelos seus companheiros é verdadeiramente impressionante.

É precisamente aí que começam a empatia e a solidariedade — e não nas regiões superiores do pensamento ou na capacidade de reconstruir conscientemente o que sentiríamos se estivéssemos na situação do outro. A empatia começou de uma forma muito mais simples, com a sincronização dos corpos — correndo quando os outros correm, rindo quando os outros riem, chorando quando os outros choram e bocejando quando os outros bocejam. A maioria de nós alcançou o estado incrivelmente avançado em que a simples menção do ato de bocejar nos provoca essa reação, como você talvez esteja fazendo nesse exato momento! Mas isso depende de um grande número de experiências face a face.

O bocejo é contagiante mesmo entre espécies diferentes. Praticamente todos os animais apresentam esse peculiar "ciclo respiratório paroxístico que se caracteriza por uma sucessão padronizada de movimentos por um período de cinco a dez segundos".[4] Certa vez, assisti a uma palestra sobre *pandiculação* (o termo médico para o ato de espreguiçar-se e bocejar) involuntária que mostrava *slides* de cavalos, leões e macacos bocejando — e em pouco tempo a plateia inteira estava entregue à pandiculação. Sendo o bocejo um comportamento que facilmente precipita uma reação em cadeia, ele abre uma janela sobre a transmissão dos estados de humor, que é um elemento essencial da empatia. Isso torna ainda mais intrigante a observação de que os chimpanzés bocejam quando veem outros bocejando.

Isso foi demonstrado pela primeira vez na Universidade de Kyoto. Um grupo de chimpanzés criados em laboratório assistiu a filmes que mostravam chimpanzés selvagens bocejando e logo começou a bocejar sem parar. Com os chimpanzés do nosso centro de pesquisa, fomos um pouco mais adiante. Em vez de mostrar a eles chimpanzés de verdade, exibimos animações tridimensionais de uma cabeça semelhante à de um chimpanzé fazendo os movimentos de um bocejo. Devyn Carter, o técnico que criou essas animações, declarou que nunca em sua vida ele havia bocejado tanto no decorrer de um trabalho. Os animais assistiram também a animações que mostravam uma cabeça somente abrindo e fechando a boca algumas vezes, mas eles bocejaram somente em resposta aos bocejos animados. Esses bocejos, que pareciam absolutamente reais, incluíam a abertura máxima da boca, o fechamento dos olhos e a rotação da cabeça.

As animações de bocejos numa cabeça semelhante à de um grande primata provocam bocejos de verdade nos chimpanzés que as assistem.

O contágio do bocejo reflete o poder da sincronização inconsciente, inscrita profundamente na nossa espécie, assim como em muitas outras espécies animais. A sincronia pode se manifestar pela cópia de pequenos movimentos corporais,[5] como o bocejo, mas ocorre também numa escala maior, envolvendo as viagens e os deslocamentos dos grupos. Não é difícil perceber o seu valor de sobrevivência. Imagine que você faz parte de um bando de pássaros e que, subitamente, um deles alce voo. Como não há tempo para descobrir o que está acontecendo, sua reação imediata é decolar também. Caso contrário, pode ser que você se transforme no almoço de um predador.

Se o grupo todo a que você pertence sente sono e interrompe a viagem para descansar, você sente sono também. O contágio dos estados de espírito serve à coordenação das atividades, que é fundamental para todas as espécies que fazem grandes deslocamentos, como é o caso da maioria dos primatas. Se meus companheiros estiverem comendo, é melhor que eu também me alimente, uma vez que quando eles retomarem a viagem eu não terei mais chances de fazê-lo. O indivíduo que não se mantém em sintonia com os demais tende a sair prejudicado, como o viajante que perde a oportunidade de ir ao banheiro quando o ônibus faz uma parada.

O instinto de rebanho produz fenômenos estranhos. Num zoológico, um bando de babuínos se reuniu no alto de uma rocha, olhando todos na mesma direção.[6] Durante uma semana inteira eles se esqueceram de comer, de se acasalar e de fazer cafuné. Ficaram o tempo todo fitando alguma coisa à distância que ninguém mais conseguia identificar. Os jornais locais começaram a estampar fotografias do grupo de macacos, especulando que talvez eles estivessem assustados com um óvni. A única vantagem dessa explicação era combinar uma descrição do comportamento primata com uma prova da existência de óvnis, mas a verdade é que ninguém tinha a menor ideia do que estaria por trás daquele comportamento do grupo. Tudo o que se sabia é que os babuínos estavam todos de acordo.

O poder da sincronia pode ser empregado de forma útil, como na situação em que uma manada de cavalos ficou presa num pequeno pasto no meio de uma área alagada na Holanda.[7] Vinte animais já tinham se afogado e muitos esforços estavam sendo feitos para salvar os demais. Uma das propostas mais radicais foi a de que o exército construísse uma ponte flutuante, mas antes que essa ideia fosse colocada em prática, uma pessoa que trabalhava no centro hípico local pensou numa solução muito mais simples. Quatro cavalos montados por mulheres misturaram-se ao rebanho em apuros. Em seguida, eles saíram chapinhando por uma parte mais rasa e, como flautistas de Hamelin, foram seguidos pelo resto da manada. Os animais conseguiram vencer uma boa parte dessa distância andando, mas em alguns trechos tiveram que nadar. Numa vitória do conhecimento animal aplicado, as cavaleiras chegaram à terra firme seguidas por uma fila indiana de aproximadamente cem cavalos.

A coordenação dos movimentos não apenas reflete os laços entre os indivíduos como também os estreita. Cavalos que puxam uma carroça juntos, por exemplo, podem tornar-se extremamente unidos. De início, cada um segue seu próprio ritmo, e por isso eles se movem aos solavancos. Mas depois de anos trabalhando juntos, os dois cavalos acabam agindo como se fossem um só, puxando a carroça destemidamente e em alta velocidade nas maratonas em terreno acidentado. Eles se complementam um ao outro, chegando inclusive a resistir à mais breve separação, como se tivessem se tornado um único organismo. O mesmo acontece aos cães que puxam trenós. Talvez o caso mais extremo seja o da *husky* Isobel,[8] que depois de ficar cega continuou a correr em perfeita harmonia com os outros cães, utilizando-se do olfato, da audição e da sensação dos movimentos de seus companheiros. Às vezes Isobel assumia o comando, juntamente com outro *husky*.

Na Holanda, onde a bicicleta faz parte da cultura, é comum levarmos um passageiro na garupa. Para acompanhar os movimentos do ciclista, o passageiro precisa agarrar-se a ele com força

— um dos motivos por que os garotos adoram oferecer carona às meninas. As bicicletas não fazem curvas somente com os movimentos da direção, mas também com a inclinação, de modo que a pessoa na garupa necessita inclinar-se da mesma maneira que o ciclista. Um passageiro que ficasse sentado na garupa em posição reta seria um estorvo. Nas motocicletas, isso é ainda mais crucial. A velocidade mais alta exige uma inclinação ainda maior nas curvas, e a falta de coordenação pode ser desastrosa. O passageiro é um verdadeiro parceiro no percurso, e deve espelhar cada movimento do motociclista.

Entre os grandes primatas, as mães às vezes atendem aos chamados de um filhote que não consegue vencer a distância entre duas árvores. A primeira coisa que a mãe faz é balançar a árvore onde ela se encontra, aproximando-a da árvore em que o filhote ficou preso. Então ela estica seu corpo entre as duas árvores, fazendo-se de ponte. Isso requer mais do que a mera coordenação de movimentos, pois envolve também a capacidade de solucionar problemas. Além de sintonizar-se emocionalmente com o filhote (as mães quase sempre emitem gemidos assim que ouvem os gemidos dos filhos), a mãe acrescenta uma avaliação inteligente do sofrimento do outro. O uso do corpo para formar pontes entre as árvores é uma ocorrência corriqueira nas viagens dos orangotangos. Nessa situação, as mães antecipam repetidamente as necessidades de seus filhotes.

Há casos ainda mais complexos em que um indivíduo se encarrega da coordenação dos movimentos de outros dois, como descreveu Jane Goodall em relação a três chimpanzés selvagens, Fifi e seus dois filhos. Freud, um dos filhotes, tinha ferido o pé e mal conseguia andar. Embora a mãe geralmente esperasse por ele, às vezes acontecia de ela se pôr em marcha antes que Freud estivesse pronto para sair mancando atrás dela. O filho menor, Frodo, mostrou-se mais sensível:

Por três vezes, quando isso ocorreu, Frodo parou, olhando para Freud e para a mãe repetidamente, e começou a gemer. Continuou a choramingar até que Fifi parasse novamente. Então Frodo sentou-se perto do irmão mais velho, fazendo cafuné nele e olhando para seu pé machucado até que Freud se sentisse capaz de continuar. Depois disso, a família toda se pôs em movimento outra vez.[9]

Isso não é diferente da minha própria experiência. Minha mãe teve seis filhos, todos bem mais altos do que ela. Apesar disso, ela sempre foi a líder do grupo. Mas quando ela começou a ficar mais velha e frágil — o que só ocorreu depois dos 85 anos de idade — tivemos dificuldade em nos adaptar. Nós saíamos do carro, por exemplo, e, depois de ajudá-la rapidamente a sair também, caminhávamos apressadamente até o restaurante ou qualquer outro lugar onde estivéssemos indo, rindo e conversando. Nossas esposas tinham que nos chamar e, com um gesto, apontar para nossa mãe, que não conseguia acompanhar nosso ritmo e precisava de um braço onde se apoiar. Tivemos que nos ajustar à nova realidade.

Um bebê de macaco Rhesus olha atentamente para o experimentador e imita seus gestos repetidos de abrir e fechar a boca.

Alguns desses exemplos são mais complexos, pois não envolvem apenas a coordenação, mas a capacidade de assumir a perspectiva do outro. Ou, como nas situações descritas acima, envolvem alertar o outro quanto à situação de um terceiro. Mas o ponto comum em todos esses exemplos é a coordenação. Todos os animais que vivem juntos precisam coordenar suas ações, e a sincronia é o elemento-chave para isso. Trata-se da forma mais antiga de ajustamento aos membros do grupo. A sincronia, por sua vez, baseia-se na capacidade de fazer um mapeamento entre o próprio corpo e o corpo de um outro e de incorporar os movimentos desse outro, que é exatamente a razão por que a risada ou o bocejo do outro nos fazem rir ou bocejar. Dessa forma, o contágio do bocejo nos fornece uma pista das nossas relações com os outros. As crianças autistas permanecem imunes aos bocejos das pessoas à sua volta, o que evidencia a desconexão social que define essa condição.[10]

O mapeamento corporal começa muito cedo. Um bebê humano recém-nascido mostrará a língua em resposta a um adulto que faça o mesmo, e isso também se aplica aos macacos e aos grandes primatas não humanos. Numa filmagem realizada durante uma pesquisa, um minúsculo bebê de macaco Rhesus olha atentamente o rosto do pesquisador italiano Pier Francesco Ferrari, que abre e fecha a boca lentamente diversas vezes. Quanto mais tempo o macaco observa o cientista, mais a sua boca começa a imitar os movimentos dele, num gesto parecido com os estalos de lábios típicos de sua espécie. Os estalos dos lábios sinalizam intenções amistosas e são tão significativos para os macacos quanto o sorriso é para os humanos.

Mas devo dizer que considero a imitação neonatal profundamente enigmática. Como um bebê — seja ele humano ou não — imita um adulto? Por mais que os cientistas tragam à baila a ressonância neuronal[11] e os neurônios-espelho, isso está longe de solucionar o mistério de como o cérebro (especialmente um cérebro tão ingênuo quanto o de um recém-nascido) faz o mapeamento entre seu próprio corpo e as partes do corpo de outra pessoa. Isso é conhecido como o *problema da correspondência*. Como um bebê pode saber que a sua própria língua, que ele nem ao menos consegue ver, equivale ao órgão muscular cor-de-rosa e carnudo que ele vê projetar-se entre os lábios de um adulto? Na verdade, a palavra *saber* é enganosa, uma vez que tudo isso ocorre inconscientemente.

O mapeamento corporal entre espécies diferentes é ainda mais difícil de compreender. Numa pesquisa, os golfinhos imitaram as pessoas próximas à piscina sem que tivessem recebido qualquer treinamento em relação aos comportamentos em questão.[12] Um homem abanava o braço e os golfinhos abanavam espontaneamente as suas nadadeiras peitorais. Outro homem levantava a perna e os golfinhos levantavam a cauda acima do nível da água. Pense no problema da correspondência corporal nesse caso, ou no de um grande amigo meu, cuja cachorra passou a mancar poucos dias depois de ter fraturado e engessado a perna. Em ambos os casos, tratava-se da perna direita. A cachorra continuou mancando por várias semanas, e parou de fazê-lo, milagrosamente, quando o gesso do meu amigo foi retirado.

Como dizia Plutarco, "Viva com um aleijado e você aprenderá a mancar".

A ARTE DE MACAQUEAR

As crianças geralmente tomam como modelo o genitor do mesmo sexo.

Diante das câmeras, e perto de seu colega, o presidente George W. Bush, o ex-primeiro-ministro britânico Tony Blair — que, como se sabia, costumava caminhar normalmente em seu país — subitamente transformou-se num verdadeiro *cowboy* não inglês, gingando e balançando os braços, com o peito estufado. Bush, é claro, caminhava emproado dessa maneira o tempo todo, e certa vez explicou que na sua terra natal, o Texas, isso era conhecido como "andar".[13]

A identificação é o gancho que nos atrai e nos leva a assumir a situação, as emoções e o comportamento daqueles de quem somos próximos. Eles se tornam modelos para nós: empatizamos com eles e seguimos seus exemplos. As crianças geralmente caminham de modo parecido com o do genitor do mesmo sexo, ou imitam seu tom de voz ao atender o telefone. O dramaturgo americano Arthur Miller descreveu como isso funciona:

> Nada era mais divertido do que imitar. Eu tinha mais ou menos a altura do bolso de trás do meu pai, que sempre deixava aparecer a pontinha do seu lenço, e durante anos eu mantive o costume de deixar à vista exatamente a mesma pontinha do meu lenço.[14]

A imitação é também o forte dos antropoides, como o verbo "macaquear" deixa transparecer. Dê a um macaco que vive num zoológico uma vassoura e ele a movimentará pelo chão do mesmo modo que seu tratador faz todos os dias.[15] Dê a ele um trapo e ele irá molhá-lo e torcê-lo antes de passá-lo no vidro. Dê a ele uma chave e você estará numa enrascada! Mas, embora isso tudo seja conhecimento comum, alguns cientistas têm questionado a capacidade de imitar dos grandes primatas não humanos. Não há comprovação disso, afirmam eles. Será que os cientistas têm razão ou eles vêm testando os grandes primatas de forma errada?

Num experimento, geralmente o animal fica diante de um experimentador desconhecido, vestido de branco, que fica sentado fora da jaula demonstrando uma nova ferramenta que não tem significado algum no ambiente em que o grande primata vive.[16] Depois de fazer, por exemplo, cinco demonstrações padronizadas, a ferramenta é entregue ao animal para que observe de que modo ele irá usá-la. Não se leva em consideração o fato de que os grandes primatas não gostam de estranhos. Também não se considera que é sempre mais difícil relacionar-se com outra espécie do que com a própria. Os macacos se saem mal nesses testes, em comparação com as crianças. Por outro lado, as crianças não são mantidas atrás das grades durante os experimentos. Elas permanecem sentadas e felizes no colo de suas mães. Fala-se com elas e, o mais importante de tudo, elas interagem com seus semelhantes. É claro que elas se sentem totalmente confortáveis e não têm dificuldade alguma em se relacionar com o experimentador. Embora estudos como esses estejam, aparentemente, comparando maçãs com laranjas, é com base neles que se tem sustentado a hipótese de que há um abismo cognitivo entre as crianças e os grandes primatas.

Não demorou muito para que o inevitável acontecesse: a imitação foi elevada à categoria de habilidade exclusivamente humana. Que importa que essas afirmações acabem sempre por se mostrar problemáticas e, por isso mesmo, tenham que ser revistas aproximadamente a cada dois anos? E que importa que os animais demonstrem uma facilidade extraordinária para aprender com seus companheiros? Esse é um fato conhecido em relação aos pássaros e às baleias, que assimilam facilmente os cantos dos outros indivíduos da espécie, e até mesmo em relação aos ursos, na guerra por comida que esses animais travam com os visitantes dos parques florestais dos Estados Unidos. Os ursos inventam novos truques o tempo todo (eles aprenderam, por exemplo, que pular sobre a capota de um modelo específico de carro faz com que todas as suas portas se abram), e esses truques se espalham como fogo entre a população de ursos (resultando em placas nas entradas dos parques advertindo os proprietários desse modelo de carro em especial). É evidente que os ursos aprendem uns com os outros. As alegações sobre a exclusividade do homem deveriam, no mínimo, ser substituídas por afirmações mais razoáveis, como, por exemplo, a de que a nossa capacidade de imitação é mais desenvolvida que a dos animais. Mas mesmo em relação a isso eu seria cauteloso, porque as nossas próprias pesquisas reabilitaram totalmente a crença nas habilidades imitativas dos grandes primatas. Eliminando-se o experimentador humano, chegamos a resultados muito diferentes daqueles mencionados acima. Quando damos aos grandes primatas a oportunidade de observar seus pares, eles copiam cada detalhe do que veem.

Começarei pela imitação espontânea. Os filhotes mais novos na nossa colônia de chimpanzés às vezes enfiam o dedo na cerca de arame, enganchando-o de uma maneira que o dedo do filhote fica preso e não se consegue soltá-lo à força. Os adultos já aprenderam a não puxar o filhote, que sempre acaba por conseguir se soltar sozinho. Mas enquanto isso não acontece, a colônia inteira fica agitada com os gritos do filhote. Embora ocorra raramente, trata-se de um evento bastante dramático, comparável à situação de um grande primata preso na armadilha de um caçador.

Em muitas ocasiões, vimos outros chimpanzés imitarem a situação da vítima. Na última vez, por exemplo, quando me aproximei para ajudar, fui recebido com gritos ameaçadores tanto da mãe quanto do macho alfa. Em consequência disso, fiquei à distância. Uma fêmea um pouco mais velha que o filhote aproximou-se de mim e reconstruiu o evento. Olhando-me nos olhos, enfiou o dedo na tela de arame, enganchando-o lenta e deliberadamente, para então puxá-lo como se também ela tivesse ficado presa. Em seguida, dois outros chimpanzés jovens repetiram a mesma cena, empurrando-se um ao outro para enfiar os dedos no mesmo lugar apertado que haviam encontrado para esse jogo. Pode ser que esses jovens tenham, tempos atrás, experimentado realmente essa situação, mas, naquele momento, a encenação deles foi incitada pelo que havia ocorrido ao filhote.

É claro que os nossos chimpanzés não leram os trabalhos

científicos que afirmam que a imitação é um meio para alcançar um objetivo ou para obter recompensas.[17] Eles a praticam espontaneamente, quase sempre sem nenhum ganho em mente. A imitação está tão presente na vida diária desses animais que resolvi desenvolver um ambicioso projeto de pesquisa juntamente com um colega britânico, Andy Whiten,[18] que pensava da mesma forma que eu. Em contraste com os estudos anteriores, queríamos mostrar que os grandes primatas aprendem muito uns com os outros. Do ponto de vista da evolução, o que eles aprendem conosco não tem nenhuma importância — o que importa é a maneira como eles se relacionam com seus semelhantes.

Conseguir que um grande primata atue como modelo para um outro não é uma tarefa fácil. Não há dificuldade alguma em pedir a um colega de trabalho que demonstre uma ação específica e que a repita dez vezes seguidas, mas experimente pedir o mesmo a um grande primata! Tivemos que enfrentar uma batalha complicada, e nosso sucesso final deve-se em grande parte a uma jovem escocesa, Vicky Horner, que é bastante parecida com os chimpanzés. Para uma pessoa que adora os grandes primatas, isso não é um insulto. O que estou querendo dizer é que Vicky consegue usar a linguagem corporal apropriada (ficar de cócoras, não fazer movimentos nervosos, manter uma disposição amigável) com os chimpanzés e sabe exatamente quais são os indivíduos da colônia que se comportam como divas, quais são os que exigem respeito, os que querem apenas brincar e os que parecem ter o olho maior do que a barriga. Ela lida com cada um deles levando em conta as suas "manias", de tal maneira que todos se sentem confortáveis. A relação de Vicky com os chimpanzés foi a primeira arma em nosso arsenal. A segunda foi a própria relação entre os membros do grupo. A maior parte desses chimpanzés são parentes ou cresceram juntos, o que faz com que eles se mostrem mais do que dispostos a prestar atenção um no outro. Como uma família de pessoas próximas, eles formam um grupo briguento e afetuoso, e se mostram muito mais interessados uns nos outros do que em nós. Em outras palavras, eles são como os grandes primatas devem ser.

Vicky empregou o chamado método de duas ações. Os macacos recebiam uma caixa-problema à qual podiam ter acesso de duas maneiras. Eles podiam cutucar a caixa com uma vareta, liberando o alimento, ou usar a vareta para levantar uma alavanca, o que também levava à liberação do alimento. Os dois métodos funcionavam igualmente bem. Primeiro, ensinávamos a técnica de enfiar a vareta a um membro do grupo, geralmente uma fêmea no topo da hierarquia, e deixávamos que ela a demonstrasse. O grupo todo se juntava à sua volta para ver como ela fazia para conseguir seus M&Ms. Depois disso, passávamos a caixa aos seus companheiros de grupo, que obviamente — se há alguma verdade na ideia de que os grandes primatas são imitadores — deveriam favorecer a técnica de enfiar a vareta. Foi realmente isso o que eles fizeram. Em seguida, repetimos o experimento com um segundo grupo, que vive na mesma estação de campo, mas num local separado. Ensinamos a uma outra fêmea a técnica de levantar a alavanca, e, pasmem, todo o grupo desenvolveu uma preferência por esse procedimento. Dessa forma, criamos artificialmente duas culturas distintas: a dos chimpanzés que utilizavam a vareta para levantar a alavanca e a dos que a empregavam para enfiá-la na caixa.

A beleza desse resultado é que se os chimpanzés aprendessem as coisas por si mesmos, cada grupo mostraria uma mistura das duas soluções, e não uma inclinação tão evidente para uma ou outra das duas técnicas. Ficou bastante claro que o exemplo fornecido por um dos companheiros do grupo faz uma diferença enorme. Na realidade, quando entregamos a mesma caixa a chimpanzés inexperientes, sem nenhuma demonstração, nenhum deles conseguiu sequer extrair alimento dela!

Depois disso, experimentamos uma variação do "jogo do telefone sem fio" para verificar de que maneira a informação se transmite entre vários indivíduos. Uma nova caixa com duas ações foi construída. Ela podia ser aberta pelo deslizamento lateral de uma porta ou puxando-se a mesma porta para cima, num movimento de báscula. Ensinamos um indivíduo a abrir a porta fazendo-a deslizar. Depois disso, outro indivíduo observou o primeiro, seguido de um terceiro que assistiu ao segundo, e assim sucessivamente. Mesmo após a formação de seis novos pares, o último macaco continuava preferindo a solução de abrir a porta fazendo-a deslizar. Levamos a mesma caixa para o outro grupo e produzimos uma cadeia igualmente longa de chimpanzés que davam preferência à solução de bascular a porta.

Seguindo os mesmos procedimentos com crianças, na Escócia, Andy obteve resultados virtualmente idênticos. Devo admitir que senti certa dose de inveja. Com crianças, um experimento como esse leva apenas alguns dias, ao passo que, a cada novo experimento que planejamos com os chimpanzés, contamos com a possibilidade de demorar cerca de um ano para concluí-lo. Nossos animais vivem ao ar livre e participam dos experimentos voluntariamente. Nós simplesmente os chamamos pelo nome e esperamos que eles venham para o teste (na verdade, eles não apenas conhecem seus próprios nomes, como também os dos outros, o que nos permite pedir a um chimpanzé que vá buscar o outro). Os machos adultos geralmente estão ocupados demais para participar dos testes. Suas lutas pelo poder e a necessidade de ficar de olho nas aventuras sexuais uns dos outros são prioridades para eles. As fêmeas, por outro lado, têm seus filhotes e seus ciclos reprodutivos. Se elas vêm sozinhas, podem ficar muito angustiadas por se separar de suas crias, o que não ajuda em nada o nosso experimento. Por outro lado, quando elas trazem seu filhote mais novo, adivinhe quem acaba brincando com a caixa? Isso também não nos ajuda muito. Se as fêmeas estiverem sexualmente atraentes — com os genitais intumescidos como balões —, pode ser que se mostrem dispostas a participar, mas haverá sempre uns três ou quatro machos querendo juntar-se a elas e batendo incessantemente na porta, impedindo qualquer concentração. Nos experimentos que requerem a formação de pares de animais, pode ocorrer de juntarmos dois chimpanzés que, sem que saibamos disso, tenham tido uma rusga pela manhã, e que agora se recusem a olhar um para o outro. "Há sempre algum problema", como costumamos dizer, o que explica a preferência dos cientistas pelos arranjos experimentais em que os macacos interagem com um experimentador humano. Testando-os dessa maneira, pelo menos um dos participantes estará sob controle.

Os testes envolvendo a relação de um grande primata com outro são muito mais difíceis, mas trazem enormes compensações. Se permitirmos que se imitem entre si, eles certamente farão jus à sua reputação como imitadores. Eles ficam literalmente "grudados" um no outro. Às vezes eles seguram a mão do modelo enquanto este manipula a caixa e cheiram sua boca enquanto ele mastiga as guloseimas que conseguiu obter. Nada disso seria possível com um experimentador humano, que geralmente é mantido a uma distância segura. Quando adultos, os grandes primatas são potencialmente perigosos,[19] motivo pelo qual o contato próximo com os humanos é proibido. Para aprender com os outros, no entanto, esse contato faz toda a diferença. Nossos chimpanzés observam cada movimento do modelo e frequentemente reproduzem as ações observadas mesmo que ainda não tenham recebido nenhuma recompensa. Isso significa que eles aprenderam simplesmente por observação, o que me traz de volta à questão do papel do corpo.

Como um chimpanzé imita outro? Será que ele se identifica com um seu igual e absorve seus movimentos corporais? Ou será que, na verdade, ele concentra sua atenção na caixa, e não no seu companheiro? Pode ser que ele só precise saber como a coisa funciona. Ele pode perceber que a porta se abre ao ser deslizada lateralmente, ou que alguma coisa precisa ser levantada. O primeiro tipo de imitação envolve a repetição de manipulações observadas. O segundo requer somente um conhecimento técnico. Graças aos inventivos experimentos realizados com uma caixa fantasma, sabemos qual dessas duas explicações está correta. Uma caixa fantasma recebe esse nome porque ela se abre e se fecha sozinha, como num passe de mágica, sem a necessidade de um agente. Se o conhecimento técnico fosse o elemento realmente importante, uma caixa desse tipo seria o suficiente. Mas, na verdade, deixar que os chimpanzés observem uma caixa fantasma — com as suas várias partes se movimentando e produzindo recompensas centenas de vezes — até que eles estejam morrendo de tédio não ensina coisa alguma a eles.[20]

Para aprender com os outros, os grandes primatas precisam observar companheiros de verdade. A imitação necessita da identificação com um corpo de carne e osso. Estamos começando a compreender o quanto a cognição, humana e animal, depende do corpo. O nosso cérebro não é um pequeno computador que dirige o corpo à sua volta. A relação entre o corpo e o cérebro é uma via de mão dupla. O corpo produz sensações internas e se comunica com outros corpos, e é com base nisso que conseguimos construir conexões sociais e avaliar a realidade à nossa volta. O corpo intervém em tudo o que percebemos ou pensamos. Você sabia, por exemplo, que a condição física de um indivíduo distorce sua percepção? Uma pessoa cansada, ao olhar para uma encosta, estima que ela é muito mais íngreme do que o faz uma pessoa bem descansada. Um indivíduo carregando uma mochila pesada superestima a distância de um ponto de chegada ao ar livre muito mais do que outro indivíduo desembaraçado desse fardo.

Peça a um pianista que identifique a sua interpretação de uma peça musical no meio de várias outras apresentadas a ele. Mesmo que se trate de uma composição que ele só tocou uma vez e em silêncio (ou num teclado eletrônico sem os fones de ouvido), ele será capaz de reconhecer sua própria execução. Enquanto ouve, ele provavelmente recria em sua mente as sensações corporais que acompanham a execução de verdade. Ao escutar sua própria interpretação da música, ele sente uma correspondência mais próxima, reconhecendo-se, portanto, não apenas através de seus ouvidos, mas também de seu corpo.[21]

O campo da cognição "corporificada" ainda se encontra em seus estágios iniciais, mas tem implicações profundas quanto ao nosso modo de olhar para as relações humanas. Entramos involuntariamente nos corpos das pessoas à nossa volta, de tal maneira que seus movimentos e emoções repercutem dentro de nós. É isso o que nos permite, e também aos outros primatas, recriar aquilo que vimos os outros fazerem. O mapeamento corporal é inconsciente e permanece encoberto a maior parte do tempo, embora ele às vezes "escape", como, por exemplo, quando os pais fazem movimentos de mastigar enquanto dão colheradas de comida ao bebê. Sem se dar conta disso, eles fazem a mesma ação que o bebê deveria fazer. Isso também ocorre quando os pais assistem ao filho participar de uma apresentação de canto e, totalmente absorvidos pela situação, balbuciam junto cada palavra. Eu me lembro até hoje de assistir a partidas de futebol quando criança, sentado no banco de reservas, e involuntariamente fazer os movimentos de chutar ou de pular a cada vez que alguém do meu time pegava a bola.

O mesmo pode ser observado em animais, como ilustra uma fotografia em preto e branco dos clássicos estudos de Wolfgang Köhler sobre o uso de instrumentos pelos chimpanzés. Um desses chimpanzés, chamado Grande, equilibra-se no alto de uma pilha de caixas de madeira tentando alcançar as bananas penduradas no

Sultan (sentado) faz o movimento de agarrar, em sintonia com o movimento feito por Grande para pegar as bananas penduradas no teto.

teto. Enquanto isso, Sultan o observa atentamente. Embora Sultan esteja distante, ele levanta o braço em sintonia perfeita com o movimento realizado por Grande. Outro exemplo vem de um chimpanzé que foi filmado utilizando uma pesada pedra como um martelo para abrir nozes.[22] Ele é observado por um chimpanzé mais jovem, que dá golpes sincronizados com a mão (vazia) a cada vez que o primeiro chimpanzé atinge a noz com a pedra. O mapeamento corporal fornece um atalho valioso para a imitação.

A identificação fica ainda mais evidente em momentos de forte emoção. Certa vez, testemunhei o nascimento de um chimpanzé em plena luz do dia. Esse é um acontecimento raro, pois os partos na nossa colônia geralmente acontecem à noite, ou, pelo menos, nos momentos de intervalo (como a hora do almoço), quando não há pessoas por perto. Pela janela de observação, vi uma multidão se juntar em torno de Mai — de forma rápida e silenciosa, como se tivesse sido atraída por um sinal secreto. Em posição quase ereta e com as pernas ligeiramente separadas, Mai colocou a mão em concha debaixo de si, pronta para apanhar o bebê assim que ele apontasse. Atlanta, uma fêmea mais velha, ficou perto dela numa postura semelhante, colocando também a mão em concha, mas entre *as suas próprias* pernas, onde esse gesto não podia servir a finalidade alguma. Cerca de dez minutos depois, quando o bebê emergiu — um filhote macho saudável —, a multidão se emocionou. Um dos chimpanzés gritou e outros se abraçaram, numa demonstração de que todos haviam se envolvido naquele processo. Atlanta provavelmente se identificou com Mai porque ela já parira muitos bebês. Como eram bastante próximas, Atlanta passou as semanas que se seguiram fazendo cafuné na nova mãe.

Um fenômeno semelhante envolvendo a empatia foi descrito por Katy Payne, uma zoóloga americana, em relação aos elefantes:

> Certa vez vi uma elefanta executar uma discreta dança com a tromba e as patas enquanto assistia, parada, ao seu filho que perseguia um gnu em fuga. Eu mesma já dancei enquanto assistia a apresentações de meus filhos — e um deles, não resisto a contar, é acrobata de circo.[23]

Não somente imitamos as pessoas com que nos identificamos, como a imitação estreita esses laços. Entre os humanos, as mães e as crianças fazem jogos de sincronização, brincando de bater palmas aos mesmo tempo e no mesmo ritmo ou de batê-las nas mãos um do outro. E de que modo agem os amantes quando acabaram de se conhecer? Eles fazem longos passeios caminhando lado a lado, comem juntos, riem juntos e dançam juntos. A sincronia fortalece a ligação entre os indivíduos. Pense na dança. Os parceiros complementam e antecipam os movimentos um do outro, guiando-se mutuamente. A dança transmite a seguinte mensagem: "Estamos em sincronia!". E é assim, por meio da sincronização de seus movimentos, que os animais vêm se ligando uns aos outros há milhões de anos.

Quando um experimentador humano imita os movimentos de uma criança pequena, ele obtém mais sorrisos e atenção por parte dela do que quando ele apresenta os mesmos comportamentos independentemente do que a criança tenha feito.[24] Nos encontros românticos, as pessoas se sentem melhor com o parceiro que se inclina para trás quando elas também o fazem, cruza as pernas quando elas também as cruzam, apanham os copos ao mesmo tempo que elas, e assim por diante. A atração que sentimos pela imitação chega até mesmo a influenciar o valor das gorjetas nos restaurantes. Os holandeses podem ser notórios pães-duros, mas dão gorjetas duas vezes mais altas para as garçonetes que repetem os pedidos de seus clientes ("Você pediu uma salada sem cebolas"), em vez de dizer apenas "Boa pedida!" ou "É pra já".[25] As pessoas adoram escutar seu próprio eco.

Quando observo a sincronia e a imitação — seja em relação aos bocejos, ao riso, à dança ou ao macaquear puro e simples —, o que vejo são as conexões e os vínculos. Vejo um instinto de manada que foi elevado a um nível mais complexo de funcionamento, indo além da tendência de uma multidão de indivíduos de galopar na mesma direção ou atravessar o rio ao mesmo tempo. Esse nível mais complexo exige que os indivíduos prestem mais atenção às ações dos outros e absorvam o modo como eles as realizam. Eu conheci uma macaca matriarca que tinha um jeito curioso de beber água. Em vez de sorvê-la na superfície, com goles barulhentos, ela mergulhava todo o antebraço e depois lambia os pelos dessa região. Os filhos dela começaram a fazer o mesmo, e, depois disso, os seus netos. Era fácil reconhecer a família inteira.

Há também o caso de um chimpanzé macho que machucara os dedos numa briga e caminhava mancando, apoiando-se no pulso recurvado, em vez de apoiar-se nos nós dos dedos. Não levou muito tempo até que todos os chimpanzés juvenis da colônia começassem a andar do mesmo modo, fazendo uma fila indiana atrás do macho azarado. Como os camaleões, que mudam de cor para se adequar ao ambiente, os primatas copiam automaticamente o seu entorno.[26]

Quando era garoto, meus amigos no sul da Holanda costumavam zombar de mim sempre que eu voltava para casa depois de passar férias no norte, onde eu brincava com meninos que moravam em Amsterdam. Eles diziam que eu falava de uma maneira engraçada. Sem perceber, eu voltava produzindo uma imitação grosseira do sotaque áspero do norte. O modo como nosso corpo — incluindo a voz, o humor, a postura etc. — é influenciado pelos corpos à nossa volta é um dos mistérios da existência humana. E é também um de seus fenômenos mais subestimados, especialmente nas disciplinas que encaram os humanos como tomadores de decisões racionais. Longe de sermos indivíduos independentes que pesam os prós e os contras das nossas ações, fazemos parte de uma rede muito compacta que nos conecta a todos no plano físico e também no plano mental.

Essa conexidade não é nenhum segredo. Ela aparece com mais destaque na música, uma forma de arte universal. Do mesmo modo como não há nenhuma cultura humana sem linguagem, também não existe nenhuma cultura sem música. A música nos domina e afeta nosso estado de espírito. Quando ela é ouvida por um grande número de pessoas, o resultado inevitável é a convergência de seus estados de humor. A plateia toda fica animada, melancólica, reflexiva, e assim por diante. A música parece destinar-se a essa finalidade. Não me refiro à música executada nas salas de concerto no Ocidente, com sua plateia formal e bem-vestida, que não se atreve sequer a marcar o ritmo com os pés por medo de ser considerada inconveniente. Mas até mesmo essas plateias experimentam a convergência do humor: o *Requiem* de Mozart afeta uma multidão de um modo diferente de uma valsa de Strauss. Penso sobretudo nos concertos de música pop, onde milhares de pessoas cantam com seus ídolos, balançando velas ou telefones celulares, ou ainda nos festivais de blues, nas bandas de rua, nos coros de gospel, nos *jazz funerals* e até no "Parabéns a você" cantado em família. Em todos esses casos, a música desperta uma reação corporal mais visceral. Certa vez, numa ceia de Natal em Atlanta, toda a mesa uniu-se num coro melodramático para acompanhar o *Elvis' Christmas Album*. A combinação da boa comida, do vinho, da amizade entre as pessoas e das canções foi uma experiência estimulante em vários sentidos. Vibramos juntos, rimos juntos, e terminamos todos no mesmo estado de espírito.

Durante certa época, toquei piano numa banda. Seria um eufemismo dizer que não fizemos muito sucesso, mas aprendi que para tocar com outras pessoas é necessário colocar-se no lugar do outro e que isso requer uma dose de generosidade e de sintonia muito maior do que muitas outras atividades em grupo. Nossa música favorita era "House of the rising sun", da banda inglesa The Animals, que tentávamos revestir de toda a dramaticidade de que éramos capazes. Sentíamos a ruína e a desolação da canção sem saber exatamente de que tipo de casa estávamos falando, o que só vim a compreender anos depois. O que guardei comigo, no entanto, foi a experiência unificadora de tocar com meus companheiros.

Não é difícil encontrar exemplos disso entre os animais. Não falo somente das alcateias de lobos uivando em conjunto, dos chimpanzés machos vocalizando em uníssono para impressionar seus vizinhos ou dos famosos coros matinais dos bugios, que são considerados os mamíferos mais ruidosos do mundo. Estou me referindo aos siamangos, que ouvi pela primeira vez nas florestas de Sumatra. Os siamangos são gibões de grande tamanho e pelagem negra, que cantam no alto das árvores quando a temperatura da floresta começa a subir. Eles produzem um som melodioso e alegre, que me tocou muito mais profundamente do que o canto das aves, provavelmente pelo fato de ser produzido por um mamífero. O canto dos siamangos é mais encorpado do que o dos pássaros.

O canto deles geralmente começa com gritos intensos, que gradualmente se transformam em sequências cada vez mais estrondosas e elaboradas, amplificadas pelos sacos vocais desses animais, que se inflam feito balões. O canto dos siamangos pode ser ouvido a quilômetros de distância. Em algum momento, o ouvinte humano se dá conta que um animal sozinho não pode ser a fonte daquele som. Em muitas espécies, afastar os intrusos é tarefa do macho, mas entre os siamangos — que vivem em pequenos grupos familiares — os dois sexos trabalham para essa finalidade. A fêmea produz sons semelhantes a latidos estridentes, enquanto o macho emite gritos penetrantes capazes de deixar em pé cada fio do nosso cabelo. Os sons rouquenhos e ferozes dos siamangos crescem em perfeito uníssono, resultando num canto que já foi descrito como "a mais complicada composição musical cantada por um vertebrado terrestre que não seja o homem".[27] Esse dueto transmite aos outros membros da espécie a mensagem "Mantenha a distância!", ao mesmo tempo que diz "Somos um só".

Do mesmo modo como os cavalos que puxam carroças precisam se habituar a trabalhar juntos, leva tempo até que os siamangos aprendam a cantar em harmonia. Essa harmonia pode ser decisiva para se conservar o parceiro ou mesmo o território. Os outros siamangos reconhecem se há proximidade ou não entre os membros do casal. Caso percebam que há dissonância entre o macho e a fêmea, poderão invadir o território deles. É por essa razão que o primatólogo alemão Thomas Geissmann afirmou que "O abandono do parceiro não parece ser uma medida muito interessante, uma vez que os duetos dos casais formados recentemente são nitidamente inferiores". Ele descobriu que os casais que cantavam juntos com maior frequência também passavam mais tempo um com o outro e sincronizavam melhor as suas atividades.

Entre os siamangos, é literalmente possível reconhecer um bom casamento pela sua música.[28]

Ao descrever a imagem da identificação corporal entre uma mãe e seu filho acrobata, Katy Payne usou, sem saber, o mesmo exemplo que o psicólogo alemão responsável pelo conceito moderno de empatia. Ficamos em suspense ao assistir à apresentação de um funâmbulo, afirmou Theodor Lipps (1851-1914), porque indiretamente entramos em seu corpo e participamos da sua experiência. Nos sentimos na corda bamba com ele. A língua alemã captura esse processo com elegância, numa só palavra: *Einfühlung*[29] (sentir em). Mais tarde, Lipps sugeriu o termo *empatheia* como o seu equivalente em grego, que significa "experimentar forte afeto ou paixão". Os psicólogos britânicos e americanos adotaram este termo, que se transformou em "empatia".

Prefiro a palavra *Einfühlung*, porque ela transmite a ideia do movimento de um indivíduo projetando-se no interior de outro. Lipps foi o primeiro a reconhecer o nosso canal especial em relação às outras pessoas. Não sentimos nada do que acontece fora de nós, mas ao nos fundirmos inconscientemente com o outro, as experiências dele repercutem em nosso interior. Nós as sentimos como se fossem nossas. Essa identificação, argumentou Lipps, não pode ser reduzida a nenhuma outra capacidade, como a aprendizagem, a associação ou o raciocínio. A empatia oferece acesso direto ao "outro eu".

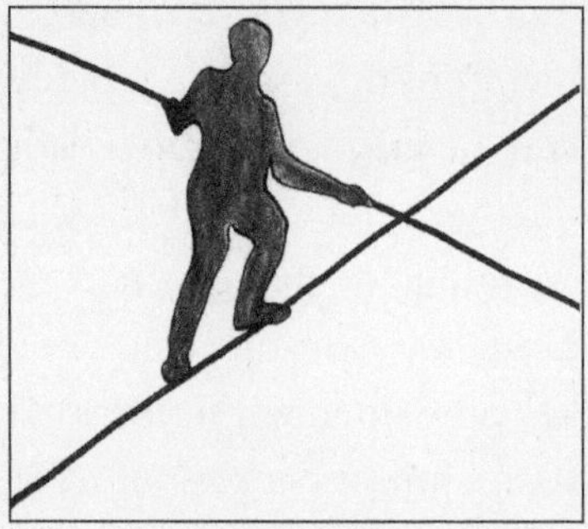

Identificamo-nos com um funâmbulo a ponto de darmos cada passo com ele.

É estranho que tenhamos que retroceder um século para descobrir a natureza da empatia nos escritos de um psicólogo esquecido há tanto tempo. Lipps ofereceu uma explicação linear da empatia, começando pelos conceitos mais básicos, em vez das explicações hierárquicas quase sempre defendidas pelos psicólogos e filósofos. Estes últimos veem a empatia como um evento cognitivo em que avaliamos o modo como os outros provavelmente se sentem com base naquilo que nós mesmos sentiríamos em circunstâncias semelhantes. Mas será que isso pode explicar a instantaneidade das nossas reações? Imagine que estivéssemos assistindo à queda de um acrobata de circo e só pudéssemos experimentar a empatia com base na nossa lembrança de experiências prévias. O meu palpite é que não reagiríamos até que o acrobata estivesse no chão, mergulhado numa poça de sangue. Mas é evidente que não é isso o que acontece. A reação da plateia é absolutamente imediata. Centenas de espectadores emitem "ooh" e "aah" no *exato instante* em que o pé do acrobata escorrega. Os acrobatas muitas vezes dão essas escorregadelas de propósito, sem nenhuma intenção de cair, exatamente porque sabem que o público está junto com eles em cada passo da apresentação. Às vezes me pergunto o que seria do Cirque du Soleil se essa conexão instantânea não existisse.

A ciência está começando a reconsiderar a posição de Lipps, mas isso só se tornou possível depois que o psicólogo sueco Ulf Dimberg publicou suas pesquisas sobre a empatia involuntária no começo da década de 1990. Ele se deparou com uma forte resistência por parte dos defensores da visão mais cognitiva. Dimberg demonstrou que a empatia não depende da nossa decisão. Nós simplesmente sentimos a empatia. Depois de fixar pequenos eletrodos no rosto de seus sujeitos de forma a registrar os mínimos movimentos musculares, Dimberg apresentou a eles, numa tela de computador, fotografias de expressões faciais felizes e zangadas. Os humanos franzem o cenho em resposta a expressões faciais zangadas e erguem os cantos dos lábios em reação a expressões faciais felizes. Mas não foi essa a descoberta mais decisiva de Dimberg, pois esse tipo de imitação poderia ocorrer voluntariamente. O mais extraordinário foi que a mesma reação ocorreu quando as fotografias eram mostradas por apenas milésimos de segundos, o que impedia sua percepção consciente. Perguntados sobre o que tinham visto depois dessa apresentação subliminar, os sujeitos não eram capazes de dizer coisa alguma sobre as expressões felizes ou zangadas, mas as haviam reproduzido mesmo assim.[30]

As expressões faciais exibidas numa tela não apenas fazem os nossos músculos faciais se contorcer, mas também induzem as nossas emoções. Aqueles que tinham sido expostos às expressões felizes declararam sentir-se melhor do que aqueles que tinham sido expostos às expressões zangadas, embora nenhum grupo tivesse a menor ideia do que tinha visto. Isso significa que estamos realmente lidando com a empatia, num experimento como esse, ainda que se trate de um tipo bastante primitivo conhecido como *contágio emocional*.[31]

Lipps descreveu a empatia como um "instinto", assinalando, desse modo, que nascemos com ela. Ele não especulou sobre a sua evolução, mas atualmente acredita-se que a empatia remonta a um período evolutivo muito antigo, bem anterior à nossa espécie. É provável que ela tenha surgido com o nascimento do cuidado parental. Durante os 200 milhões de anos da evolução dos mamíferos, as fêmeas mais sensíveis às suas crias alcançaram maior sucesso reprodutivo do que as fêmeas frias e distantes. Quando os filhotes de cachorro, os bezerros e outros mamíferos, incluindo os bebês humanos, sentem fome, frio ou correm perigo, é necessário que a mãe tenha uma reação instantânea. A pressão seletiva sobre essa forma de sensibilidade era, inevitavelmente, muito forte. As fêmeas que não respondiam aos filhotes não propagavam seus genes.

Um bom exemplo disso é uma chimpanzé fêmea, chamada Kron, que conheci num zoológico. Krom gostava muito dos filhotes e cuidava deles suficientemente bem, desde que pudesse enxergá-los. Pelo fato de ser surda, entretanto, ela não respondia aos suaves ganidos e lamúrias que os filhotes emitem, por exemplo, quando não alcançam o mamilo da mãe, quando não conseguem se manter agarrados a ela ou quando se sentem comprimidos. Certa vez, Kron sentou-se sobre seu bebê, e não se deu conta disso quando o filhote começou a gritar. Ela só respondeu ao perceber a reação preocupada das *outras* fêmeas. Acabamos por encontrar outra fêmea que pudesse adotar e criar esse filhote. O caso de Kron me ensinou o quanto é decisivo que as fêmeas mamíferas se mantenham em sintonia com as necessidades de suas crias.

Como descendentes de uma longa linhagem de mães que amamentaram, limparam, carregaram, confortaram e protegeram seus bebês, não deveríamos nos surpreender com as diferenças de gênero na empatia humana. Elas aparecem muito antes da socialização. O primeiro sinal de contágio emocional — um bebê que chora ao ouvir outro bebê chorar[32] — já é mais característico das crianças do sexo feminino do que das crianças do sexo masculino. Mais tarde, observamos outras diferenças de gênero. Meninas de dois anos de idade, ao testemunharem o sofrimento de outras pessoas, demonstram maior preocupação do que os meninos da mesma idade. E na vida adulta, as mulheres relatam reações empáticas mais fortes do que os homens, motivo pelo qual se atribui às mulheres um “instinto de cuidar”.

Mas isso não significa que não exista empatia masculina. Na realidade, as diferenças de gênero costumam seguir o padrão de curvas em forma de sino superpostas: os homens e as mulheres diferem na média, mas um grande número de homens é mais empático do que a média das mulheres, e um número significativo de mulheres é menos empático do que a média dos homens. Com a idade, os níveis de empatia dos homens e das mulheres parecem convergir. Alguns pesquisadores contestam a ideia de que essa diferença subsista na vida adulta.

No entanto, parece lógico buscar a origem da empatia no cuidado parental, motivo que levou Paul MacLean a chamar a atenção para os "assobios de separação" dos mamíferos. Esse pioneiro americano da neurociência, o primeiro a descrever o "sistema límbico" na década de 1950, interessou-se pela origem do cuidado parental. Os filhotes de mamíferos, quando se perdem ou quando estão assustados, emitem chamados característicos, levando a mãe a responder apanhando-os de volta. A mãe tem pressa de resolver o problema, e eu realmente não gostaria de atravessar seu caminho se ela for grande e forte (outro capítulo da história homem *versus* urso). A evolução do vínculo afetivo surgiu juntamente com algo que o planeta nunca tinha visto antes: um cérebro com sentimentos. O sistema límbico foi acrescentado ao cérebro, possibilitando emoções como a afeição e o prazer. Isso preparou o terreno para a vida em família, as amizades e outras formas de relação que envolvem o ato de cuidar.

A importância central dos vínculos sociais é difícil de contestar. Tendemos a descrever a condição humana em termos grandiosos, como a busca da liberdade e a luta por uma vida virtuosa, mas as ciências naturais defendem uma visão mais mundana, em que o importante é a segurança, as relações de companheirismo e a barriga cheia. Há uma tensão evidente entre as duas visões, o que faz lembrar a famosa conversação entre o escritor Ivan Turguêniev e um crítico literário russo durante um jantar: "Ainda nem resolvemos a questão de Deus", disse o crítico, aos brados, "e você quer comer!".[33]

Nossas aspirações mais nobres só entram em jogo uma vez que as mais básicas tenham sido satisfeitas. Se a ligação afetiva e a empatia são tão fundamentais quanto se propôs, é bom começarmos a dar mais atenção a elas em qualquer discussão sobre a natureza humana. Também não há nenhuma razão para esperar que essas capacidades só estejam presentes nos seres humanos. É suposto que elas se manifestem em toda criatura de sangue quente e que tenha pelos, mamilos e glândulas sudoríparas, ou seja, em todos os mamíferos.

Obviamente, isso inclui aqueles desagradáveis roedores.

CAMUNDONGOS COMPADECIDOS

Não me agrada muito contar essa história, uma vez que ela revela um preconceito, mas creio que todo mundo pode entender os motivos por que os holandeses, em consequência da Segunda Guerra Mundial, não sentiam grandes amores pelos seus vizinhos do lado leste. Quando eu era um estudante na Universidade de Nijmegen, tive vários professores alemães, que falavam o holandês com um sotaque carregado. Um deles era um senhor já idoso, muito irritadiço, que, segundo diziam, trabalhara como guarda num campo de concentração. Obviamente isso não era verdade, pois, nesse caso, ele estaria na prisão ou coisa pior, mas era isso o que a fábrica de boatos espalhava.

Para piorar as coisas, esse professor tinha o hábito de matar com as mãos os camundongos que utilizávamos nas aulas práticas de anatomia. Não sendo um partidário da morte pelo éter, ele simplesmente apanhava uma caixa com camundongos e virava-se de costas para os alunos. Minutos depois, havia uma pilha de camundongos mortos com os pescoços quebrados sobre a bancada.

Em sua defesa, devo dizer que o "deslocamento cervical", como essa prática é conhecida, é provavelmente mais rápido e mais misericordioso do que outras formas de eutanásia. Mas não é difícil imaginar o quanto nós achávamos assustadora a figura desse professor. Bem, mas isso era o que *nós* achávamos. E o que será que os camundongos achavam? Como eles encaravam esse procedimento? O primeiro camundongo na caixa não tinha ideia do que vinha pela frente, mas, e quanto ao último? Será que os roedores são capazes de identificar a dor de seus semelhantes? Será que eles sentem a dor uns dos outros?

Antes de prosseguir, devo advertir que as leituras sobre a ciência da empatia animal podem ser desafiadoras para as pessoas que amam os animais. Com o objetivo de examinar como os animais reagem à dor dos outros, os investigadores quase sempre produzem dor, eles mesmos, nos animais que participam dos experimentos. Eu não aprovo e nem adoto essas práticas, mas seria tolice ignorar as descobertas que elas possibilitaram. A boa notícia é que a maior parte dessas pesquisas foi realizada décadas atrás, e é muito improvável que sejam repetidas nos dias de hoje.

Em 1959, o psicólogo americano Russell Church publicou um artigo científico com o título provocativo de "Emotional reactions of rats to the pain of others" [Reações emocionais de ratos à dor em outros]. Os ratos foram treinados por Church a obter alimento acionando uma alavanca. Ele constatou que os ratos paravam de acionar a alavanca quando percebiam que isso provocava um choque elétrico no rato ao lado. Isso é extraordinário. Por que os ratos não continuavam simplesmente a obter comida sem fazer caso do outro animal pulando de dor sobre uma grade eletrificada? Será que eles paravam de pressionar a alavanca porque se distraíam, porque ficavam preocupados com os companheiros ou porque sentiam medo do que pudesse ocorrer a si?

A explicação oferecida por Church é típica de uma época em que se acreditava que o condicionamento era a base de todo comportamento. Ele argumentou que um rato teme pelo próprio bem-estar ao ver o outro animal em sofrimento. Mas um rato não treinado teria alguma razão para associar os guinchos de outro animal à dor em si mesmo? Os animais empregados nesse experimento tinham crescido no laboratório, com luz e temperatura controladas, comida farta e sem nenhum contato com predadores. Eles nunca haviam encontrado uma situação como essa antes. Parece mais provável que a visão, o som ou o cheiro de outro rato submetido à dor desencadeie uma reação emocional inata. A aflição de um rato pode simplesmente provocar aflição em outro.[34]

Esse estudo produziu um breve alvoroço nos experimentos sobre a "empatia", a "solidariedade" e o "altruísmo" animais — sempre colocados entre aspas para evitar a fúria dos comportamentalistas, que não acreditavam em tais conceitos. Mais tarde ele foi esquecido, em parte devido ao tabu relativo às emoções animais, em parte pela ênfase tradicional no lado cruel da natureza. O resultado disso é que os estudos com animais encontram-se hoje seriamente defasados em relação aos nossos conhecimentos sobre a empatia humana. Mas isso pode estar em vias de se transformar, graças a um novo estudo feito por cientistas canadenses, intitulado "Social modulation of pain as evidence for empathy in mice" [A modulação social da dor como evidência da empatia entre os camundongos]. Dessa vez, a palavra *empatia* é empregada sem aspas, refletindo o consenso cada vez maior de que o vínculo emocional entre os indivíduos tem a mesma base biológica nos seres humanos e nos outros animais.

A notícia veio tarde demais para o meu velho professor de anatomia, mas Jeffrey Mogil, diretor do laboratório de estudos sobre a dor na McGill University, teve quase a impressão de que seus camundongos conversavam um com o outro sobre a dor que sentiam. Ele ficou intrigado com o fato de que, ao testar os camundongos que dividiam a mesma gaiola, a sequência de utilização desses animais afetava a resposta deles. O último camundongo demonstrava mais sinais de dor do que o primeiro. É possível que o último camundongo estivesse sensibilizado por ter presenciado as reações de dor nos outros.[35] Mogil comparou isso à situação em que ficamos sentados na sala de espera de um dentista e assistimos à saída de outros pacientes, depois de uma experiência bastante desagradável. Inevitavelmente nos preparamos para a dor.

Pares de camundongos foram submetidos a um teste de dor. Cada um deles foi colocado num tubo de vidro transparente, de forma que pudesse ver o outro. Os dois, ou apenas um deles, recebiam uma injeção de ácido acético diluído, substância conhecida por provocar — segundo os investigadores — uma dor de estômago moderada. Os camundongos reagem a esse tratamento estirando o corpo, comportamento que é sugestivo de desconforto. O achado fundamental foi o de que os camundongos produziam mais movimentos de estiramento com um parceiro que também tivesse recebido a injeção e fizesse esses movimentos, em comparação com um parceiro controle. Uma vez que isso se aplicava apenas aos camundongos que eram companheiros de gaiola, e não aos estranhos, a explicação não poderia ser uma simples associação negativa, pois nesse caso a reação deveria ter sido a mesma independentemente de eles se conhecerem ou não. Experimentos posteriores tentaram determinar qual dos sentidos estava envolvido nessa reação, comparando esses resultados com experimentos realizados com camundongos anósmicos (que não têm o sentido do olfato), camundongos surdos e camundongos impedidos de ver um ao outro. A visão mostrou-se decisiva. A reação ocorria apenas entre os camundongos que podiam ver um ao outro.

Os camundongos mostraram contágio à dor. Ou seja, a visão de outro camundongo sofrendo de dor intensificava a própria reação de dor. Curiosamente, diante de um animal estranho, a sensibilidade mostrou-se *menos* intensa: os camundongos ficaram surpreendentemente passivos. Essa reação de indiferença, entretanto, ocorreu apenas com os machos, que são também potencialmente mais hostis com os outros. Será que a empatia não ocorre com os animais rivais?

Esse efeito de gênero me faz pensar no modo como os humanos empatizam com o sofrimento do outro. Presenciar a dor de alguém com quem acabamos de cooperar ativa as nossas áreas cerebrais relacionadas à dor. Isso se aplica tanto aos homens como às mulheres. Mas em alguns estudos, o mesmo procedimento foi adotado com sujeitos instruídos a roubar o parceiro pouco antes que este fosse submetido a um mapeamento cerebral. Quando somos enganados por alguém, mostramos o oposto da empatia. Ao vermos essa pessoa sofrendo de dor, os nossos centros cerebrais de *prazer* são ativados. Nos deleitamos com seu sofrimento! Mas esse *Schadenfreude* ocorre apenas nos homens. As mulheres continuam a manifestar empatia. Isso pode parecer uma reação tipicamente humana, mas o que ela revela — a falta de empatia dos machos em relação aos potenciais rivais — assemelha-se aos resultados observados nos camundongos, e talvez seja universal entre os mamíferos.

Finalmente, os investigadores submeteram pares de camundongos a diferentes fontes de dor. Uma delas era o mesmo ácido acético utilizado no experimento anterior, mas o segundo era uma fonte de calor capaz de queimá-los caso se aproximassem muito dela. Os camundongos que tinham observado um companheiro de gaiola sofrendo de dor em consequência do ácido foram mais rápidos em afastar-se da fonte de calor, indicando, assim, uma sensibilidade aumentada a um estímulo doloroso totalmente diferente e que requeria outra reação. Isso elimina a imitação motora como explicação: os camundongos pareciam sensibilizados à dor em geral. Qualquer dor.

Esse estudo contribuiu significativamente para renovar as conclusões titubeantes da década de 1960, mostrando que mesmo com um número maior de sujeitos e métodos mais rigorosos, chegamos ao mesmo resultado: a intensificação da experiência de um indivíduo com base na reação percebida em outros. Esse é um fenômeno próximo o bastante da "empatia" para ser chamado por esse nome.

Obviamente, não se trata do tipo de empatia imaginativa que nos faz de fato entender como outra pessoa se sente, como ocorre, por exemplo, ao lermos sobre o destino de um personagem em *Guerra e paz*. Mas é bom lembrar que não é a imaginação que desencadeia a empatia. Podemos imaginar a situação de outra pessoa de maneira bastante fria, não muito diferente do modo como compreendemos por que um avião voa. A empatia requer antes de mais nada envolvimento emocional. Os camundongos nos mostram de que forma isso pode ter começado. A visão das emoções de nosso semelhante desperta as nossas próprias emoções, e, a partir daí, seguimos construindo um entendimento mais avançado da situação do outro.

As conexões corporais vêm primeiro — a racionalização vem depois.

O GATO OSCAR[36]

O gato Oscar nos olha fixamente de uma fotografia no renomado *New England Journal of Medicine*. Ao lado da foto, o relato admirado de um especialista descreve as rondas diárias de Oscar numa clínica geriátrica em Providence, Rhode Island, que cuida de pacientes com Alzheimer, Parkinson e outras doenças. O gato, que tem dois anos de idade, cheira e observa cuidadosamente cada paciente, passeando de quarto em quarto. Quando decide que uma dessas pessoas está prestes a morrer, Oscar aconchega-se junto a ela, ronronando e roçando-a com o focinho, delicadamente. O gato só deixa o quarto depois do último suspiro do paciente.

As previsões de Oscar têm se revelado tão certeiras que a equipe do hospital passou a confiar nelas. Se ele entra num quarto e torna a sair, eles sabem que a hora do paciente ainda não chegou. Mas assim que Oscar inicia uma de suas vigílias, uma enfermeira corre para o telefone e avisa os parentes, que se dirigem apressadamente para o hospital a fim de acompanhar o paciente em seus últimos momentos de vida. O gato previu a morte de mais de 25 pessoas com mais precisão do que qualquer especialista humano. O artigo em homenagem a Oscar afirma: "Ninguém morre no terceiro andar a menos que Oscar lhe faça uma visita e permaneça junto dele por certo tempo".

Como Oscar faz isso? Será que ele se guia pelo cheiro, pela cor da pele ou pelo padrão de respiração desses pacientes? Mas com tanta variação nos problemas de saúde enfrentados por eles, parece um tanto improvável que todos terminem mostrando os mesmos sinais, embora não se possa descartar essa possibilidade. Mais difícil ainda é compreender o que leva Oscar a fazer isso. Algumas vezes ele foi o único ser presente na hora da morte de um paciente, e a equipe interpreta isso como uma forma de assistência de sua parte. Mas será que é realmente essa a sua motivação?

Vejo duas razões possíveis para o seu comportamento. Ou se trata de uma tentativa de confortar a si mesmo, caso ele se sinta perturbado pelo que sente que está ocorrendo à pessoa, ou de uma tentativa de confortar o paciente. Mas as duas possibilidades são, ainda assim, desconcertantes. Na primeira delas, não é fácil compreender por que razão Oscar buscaria conforto justamente nessas pessoas que se encontram incapacitadas. Não seria melhor que ele o buscasse nas pessoas em condições de cuidar dele? A segunda possibilidade é ainda mais difícil de acreditar. Pertencendo a uma espécie de caçadores solitários, por que motivo Oscar seria tão mais generoso do que todos os outros gatos que já conheci? Tive muitos gatos durante a minha vida e jamais interpretei o fato de a maioria deles gostar de se aninhar junto a nós como um sinal de preocupação com o nosso bem-estar. Às vezes eu me pergunto por que razão os nossos gatos se mostram mais e mais amorosos à medida que os dias esfriam.

É claro que estou exagerando um pouco. Os gatos expressam afeto e podem mostrar fortes ligações emocionais. Caso contrário, por que iriam querer ficar sempre no mesmo aposento que nós? O que move as pessoas a encherem suas casas com seres carnívoros cobertos de pelos, e não com iguanas e tartarugas (que são mais fáceis de cuidar), é o fato de que os mamíferos nos oferecem algo que um réptil jamais poderá nos dar: receptividade emocional. Cachorros e gatos não têm nenhuma dificuldade de interpretar nossos estados de espírito e nós também não temos nenhuma dificuldade de interpretar os deles. Isso tem uma importância enorme para nós. Sentimo-nos muito mais à vontade, muito mais ligados a animais capazes disso. Mesmo que as ações de Oscar não sejam motivadas exatamente pela sua preocupação, como eu suponho, ainda assim seria um erro desconsiderar que seu comportamento tenha relação com a empatia.

Toda capacidade que resulta da evolução presumivelmente apresenta vantagens. Se o contato emocional foi o primeiro passo em direção às formas mais avançadas de empatia, resta saber de que modo ele favorece a sobrevivência e a reprodução. Dizemos o tempo todo que a empatia leva ao comportamento de ajuda, mas isso não explica o contágio emocional, que, em si mesmo, não acarreta nenhuma ajuda. Considere, por exemplo, a reação característica da criança quando ouve outra criança chorar. Seus olhos se enchem de lágrimas e ela corre para um dos pais em busca de colo e carinho. Ao fazê-lo, ela dá as costas à criança cujo choro provocou seu desconforto. Seu comportamento não é orientado para o outro, e é por isso que os psicólogos a descrevem como um sinal de "angústia pessoal". Trata-se de uma reação egocêntrica que não serve como base para o altruísmo.

Mas isso não torna o contágio emocional inútil. Digamos que

um roedor selvagem ouça os guinchos de medo de outro roedor e, em consequência, sinta-se também atemorizado. Se isso fizer com que ele fuja ou procure um esconderijo, talvez ele possa evitar o mesmo destino do outro. Ou considere uma mãe roedora perturbada pelo pipilar ultrassônico dos seus filhotes em perigo. Ela fica agitada até conseguir aquietar suas crias (e a si mesma), amamentando-as ou transportando-as para um lugar mais aquecido. Assim, sem nenhum interesse profundo no bem-estar dos outros, mas apenas agindo em resposta à sua própria excitação emocional, os animais podem evitar o perigo para seus filhotes e cuidar deles. Não há nada mais adaptativo do que isso.

A mãe que "desliga" os ruídos aversivos dos filhotes resolvendo o problema deles manifesta um comportamento orientado para o outro motivado por razões egoístas. Chamo isso de *altruísmo de autoproteção*, o que significa prestar ajuda ao outro para se defender de emoções aversivas. Esse comportamento beneficia terceiros, ainda que falte a ele a verdadeira orientação para o outro. Será que foi assim que a preocupação com os outros evoluiu? O cuidado com os outros começou com a ajuda visando à autoproteção, evoluindo mais tarde para o cuidado motivado pelo bem-estar do outro? Os livros merecedores de um lugar nas bibliotecas estabelecem uma fronteira muito nítida entre o egoísmo e o altruísmo, mas, e se estivermos diante de uma grande área cinzenta? Não se pode descrever a empatia como "egoísta", porque uma atitude puramente egoísta simplesmente ignoraria as emoções de outro indivíduo. Entretanto, também não parece apropriado descrevê-la como "desinteressada", se é o próprio estado emocional de um indivíduo que move sua ação. A demarcação entre o egoísmo e o altruísmo talvez seja um falso problema. Por que tentar extrair o eu do outro, ou o outro do eu, se a fusão entre os dois é o segredo por trás da nossa natureza cooperativa?

Um exemplo fascinante é a reação dos macacos ao mesmo

experimento discutido anteriormente para os ratos. Na década de 1960, os psiquiatras americanos relataram que os macacos Rhesus recusavam-se a puxar uma corrente que liberava alimento se isso produzisse um choque elétrico em outro animal. Os macacos foram além dos ratos, que interrompiam seu comportamento somente por um breve intervalo. Um dos macacos parou de responder por cinco dias, e outro, por doze dias, depois de testemunhar o efeito de seu comportamento num companheiro. Esses animais literalmente passaram fome para evitar a dor nos outros macacos.

Mais uma vez, é provável que o que estava em jogo era o altruísmo de autoproteção, isto é, um desejo de evitar visões e sons desagradáveis.[37] É horrível ver os outros sofrendo de dor, e essa é, claramente, a questão central em jogo na empatia. Os macacos são extremamente sensíveis à linguagem corporal um do outro. Isso foi demonstrado em outro experimento. Um macaco olhava uma tela de vídeo mostrando o rosto de outro macaco. Este último podia ouvir o pressionar de um botão que anunciava a chegada de choques elétricos em ambos. Ao decifrar a reação do segundo macaco ao som, o primeiro podia acionar rapidamente uma alavanca que desativava os choques. Embora os macacos estivessem em ambientes separados, eles conseguiram se manter a salvo da dor. Aparentemente, o macaco com a alavanca não teve dificuldade alguma em interpretar a expressão facial daquele que escutava o sinal de aviso. Ele teve mais facilidade em ler as expressões do outro do que os cientistas que observavam a mesma tela e concluíram que "um macaco mostrou-se um intérprete muito mais habilidoso da expressão facial de outro macaco do que o homem".[38]

Não é terrível que procedimentos como esses sejam considerados necessários para comprovar a sensibilidade dos animais uns aos outros? Será que não se pode conduzir a pesquisa sobre a empatia animal sem despertar a nossa própria empatia? Não vou defender esse tipo de experimento, mas é bom lembrar que sabemos muito pouco sobre a empatia animal. Se compararmos a atenção da ciência às emoções negativas, como o medo e a agressão, e a atenção dedicada às emoções positivas, podemos afirmar que estas últimas foram profundamente negligenciadas. Deveria ser possível, no entanto, estudar a empatia de uma forma mais benigna, como fazemos com os humanos. Poderíamos usar estímulos estressores mais leves, por exemplo, ou estudar as reações aos eventos da vida espontânea. Afinal de contas, a vida diária dos primatas é repleta de tensões.

Na minha atividade de pesquisa, evito submeter os animais à dor ou à privação,[39] embora isso traga desvantagens óbvias. Nunca consigo ver o que acontece "dentro" dos meus animais. Mas quando os transmissores de rádio se tornaram pequenos o suficiente para serem implantados sob a pele, enxerguei uma oportunidade para superar esse problema, pois isso permitia medir a frequência cardíaca dos macacos. Se isso estava sendo feito com os animais domésticos, por que não fazê-lo com os primatas? Antigamente, os cientistas precisavam prendê-los numa cadeira ou equipá-los com uma pesada mochila para obter esse tipo de informação. Nós conseguimos fazer essa medição em macacos Rhesus que se movimentavam livremente. Os sinais de rádio eram captados ao vivo por uma antena. Stephanie Preston, uma jovem estudante, ficava sentada numa torre, perto dessa antena, de onde podia avistar os macacos ao ar livre. Queríamos saber até que ponto o contato corporal afeta o coração desses primatas. Meu livro *Good natured* [Afável], no qual eu levantava questões sobre o tema controverso da empatia animal, tinha acabado de ser publicado. Os meios encontrados pelos primatas para reduzir o estresse eram uma parte importante do meu argumento, e, por essa razão, queríamos dar uma olhada em seus corações.

Olhando retrospectivamente, dou razão a um dos meus professores, Robert Goy (o cientista que me convenceu a mudar para o outro lado do Atlântico), que, anos atrás, me fez a seguinte advertência: "Frans, fique longe do coração, pois ele é um problema". Obviamente, ele não estava se referindo ao coração metafórico do amor e das relações afetivas. Ele estava querendo dizer que a frequência cardíaca é quase impossível de decifrar. O coração reage a tudo: ao sexo, à agressão, ao medo, mas também às atividades que não envolvem as emoções, como correr e pular. Ainda que o macaco permaneça sentado e simplesmente se coce, sua frequência cardíaca sobe. Como podemos descobrir o que está acontecendo? Se os batimentos cardíacos se lentificam depois de uma briga, por exemplo, isso quer dizer que o macaco se acalmou ou deve-se apenas ao fato de que ele parou de correr e está recuperando o fôlego?

Se havia uma coisa que estávamos em condições de afirmar era que os macacos conheciam intimamente a sua rede de relações. Se uma fêmea estivesse sentada à sombra tranquilamente e outro macaco passasse por ali, a frequência cardíaca dela só permanecia estável se o outro animal fosse da família dela ou ocupasse uma posição hierárquica inferior. Se o outro fosse de posição superior, o coração da fêmea disparava. Embora não fosse possível observar muita coisa em sua expressão facial ou na sua postura, o coração revelava o alto nível de ansiedade. Os macacos Rhesus vivem na sociedade mais hierárquica que conheço. Os membros dominantes raramente hesitam em punir os subordinados. A dominação é tão absoluta que os membros no topo da hierarquia chegam a tirar a comida da boca dos outros indivíduos, literalmente segurando a cabeça deles para se apoderar do alimento. O coração dessa fêmea testemunhava o terror silencioso que é a vida na sociedade dos Rhesus.

Para aliviar o estresse, os Rhesus praticam o cafuné. Mas o efeito relaxante dessa atividade não foi fácil de comprovar, pois para cada episódio de cafuné recebido pela nossa macaca, precisávamos de uma comparação ideal, uma situação quase idêntica em que ela *não* estivesse recebendo cafuné. Só assim a diferença em sua frequência cardíaca poderia ser atribuída ao cafuné. Descobrimos de fato que o cafuné desacelera os batimentos cardíacos.[40] Foi a primeira vez que isso foi demonstrado em relação a um animal em ambiente natural. Isso confirmou a hipótese amplamente aceita de que o cafuné é uma atividade agradável e tranquilizadora que serve não somente para remover piolhos e carrapatos, mas também para eliminar o estresse e promover os laços sociais. A diminuição na frequência cardíaca também foi observada em cavalos sendo acariciados por humanos e, inversamente, em humanos acariciando seus animais de estimação. Na verdade, a companhia de animais é tão efetiva contra o estresse que ela tem sido cada vez mais recomendada para pacientes com problemas cardíacos.

Vou precisar pensar nisso na próxima vez que Sofie, a nossa gata, me acordar dando batidinhas no meu rosto — batidinhas delicadas, mas também insistentes — para conseguir entrar debaixo das cobertas.

No inverno, é claro.

A EMPATIA NECESSITA DE UM ROSTO

Durante o nosso estudo sobre a frequência cardíaca, Stephanie deve ter contraído o vírus da empatia. Depois de partir, ela decidiu aprofundar suas pesquisas sobre o tema. A literatura sobre a empatia é completamente voltada para a espécie humana e não faz referência alguma aos animais, como se uma capacidade tão visceral e onipresente, e que além do mais aparece num momento tão precoce da vida, pudesse não ser biológica.[41] A empatia é quase sempre apresentada como um processo voluntário, que exige a capacidade de assumir o papel do outro, a cognição superior e até mesmo a linguagem. Stephanie e eu queríamos examinar os dados existentes sob um ângulo diferente.

Quando fui visitá-la anos mais tarde em Berkeley, Califórnia, Stephanie puxou duas enormes caixas de papelão de um dos cantos de seu escritório, colocando-as sobre a mesa. Ela havia reunido um número muito maior de artigos sobre a empatia do que eu jamais sonhei que existissem. O material havia sido cuidadosamente organizado por assunto e incluía artigos históricos como os de Theodor Lipps. Obviamente, nosso projeto de revisão crítica tinha aumentado muito de tamanho. Nossa intenção era examinar de que maneira a empatia funciona, concentrando-nos especialmente no modo como o cérebro conecta o mundo externo com o mundo interno. A visão de uma pessoa num determinado estado nos faz lembrar de situações passadas em que experimentamos algo semelhante. Não me refiro às nossas recordações conscientes, mas à reativação automática dos nossos circuitos neurais.[42] Ver uma pessoa sentindo dor ativa nossos circuitos da dor. É por isso que cerramos a mandíbula, fechamos os olhos ou gritamos "ai!" quando uma criança se machuca. Nosso comportamento se ajusta à situação do outro, porque esta tornou-se nossa também.

A descoberta dos *neurônios-espelho* reforça essa tese. Em 1992, uma equipe de pesquisadores da Universidade de Parma, na Itália, revelou pela primeira vez que os macacos têm células especiais no cérebro que se tornam ativas não somente quando o animal tenta alcançar um objeto, mas também quando ele vê alguém fazendo o mesmo. Isso foi demonstrado numa tela de computador que exibia os disparos de um neurônio registrados por eletrodos no cérebro de um macaco. Quando o macaco apanhava um amendoim da mão do experimentador, o neurônio emitia um breve estouro que, amplificado, soava como uma metralhadora. Instantes depois, o macaco observava o experimentador apanhar um amendoim e a mesma célula voltava a disparar. Dessa vez, no entanto, ela o fazia em resposta à ação de *outro indivíduo*. O que torna esses neurônios especiais é a ausência de distinção entre "macaco vê" e "macaco faz". Os neurônios-espelho apagam a fronteira entre o eu e o outro, e fornecem uma primeira pista sobre o papel do cérebro no processo pelo qual um organismo espelha as emoções e os comportamentos dos indivíduos à sua volta. É como na antiga canção do Pink Floyd que fala do contato de olho entre as pessoas: "I am you and what you see is me" [Eu sou você e o que vejo sou eu].[43] A descoberta dos neurônios-espelho foi recebida como um avanço muito importante no campo da psicologia, tão decisivo quanto a descoberta do DNA para a biologia.[44] Seguramente, o fato de que essa descoberta foi feita nos macacos não favoreceu a hipótese de que a empatia é uma capacidade exclusivamente humana.

Mas a automaticidade da empatia tornou-se um ponto controverso. O mesmo motivo que fez com que Dimberg enfrentasse resistências ao mostrar as imitações faciais inconscientes faz com que certos cientistas rejeitem qualquer sugestão de que a empatia é automática. Eles interpretam "automático"como equivalente a "fora de controle". Não podemos nos dar ao luxo de ter reações automáticas, argumentam eles. Se empatizássemos com cada pessoa que encontramos, viveríamos num turbilhão emocional permanente.[45] Eu seria o último a discordar desse argumento, mas será que é isso, realmente, o que "automaticidade" quer dizer? Esse termo é usado em referência à velocidade e à natureza subconsciente desse processo, e não à impossibilidade de interferência sobre ele. A minha respiração, por exemplo, é completamente automática, e ainda assim eu permaneço no comando. Eu posso prender a respiração no instante exato em que decidir fazê-lo, e segurá-la até começar a ver tudo ficar roxo.

A capacidade de controlar e de inibir as respostas não é a nossa única arma contra a empatia desenfreada. Podemos também regulá-la em sua própria fonte, por meio da atenção seletiva e da identificação. Se não quisermos ser estimulados por uma imagem, basta não olharmos para ela. E embora nos identifiquemos facilmente com nossos semelhantes, não o fazemos automaticamente. É difícil, por exemplo, nos identificarmos com pessoas que consideramos diferentes ou que encaramos como pertencentes a outro grupo. A identificação ocorre mais facilmente com as pessoas que têm a mesma origem cultural que nós, os mesmos traços étnicos, a mesma idade, o mesmo sexo, profissão, e assim por diante. Ela ocorre ainda mais prontamente com as pessoas que são realmente próximas, como o nosso cônjuge, nossos filhos e os amigos. A identificação é uma precondição tão essencial para a empatia que até os camundongos só manifestam contágio à dor com seus companheiros de gaiola.[46]

Se a identificação com os outros abre a porta para a empatia, a ausência de identificação tem o efeito inverso. Os chimpanzés selvagens, que ocasionalmente matam seus semelhantes, devem ser capazes de fechar essa porta completamente. Isso ocorre principalmente no contexto da competição entre os grupos,[47] que é também a situação em que os humanos manifestam o nível mais baixo de empatia. Numa reserva africana, uma comunidade de chimpanzés dividiu-se em duas facções, a norte e a sul, e por fim acabaram formando duas comunidades distintas. Esses chimpanzés haviam brincado juntos, feito cafuné uns nos outros, se reconciliado depois de brigas, partilhado alimento e vivido em harmonia. A despeito disso, as facções começaram a lutar pelo território. Os pesquisadores viram, chocados, os antigos amigos literalmente beber o sangue uns dos outros. Nem mesmo os membros mais velhos da comunidade foram poupados. Um macho de aparência extremamente frágil foi espancado durante vinte minutos, arrastado e abandonado à morte. Por essa razão, as vítimas das lutas entre os chimpanzés foram descritas como "deschimpanzadas",[48] termo que sugere que, nesses casos, a identificação com os ex-companheiros é suprimida, da mesma forma como ocorre na desumanização.

A empatia pode também ser cortada pela raiz. Os médicos e as enfermeiras nas salas de emergência, por exemplo, não podem se dar ao luxo de empatizar com seus semelhantes o tempo todo. Eles precisam reprimir esse sentimento. A supressão da empatia tem um lado macabro, como nas histórias dos nazistas que adotavam um comportamento sentimental com seus próprios familiares, cuidando deles como qualquer pai normal faria, ao mesmo tempo que possuíam abajures feitos de pele humana e exterminavam multidões de inocentes. Considere o exemplo de Maximilien Robespierre, o líder revolucionário francês que raramente pensava duas vezes antes de mandar os "inimigos da República" para a guilhotina — alguns deles, antigos amigos seus —, e no entanto adorava brincar com seu cachorro Brount, sua única companhia em longos passeios a pé. Pessoas que se mostram perfeitamente sensíveis e afetivamente ligadas aos outros num determinado contexto podem agir como monstros em outra situação.

Mas ainda que a empatia não seja inevitável, ela é automaticamente despertada em relação às pessoas que foram "pré-aprovadas" por nós, seja com base na semelhança ou na proximidade. Não conseguimos evitar a ressonância com elas. Geralmente prestamos atenção ao rosto das pessoas, mas o corpo todo expressa emoções.[49] Como demonstrou a neurocientista belga Beatrice de Gelder, reagimos tão prontamente às posturas corporais quanto às expressões faciais. Lemos os corpos com facilidade, reconhecendo uma postura amedrontada (o corpo todo pronto para a

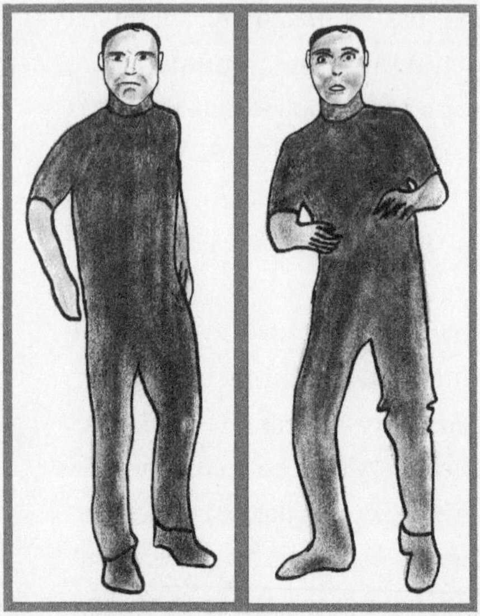

Respondemos de pronto a posturas demonstrando raiva (esquerda) e medo (direita). Nesta ilustração, as expressões faciais revelam as mesmas emoções que os corpos. Caso, porém, cobríssemos os rostos, ainda assim apresentaríamos uma reação emocional apenas com base nas posturas.

fuga e as mãos tentando repelir o perigo) ou ameaçadora (o corpo todo dando um passo à frente, com o peito estufado). Quando os cientistas colaram a fotografia de um rosto zangado na imagem de um corpo amedrontado e vice-versa, a incongruência fez com que o tempo de reação dos participantes da pesquisa se tornasse mais lento. Mas a postura corporal acabou falando mais alto quando eles foram solicitados a julgar o estado emocional da pessoa retratada.[50] Ao que parece, confiamos mais na postura corporal do que nas expressões faciais.

Não sabemos exatamente de que forma as emoções dos outros afetam as nossas. Existe uma tese, que chamarei de "Teoria do corpo em primeiro lugar", que sustenta que o processo se inicia com o corpo, e que as emoções vêm depois. A linguagem corporal da outra pessoa afeta o nosso próprio corpo, criando uma reverberação emocional que nos leva a experimentar sentimentos condizentes com os dela. É como na canção de Louis Armstrong, que diz: "When you're smiling, the whole world smiles with you" [Quando você sorri, o mundo inteiro sorri junto]. Se imitar o sorriso de outra pessoa nos faz sentir felizes, a emoção da pessoa que sorri é transmitida para nós através do nosso corpo. Por mais estranho que isso possa parecer, essa teoria afirma que as emoções começam no corpo. Por exemplo, o nosso estado de humor pode ser melhorado pelo simples gesto de levantarmos os cantos da boca. Um estudo demonstrou que quando se pede às pessoas que mordam um lápis no sentido do comprimento, evitando que ele encoste em seus lábios (o que força as pessoas a "sorrir"), isso tem efeito na opinião dessas pessoas sobre os cartuns mostrados a elas logo depois. Elas consideram os cartuns mais engraçados se tiverem sido instruídas a "sorrir" do que se tiverem sido solicitadas a franzir as sobrancelhas. A primazia do corpo é às vezes resumida na frase "Eu devo estar com medo, pois estou correndo".

Certamente essa parece uma maneira bizarra de colocar as coisas. As pessoas geralmente supõem que são movidas pelas emoções, e não o contrário. Não seria mais apropriado dizer "Eu corro porque estou com medo"? Afinal de contas, "emoção" significa "mexer-se", "mover-se". Essa vem a ser, de fato, a segunda hipótese, que chamarei de "Teoria da emoção em primeiro lugar". Ao observar a linguagem corporal de uma pessoa ou ouvir seu tom de voz, deduzimos qual é seu estado emocional. Em seguida a isso, somos afetados por esse estado. Na realidade, não precisamos ver o rosto de uma pessoa para assumir a mesma expressão facial, como se demonstrou quando fotografias de pessoas amedrontadas, com as expressões faciais apagadas, foram mostradas aos sujeitos de uma pesquisa. Embora isso excluísse a possibilidade de imitação facial, a expressão facial dos participantes sinalizava medo. O contágio emocional, portanto, depende de um canal direto entre as emoções do outro e as nossas.[51]

Há ocasiões em que *não* é uma boa ideia deixar que as nossas ações se ajustem às emoções dos outros. Se nosso chefe estiver furioso, por exemplo, não será uma boa medida mimetizar as atitudes dele. É preferível captarmos rapidamente seu estado emocional de modo a responder com a obediência, a atitude conciliatória ou a manifestação de arrependimento que considerarmos apropriada à situação. Isso se aplica tanto às situações em que o chefe está certo quanto às situações em que ele está errado. É apenas uma questão de hierarquia social — uma dinâmica que todo primata é capaz de entender intuitivamente. A teoria da emoção em primeiro lugar explica tais encontros muito melhor do que a teoria do corpo em primeiro lugar.

A despeito da importância das posturas e dos movimentos corporais, as expressões faciais continuam a ser a principal via de transmissão das emoções, oferecendo a conexão mais rápida com o outro.[52] Nossa dependência da expressão facial pode explicar por que as pessoas com rostos paralisados e sem expressão se sentem profundamente sozinhas e depressivas, chegando às vezes a cometer suicídio. Um fonoaudiólogo que trabalhava com pacientes com a doença de Parkinson observou num grupo deles que os que apresentavam rigidez facial permaneciam bastante isolados, uma vez que os demais participantes do grupo mantinham-se distantes deles. Quase não lhes dirigiam a palavra, e quando o faziam, limitavam-se a dizer coisas que pudessem ser respondidas com um simples "sim" ou "não". Se quisessem saber como esses pacientes se sentiam, preferiam falar com seus acompanhantes. Se a empatia fosse um processo voluntário e consciente por meio do qual a mente de uma pessoa tenta compreender a mente da outra, não haveria nenhuma razão para isso ocorrer dessa maneira. As pessoas precisariam apenas empenhar-se um pouco mais para ouvir os pensamentos e sentimentos desses pacientes, que eram perfeitamente capazes de se expressar.

Mas a empatia necessita de um rosto.[53] O empobrecimento da expressão facial traz com ele o empobrecimento da compreensão empática, levando a uma interação fria, desprovida da reverberação corporal que normalmente faz parte das relações entre as pessoas. Como afirmou o filósofo francês Maurice Merleau-Ponty, "Vivo na expressão facial do outro, assim como sinto o outro vivendo na minha".[54] Quando tentamos falar com uma pessoa cujo rosto não tem expressão, caímos num buraco negro emocional.

Foi exatamente esse o termo usado por uma mulher francesa que teve o rosto destruído pelo ataque de um cão (ela declarou que seu rosto havia se transformado num *grand trou*, um "grande buraco"). Em 2007, os médicos deram à paciente um novo rosto, e o alívio manifestado por ela diz tudo: "Voltei ao planeta dos seres humanos. Aqueles que têm um rosto, um sorriso e expressões faciais que permitem a eles se comunicar".[55]

4. No lugar do outro

A simpatia... não pode, em sentido algum, ser considerada um princípio egoísta.[1]

ADAM SMITH, 1759

A empatia pode servir como uma luva para encurtar a distância entre o egoísmo e o altruísmo, uma vez que ela tem a propriedade de transformar a infelicidade do outro no nosso próprio sentimento de dor.[2]

MARTIN HOFFMAN, 1981

Ao entrar no Museu Darwin de Moscou e deparar-se com a primeira peça em exposição, nenhuma pessoa familiarizada com a história do pensamento evolucionista deixará de ficar espantada. Trata-se de uma estátua em tamanho natural de Jean-Baptiste Lamarck, o evolucionista francês cujas ideias são muitas vezes comparadas às do próprio Darwin.

A estátua retrata Lamarck recostado numa poltrona, com suas duas filhas adolescentes de pé ao seu lado. As filhas são extraordinariamente parecidas entre si e a fisionomia delas lembra também a de Nadia Kohts,[3] cujo busto pode ser visto um pouco mais adiante. Nadia Kohts foi uma pioneira dos estudos com animais na Rússia e eu tinha ido ao museu para pesquisar a história de sua formação. A semelhança entre elas não é uma coincidência, uma vez que Koths posou para o mesmo escultor. Fotografias do seu rosto inteligente de olhos escuros podem ser encontradas em muitas vitrines do museu. Kohts era famosa na Rússia e continua a sê-lo até hoje.

Embora estejamos habituados ao heroísmo das mulheres primatólogas, as mais conhecidas entre elas despertaram nossa atenção pelo fato de viverem na selva, perto de criaturas perigosas, desafiando o estereótipo de que somente os homens seriam destemidos o bastante para fazer isso. Koths era corajosa também, mas o perigo que ela enfrentou, na sua época e em seu país, não estava à espreita na floresta, e sim no Kremlim. Stálin, sob a influência sombria de seu protegido, o geneticista amador Trofim Lysenko, obrigou muitos biólogos brilhantes a desmentirem publicamente as próprias ideias, ou enviou-os para os gulagui, ou, ainda, fez com que eles desaparecessem em silêncio. A menção dos nomes dessas pessoas foi proibida. Institutos de pesquisa inteiros tiveram suas portas fechadas.

Graças à sua visão de mundo secular, a teoria evolucionista era vista com bons olhos pelos bolcheviques. Exceto pela ideia de mutação genética. Uma vez que aceitar a evolução sem a ideia de mutação genética era um pouco como aceitar a gravidade sem a força gravitacional, os cientistas se viram em maus lençóis diante da maneira tortuosa como o comunismo encarava a evolução. Manter-se a salvo de problemas tornou-se uma grande preocupação para Kohts e seu marido, Aleksandr, o diretor do museu. Eles esconderam os documentos e os dados mais confidenciais de suas pesquisas entre os animais empalhados no porão e certificaram-se de que Lamarck tivesse um lugar de destaque no museu.[4] A teoria de Lamarck, formulada anteriormente à de Darwin, postulava que as características adquiridas pelos indivíduos (como o desenvolvimento de pernas mais longas em aves que habitam regiões inundadas ou o crescimento do pescoço da girafa) podem ser transmitidas à geração seguinte. Nenhuma mutação genética é necessária. A fachada lamarckiana ajudou a tornar o museu palatável aos olhos dos poderosos.

Mas o isolamento de Kohts em Moscou teve também suas vantagens. Ela permaneceu alheia às batalhas doutrinais do Ocidente, onde os cientistas se ocupavam de jogar uma pá de cal no problema da mente animal. Kohts adotou um jovem chimpanzé chamado Yoni, e a experiência de cuidar dele abriu-lhe os olhos e o coração para todas as expressões de sensibilidade e de inteligência do animal. Em vez de considerá-lo um robô, desprovido de pensamentos e de sentimentos, ela o encarava como um ser vivo não muito diferente de seu pequeno filho Roody. Kohts documentou o desenvolvimento dos dois infantes sob seus cuidados de forma carinhosamente detalhada, tornando-se uma das primeiras cientistas modernas a reconhecer plenamente a vida emocional dos animais.

Kohts investigou as reações de Yoni a fotografias de chimpanzés e de outros animais. Observou também o comportamento dele diante de peles de animais e de seu próprio reflexo no espelho. Embora Yoni fosse ainda muito jovem para reconhecer sua imagem no espelho, Kohts descreveu os comportamentos que o chimpanzé apresentava diante dele: ele se entretinha estudando atentamente seus movimentos, colocando a língua para fora e para dentro da boca, retorcendo-a e girando-a. Kohts relatou cada aspecto do desenvolvimento emocional de Yoni, desde a alegria, o ciúme e a culpa até a empatia e o impulso de proteger as pessoas queridas. A seguinte passagem descreve o interesse e a compaixão que Yoni nutria por Kohts:

> Se finjo chorar, fechando os olhos e gemendo, Yoni interrompe imediatamente a brincadeira ou qualquer outra atividade e vem correndo na minha direção. Chega todo agitado e preocupado dos lugares mais remotos da casa, como o telhado ou o teto de sua jaula, de onde eu nunca consigo tirá-lo nem mesmo com súplicas e chamados persistentes. Ele corre à minha volta afobadamente, como se estivesse procurando quem me fez mal. Olha meu rosto, segura-o carinhosamente com a palma da mão, toca-o com os dedos, como se tentasse entender o que está acontecendo, e então se vira, cerrando os punhos com força.[5]

Pode haver melhor indicação da força da solidariedade dos símios do que o fato de que um chimpanzé que se recusava a descer do telhado em troca de comida o fizesse prontamente diante do sofrimento de sua dona? Kohts descreve o modo como Yoni olhava em seus olhos quando ela fingia chorar: "quanto mais pesaroso e desconsolado era o meu choro, mais afetuosa a sua compaixão". Quando ela cobria os olhos com as mãos, ele tentava puxá-las, esticando os lábios na direção de seu rosto, fitando-o atentamente e gemendo baixinho. Kohts descreveu reações parecidas em Roody, acrescentando que, diferentemente do chimpanzé, seu filho realmente chorava junto com ela. Roody chorava até mesmo ao ver uma bandagem no olho de seu tio favorito e quando via as caretas que a criada fazia ao tomar um remédio amargo.

As únicas limitações do trabalho de Kohts decorrem do fato de ela ter estudado um único chimpanzé e de suas investigações terem se limitado à juventude de Yoni. Ela nunca chegou a observar a psicologia da maturidade nessa espécie e não tinha conhecimento algum sobre a vida dos chimpanzés em seu ambiente natural. Um psicólogo que estudasse uma única criança de poucos anos de idade seria igualmente incapaz de fazer generalizações sobre a espécie humana como um todo. Por outro lado, Kohts mantinha um contato diário com Yoni e registrava todo tipo de informação possível sobre ele. Isso possibilitou a ela ver muito de perto, como poucas pessoas viram, como era um animal dessa espécie. Ela teve a oportunidade até mesmo de ver dentro de seu coração, e ficou impressionada com o que viu.

Os trabalhos de Kohts incluem comentários perspicazes sobre o comportamento humano. As cenas que observava da janela de seu gabinete, de onde se avistava um necrotério, foram comparadas por ela aos ataques de birra de Yoni, que ocorriam quando ele não conseguia o que queria ou era deixado sozinho. Em resposta à perda de um membro da família, escreveu ela, especialmente no caso de uma morte acidental, as pessoas choram desoladamente, curvando-se quase a ponto de entrar sob as rodas do carro funerário, e fazem movimentos espasmódicos e desesperados como se agarrassem algo com as mãos. Kohts comentou o hábito das pessoas de gesticular como meio de expressar e de aliviar a dor, chamando atenção para a semelhança espantosa entre esses gestos e aqueles que Yoni fazia com as mãos.

Depois de ter visto a escrivaninha original de Kohts e as fotografias em que ela aparece sentada ao lado do marido e conversando com Robert Yerkes, o especialista americano em grandes primatas — além de uma galeria sombria de retratos em homenagem aos cientistas executados sob as ordens de Lysenko e Stálin —, deparei-me com a mais inesperada das visões. Em meio a fotografias que mostravam Yoni rindo quando lhe faziam cócegas e chorando quando frustrado, e de um arranjo de seus brinquedos e das cordas que usava para escalar, eu me vi frente a frente com o próprio Yoni. Ele foi preservado numa postura típica da sua espécie: soltando gritos, o que os chimpanzés costumam fazer quando estão alvoroçados, seja com comida ou com a presença de alguém. O trabalho de taxidermia mostra uma qualidade excepcional, como seria de se esperar, uma vez que essa era a especialidade de Aleksandr Kohts.

De início me pareceu macabro ver o animal por quem Nadia Kohts nutria tão grande afeição ali de pé, em exibição, como se ainda estivesse vivo. Mas depois de refletir um pouco, concluí que a preservação de Yoni fazia sentido para um casal tão devotado aos costumes tradicionais dos museus de história natural. Afinal, eles se haviam presenteado um ao outro com um animal empalhado por ocasião de seu casamento. Para eles, a melhor maneira de homenagear Yoni deve ter sido torná-lo parte de sua coleção.

Uma das mais importantes e menos conhecidas pioneiras da primatologia nos deixara seu objeto de estudo eternizado numa postura vivaz, para que a sua afetividade flagrante não pudesse escapar aos nossos olhos, como não havia escapado aos dela.

SOLIDARIEDADE

Pode ser que um macaco ou um rato que reajam à dor em outro animal interrompendo o comportamento que a provocou estejam simplesmente "desligando" estímulos desagradáveis. Mas o altruísmo de autoproteção não pode explicar a reação de Yoni ao sofrimento de sua mãe adotiva. Em primeiro lugar, porque Yoni não havia causado esse sofrimento. Em segundo lugar, porque ele poderia facilmente ter se afastado ao vê-la chorar. Além disso, se Yoni estivesse buscando proteger-se a si mesmo, ele não teria puxado as mãos dela quando ela cobriu os olhos com as mãos enquanto chorava. Parece bastante evidente que Yoni não estava apenas cuidando de si mesmo. Ele estava ansioso por entender o que estava afligindo Kohts.

Se ele fosse humano, chamaríamos isso de solidariedade. A solidariedade difere da empatia pelo fato de ser proativa. A empatia é o processo pelo qual nos damos conta da situação de outra pessoa. A solidariedade, em contraste, reflete a nossa preocupação com o outro e um desejo de fazer com que a sua situação melhore. O psicólogo americano Lauren Wispé diz o seguinte:

> A definição de solidariedade tem duas partes: primeiro, a consciência intensificada dos sentimentos de outra pessoa; segundo, o impulso de tomar as medidas necessárias para aliviar as agruras dessa pessoa.[6]

Ilustrarei a distinção entre solidariedade e empatia revelando que meu sentimento de empatia é maior do que meus impulsos de solidariedade. Não estou certo de que se trate de uma diferença entre os gêneros, mas posso dizer que minha esposa parece dispor das duas coisas numa mesma medida.

Minha profissão requer uma sintonia com os animais. Seria terrivelmente enfadonho observá-los durante horas se eu não me identificasse em nada com eles, não tivesse nenhuma intuição sobre o que se passa na cabeça deles e não sentisse nenhuma alegria ou tristeza com as alegrias e tristezas deles. A empatia é meu ganha-pão, e boa parte das minhas descobertas foi feita acompanhando de perto a vida dos animais e tentando entender por que eles agem como agem. Isso exige que eu me coloque no lugar deles. Não tenho nenhuma dificuldade em fazer isso. Sinto amor e respeito pelos animais, e acredito que isso me ajuda muito como um estudioso do comportamento deles.

Mas isso não é o mesmo que a solidariedade. Disponho de uma boa dose disso também, mas a solidariedade é para mim algo menos espontâneo e mais sujeito a um cálculo, às vezes um tanto egoísta. Não sou nenhum Abraham Lincoln, que, segundo dizem, interrompeu uma viagem para salvar um porquinho que guinchava preso na lama.[7] Nem sempre paro na rua por causa de um cachorro ou um gato perdidos, ao passo que minha esposa Catherine recolhe qualquer animal desgarrado que encontre pelo caminho e não mede esforços para localizar seu dono. Se me avisarem que um dos meus primatas está seriamente ferido ou doente — e sob cuidados de um veterinário —, sou bem capaz de tirar isso da cabeça se estiver ocupado com outra coisa. Minha mente é compartimentalizada. Catherine sente uma preocupação permanente por qualquer pessoa ou animal doente e fará tudo o que estiver ao seu alcance para cuidar dele. Ela é muito mais generosa do que eu. Talvez eu seja mais kantiano e fique refletindo sobre o melhor a fazer, pesando seus prós e contras. A solidariedade, no meu caso, não emana diretamente da minha empatia, mas faz um desvio por alguma espécie de filtro racional.

Posso reconhecer a mim mesmo num famoso experimento aplicado em estudantes seminaristas. Eles receberam ordens para dirigir-se a um edifício onde deveriam apresentar uma palestra sobre o Bom Samaritano, o religioso excomungado que, na parábola bíblica, ajuda um homem abandonado à própria morte na beira de uma estrada.[8] A caminho do auditório onde fariam a apresentação, os estudantes passariam forçosamente por um homem que ali fora colocado, como se caído no chão. A "vítima" fora instruída a permanecer imóvel, de olhos fechados e cabeça baixa, emitindo gemidos. Apenas 40% dos aspirantes a teólogos pararam para prestar socorro ao homem. Os estudantes que haviam sido advertidos por estarem atrasados para a apresentação foram os que menos ofereceram ajuda. Na pressa de chegar ao auditório para falar sobre a história que é a quintessência da solidariedade em nossa civilização, alguns seminaristas literalmente passaram por cima do estranho em apuros.

Assim, podemos afirmar que a empatia é facilmente despertada, enquanto a solidariedade, que é um processo diferente, funciona sob outros controles, e não ocorre automaticamente. Ainda assim, a solidariedade é frequente tanto nos humanos como nos outros animais. Na década de 1970, quando observei pela primeira vez os chimpanzés se comportando de forma tão atenciosa quanto Yoni — embora se dirigissem a outros chimpanzés, e não a seres humanos —, chamei esse comportamento de "consolo". Você deve estar imaginando que foi isso o que despertou meu interesse pela empatia, mas em vez de estudar detalhadamente o consolo, fui pesquisar outra coisa. Naquele momento, eu estava tão fascinado pela reconciliação entre os chimpanzés que não podia dar atenção a essas outras formas de contato amigável. Levei duas décadas para voltar ao consolo, e só o fiz quando compreendi que ele se ajusta perfeitamente ao que os psicólogos chamam de "interesse solidário".

O consolo é um comportamento tão corriqueiro que já o presenciei milhares de vezes.[9] Em nossos computadores, dispomos de uma base de dados gigantesca que nos revela o que ocorre depois dos conflitos espontâneos entre os chimpanzés. O consolo é o seu desfecho mais típico. Uma vítima de agressão, que pouco antes fugia para salvar sua pele ou gritava pedindo ajuda, encontra-se agora lambendo suas feridas, sozinha e amuada. Ela se recobra quando outro chimpanzé vem abraçá-la, fazer-lhe uma sessão de cafuné e examinar cuidadosamente seus ferimentos. O consolo pode ser carregado de fortes emoções, com os dois chimpanzés gritando nos braços um do outro. Ao examinarmos nossos dados para determinar quem consolava quem, descobrimos que esse comportamento geralmente parte dos amigos e parentes da vítima. Como Yoni, os nossos chimpanzés se mostram sensíveis aos problemas dos outros, e fazem todo o possível para aliviar seu sofrimento.

Ironicamente, esse comportamento é conhecido há muito

tempo, mas os acontecimentos conspiraram para que ele não se tornasse amplamente divulgado. Em primeiro lugar, até bem recentemente, a empatia simplesmente não era levada a sério pela ciência. Mesmo em relação à espécie humana, a empatia era considerada um tema absurdo, classificado lado a lado com os fenômenos sobrenaturais como a astrologia e a telepatia. Uma pioneira do estudo da empatia em crianças certa vez me descreveu a dura batalha que teve de enfrentar para que as suas ideias fossem compreendidas. Segundo a opinião geral, as questões relativas à empatia eram mal-definidas e não passavam de uma bobagem sentimentaloide que combinava mais com as revistas femininas do que com a objetividade da ciência.

Em relação aos animais, essa resistência perdura até hoje. Não pude deixar de refletir sobre isso ao ver a fotografia de Yerkes conversando com Nadia Kohts, pois eles eram almas gêmeas em relação à crença nas emoções dos animais. Em um de seus livros, Yerkes se queixava de que a solidariedade era o único assunto a respeito do qual não se sentia autorizado a falar, embora estivesse convencido de sua presença entre os grandes primatas não humanos. Ele observou muitas vezes os grandes primatas se confortarem uns aos outros, mesmo tratando-se de animais muito jovens: "O que impressiona de fato é a preocupação do pequeno chimpanzé, geralmente despreocupado e irresponsável, com os seus companheiros doentes ou feridos".[10] Yerkes temia ser acusado de idealizar os animais se contasse um número muito grande dessas histórias, especialmente sobre seu bonobo preferido, Prince Chim. De todos os grandes primatas não humanos, os bonobos parecem ter o grau mais elevado de empatia. Mas na década de 1920, os bonobos ainda não haviam sido reconhecidos como uma espécie distinta dos chimpanzés, motivo pelo qual Yerkes pensava que Prince Chim fosse apenas um chimpanzé especial.

Dos muitos exemplos conhecidos da solidariedade entre os

bonobos, talvez o mais notável seja o da reação de um desses primatas a um passarinho. Eu descrevi esse episódio antes, e não o repetiria se não tivesse tomado conhecimento de outro caso semelhante. O episódio ocorreu com uma bonobo chamada Kuni, que viu um estorninho trombar com a vidraça de sua jaula no zoológico. Kuni pegou o atordoado passarinho e subiu até o topo de uma árvore, para soltá-lo. Depois de abrir suas asas, lançou-o pelos ares como se ele fosse um aviãozinho. O comportamento solidário de Kuni mostrou-se adequado às necessidades do animal. Essa ajuda, que obviamente não teria funcionado para outro animal da sua espécie, parecia perfeitamente ajustada para um estorninho. Provavelmente a reação de Kuni baseou-se naquilo que ela sabia a respeito dos pássaros, vendo-os voar nas proximidades de sua jaula todos os dias.

O episódio análogo que escutei recentemente também envolve uma ave, e ocorreu no zoológico de Arnhem, onde os chimpanzés vivem numa ilha cercada por um fosso. O fosso é habitado por uma série de animais, como peixes, sapos, tartarugas e patos. Certo dia, um casal de chimpanzés juvenis apanhou um filhote de pato e começou a competir para ver quem brincava com ele, arrancando a pobre ave das mãos um do outro de forma bastante bruta.[11] Quando tentavam apanhar um dos outros filhotes, que sabiamente fugiam de volta para a água, um macho adulto partiu para cima deles de maneira intimidadora, afugentando os dois chimpanzés. Antes de deixar a cena, aproximou-se do último patinho que ainda se encontrava fora d'água. Como uma criança jogando bolinha de gude, deu-lhe um rápido piparote, empurrando-o de volta para o fosso.

Nesse caso, igualmente, foi como se o chimpanzé tivesse imaginado qual seria a melhor providência que ele poderia tomar em relação a um organismo de outra espécie, uma vez que, obviamente, ele havia aprendido a associar os patos com a água. Chamo esse tipo de comportamento de ajuda para necessidade específica (*targeted helping*), pois trata-se de uma forma de assistência apropriada à situação ou à necessidade específica do outro. A meu ver, os grandes primatas não humanos são mestres nesse tipo de ajuda. O comportamento de Yoni não é nem de longe excepcional. Ele faz parte das poderosas tendências solidárias dos grandes primatas, reconhecidas por todos aqueles que trabalham com eles. Não precisamos recorrer a episódios esparsos, como os de Yoni ou Kuni. O consolo e o auxílio são tão frequentes que podemos realmente avaliar como os grandes primatas agem em relação aos indivíduos aflitos e demonstrar que isso difere do comportamento usual desses animais. Atualmente, o consolo é considerado um tema de pesquisa tão consistente quanto a agressão e a brincadeira.

Não sabemos até que ponto esse fenômeno é generalizável para os outros animais, mas talvez seja preciso incluir aí o melhor amigo do homem, o cachorro. Evidentemente, há muitos relatos de pessoas que foram confortadas por seus cães em momentos de aflição. Marley, por exemplo — o labrador no livro de John Grogan, *Marley e eu* —, um cão notoriamente turbulento e destrutivo, ficou com a cabeça encostada à barriga de Jenny, a desconsolada esposa de Grogan, quando ela descobriu que havia sofrido um aborto. Charles Darwin escreveu sobre um cachorro que nunca se aproximava de uma gata doente de quem era amigo sem lhe dar umas lambidas. Darwin via isso como um sinal evidente dos sentimentos ternos do cachorro.

Também no caso dos cães, não precisamos recorrer aos episódios esparsos, já que há estudos sérios sobre o assunto. O primeiro deles ocorreu involuntariamente, quando a psicóloga americana Carolyn Zahn-Waxler tentou determinar com que idade as crianças começam a confortar os familiares aflitos. Verificou-se que elas o fazem desde a idade de um ano, muito antes que a linguagem passe a desempenhar um papel realmente importante em suas reações. No mesmo estudo, os investigadores descobriram por acaso que os animais de estimação da família reagem de forma parecida. Mostrando-se tão inquietos quanto as crianças com os sinais de sofrimento das pessoas da família, os animais ficavam andando à volta delas e colocavam a cabeça em seu colo com expressão de preocupação.

Poderiam os animais de estimação agir dessa forma em relação às pessoas — que os alimentam e são seus donos —, mas não com os membros da própria espécie? Essa pergunta foi respondida por um estudo desenvolvido na Bélgica.[12] Inspirado nas pesquisas realizadas com primatas, ele examinava o que acontecia após as brigas entre os cachorros. Os biólogos assistiram a aproximadamente dois mil conflitos espontâneos entre cães que eram soltos todos os dias num terreno dentro de uma fábrica de ração. Quando ocorriam brigas ferozes, os cachorros se aproximavam dos animais que haviam participado delas — geralmente dos perdedores — para lambê-los, esfregar o focinho no deles, brincar, ou simplesmente ficar ao lado desses companheiros. Isso tinha o efeito de acalmar o grupo, que rapidamente voltava às atividades costumeiras.

É provável que o lobo, o ancestral do cachorro, se comporte da mesma maneira.[13] Se "o homem é o lobo do homem", como Thomas Hobbes gostava de afirmar, nós deveríamos interpretar isso da melhor forma possível, incluindo aí a tendência dos animais a confortar as desgostosas vítimas da agressão.

IMAGINAR-SE NO LUGAR DO OUTRO

Em *Jarhead* [Fuzileiro], Anthony Swofford descreve o período em que serviu na Marinha americana, durante a Guerra do Golfo. Na véspera de um combate contra inimigos que supostamente possuíam armas nucleares, Welty, um de seus companheiros, organizou uma sessão de abraços:

> Estávamos prestes a morrer num combate, então por que não receber um último abraço, uma última dose de contato físico? Com os abraços, Welty nos fez sentir humanos outra vez. Ele se expôs diante de nós, expôs suas necessidades, e fizemos o mesmo diante dele. Graças a isso, já não éramos mais meros soldados de infantaria no deserto, embrutecidos e prontos para saltar a berma e começar a matar.[14]

O contato corporal faz parte da nossa biologia mamífera e remonta aos cuidados maternos de amamentar as crias e carregá-las no colo. Por essa razão, tendemos a oferecê-lo e também a buscá-los em circunstâncias estressantes. As pessoas se abraçam nos funerais, quando visitam as pessoas queridas nos hospitais, durante as guerras e os terremotos e também depois da derrota nos esportes. Uma das imagens mais conhecidas mostrando um abraço confortador é uma fotografia em preto e branco em que um soldado americano segura delicadamente a cabeça de um companheiro contra o peito. Este último havia acabado de perder um amigo em ação, durante a Guerra da Coreia.[15]

O ato de consolar o outro é uma resposta frequente à angústia, ao desespero e ao luto, como entre os soldados durante uma guerra.

Em seu livro *Two in bed*, o sociólogo Paul Rosenblatt entrevistou casais que haviam passado pelo pesadelo de perder um filho. "Muitas vezes eles me disseram que a forma que encontraram para enfrentar o pesar que sentiam era abraçar um ao outro e conversar, na cama, à noite", assinalou Rosenblatt.[16] Considerando o que o contato físico é capaz de fazer pelo nosso bem-estar psicológico, não podemos deixar de nos espantar com a "política de proibição dos abraços" de uma escola ginasial no estado de Virgínia.[17] A escola estabelecia que os alunos poderiam ser mandados para a diretoria caso se abraçassem, dessem as mãos ou até mesmo um *high-five*. Na tentativa de coibir comportamentos inadequados, a escola criou uma regra que bania as expressões de afeto mais elementares.

Qual é a motivação por trás dos nossos gestos quando confortamos os outros (ou quando os cachorros e os chimpanzés o fazem)? Pode ser que, em parte, estejamos tentando confortar a nós mesmos. Ao ver alguém chorando, ficamos perturbados. Consolando essa pessoa, então, tranquilizamos também a nós mesmos. Estou bastante familiarizado com esse comportamento nos macacos Rhesus jovens. Certa vez, quando um filhote levou uma mordida por ter aterrissado acidentalmente em cima de uma fêmea dominante, ele gritou tanto que logo foi cercado por outros filhotes. Oito deles subiam em cima da pobre vítima, dando empurrões uns nos outros, e também no primeiro filhote. É claro que isso não aliviou em nada o pavor experimentado por ele. Pareceu-me que a reação dos macacos era automática, como se eles estivessem tão perturbados quanto a vítima e buscassem confortar a si mesmos, além de confortar o outro.[18]

Mas isso não explica tudo. Se esses macacos estavam somente tentando se acalmar, por que eles se aproximaram da vítima? Por que não correram na direção de suas mães? Por que aproximar-se do animal que era a fonte da aflição em vez de buscar conforto em alguém mais capaz de garanti-lo? Seguramente, havia algo mais em jogo além do contágio emocional. O contágio emocional poderia explicar a necessidade de conforto, mas não o fato de os pequenos Rhesus serem magneticamente atraídos pelo filhote aos prantos.

Os animais, da mesma forma que as crianças, frequentemente se aproximam dos indivíduos aflitos, mesmo não mostrando qualquer sinal de que saibam o que está acontecendo. Eles parecem ser atraídos cegamente, como uma mariposa em direção à chama. Embora nos agrade pensar que o comportamento delas é um sinal de preocupação com o outro, é bem possível que a compreensão da situação não esteja presente. Chamarei essa atração cega de pré-preocupação. É como se a natureza tivesse dotado o organismo com uma regra comportamental simples: "Se você sentir a dor de outra pessoa, dirija-se a ela e estabeleça contato".

É possível contra-argumentar que uma regra como essa faria com que os indivíduos desperdiçassem energia com toda sorte de criaturas atormentadas, quando, muitas vezes, o melhor que eles teriam a fazer seria manter a distância. Aproximar-se de pessoas em apuros pode não ser a coisa mais inteligente a se fazer. Mas não creio que seja preciso nos preocuparmos com isso, uma vez que tendemos a captar mais prontamente as emoções das pessoas com quem mantemos laços estreitos do que das pessoas estranhas. Uma regra simples de aproximação nos impeliria automaticamente na direção das pessoas mais importantes para nós, como os nossos filhos e companheiros.

Se isso é verdade, o tipo de comportamento que associamos à solidariedade deve ter surgido *antes* da solidariedade propriamente dita. Embora possa parecer que estamos colocando o carro na frente dos bois, não se trata, na verdade, de uma ideia tão estranha. Há outros exemplos de comportamentos que precedem a compreensão. O desenvolvimento da linguagem, por exemplo, não começa com a criança nomeando coisas ou expressando pensamentos, e sim com o *balbucio*. Os bebês engatinham por aí emitindo sequências de sons sem sentido como "ba-ba-ba-ba-ba" e progredindo depois para "do-ko-yay-day-bu". Quando alegamos que somos os únicos primatas falantes, é evidente que não é no balbucio que estamos pensando, mas isso não é motivo para depreciar sua importância. O fato de que a carreira linguística de todas as pessoas se inicie com essa espécie de língua franca do bebê — que é idêntica em todas as partes do mundo — mostra o quanto a linguagem está profundamente arraigada em nós. Ela surge a partir de um impulso primitivo, que não mostra nenhum dos refinamentos do produto final.[19] É exatamente isso o que estou propondo em relação ao impulso de cuidar do sofrimento de outra pessoa.

A pré-preocupação é um movimento de atração em direção a alguém cuja aflição nos afete. Ela não requer que nos coloquemos na situação do outro. A bem da verdade, essa capacidade pode estar absolutamente ausente, como acontece quando uma criança de um ano de idade é impelida na direção de um familiar angustiado. As crianças dessa idade ainda não são capazes de compreender a situação de outra pessoa. A pré-preocupação talvez explique por que razão os animais de estimação e também o gato Oscar estabelecem contato com as pessoas em sofrimento ou próximas da morte, ou o motivo por que os macacos se amontoam em cima de um infeliz companheiro aos gritos.

Uma vez que a pré-preocupação esteja em funcionamento, a aprendizagem e a inteligência podem adicionar a ela novas camadas de complexidade, acrescentando cada vez mais discernimento às respostas do organismo, até a emergência da solidariedade plenamente desenvolvida. A solidariedade implica a preocupação real com o outro e uma tentativa de entendimento do que se passa com ele. Provavelmente era isso o que estava em jogo no gesto de Yoni ao puxar as mãos de Kohts, pois ele parecia decidido a ler os olhos dela. O observador tenta compreender a causa da aflição do outro e descobrir o que pode ser feito a respeito. Uma vez que é com esse nível de solidariedade que nós, os adultos humanos, estamos familiarizados, temos o hábito de pensar na solidariedade como se se tratasse de um único processo, isto é, como algo que se tem ou não se tem. Mas, na realidade, a solidariedade envolve muitas camadas diferentes, que foram sendo acrescentadas pela evolução ao longo de milhões de anos. A maioria dos mamíferos manifesta algumas delas[20] — e somente alguns poucos parecem dispor de todas elas.

É improvável que encontremos a solidariedade plenamente desenvolvida nos roedores. É bem possível que ela também não seja encontrada nos cães e nos macacos. Mas alguns animais com cérebro grande talvez compartilhem a capacidade humana de se colocar no lugar do outro. Essa questão tem sido debatida desde as pesquisas que Emil Menzel, um primatólogo americano, realizou durante a década de 1970. Terão os chimpanzés alguma noção (ainda que vaga) do que os outros sentem, desejam, necessitam ou sabem? O trabalho pioneiro de Menzel raramente é mencionado hoje em dia, mas a leitura de seus artigos sempre me traz a sensação de uma descoberta nova. Ele foi o primeiro a enxergar a importância dessa questão.

Trabalhando na Louisiana com nove chimpanzés juvenis, Menzel levava um deles para uma área arborizada e lhe mostrava algo secreto, como um alimento escondido ou um objeto assustador (uma cobra de brinquedo, por exemplo). Depois disso, reintroduzia o animal no grupo e soltava todos eles ao mesmo tempo. Será que os outros chimpanzés perceberiam que um deles tinha conhecimento de algo importante? Em caso afirmativo, como reagiriam? Teriam meios de descobrir se o outro tinha visto uma guloseima ou uma cobra?

Certamente que sim. Eles mal podiam esperar para seguir um chimpanzé que sabia onde havia comida escondida, mas hesitavam em se aproximar de um animal que tivesse visto uma cobra.

Isso resultava do contágio emocional em ação: os chimpanzés copiavam o entusiasmo do outro, ou o seu temor. As cenas envolvendo as guloseimas eram muito divertidas, especialmente se o "iniciado" tivesse uma posição hierárquica inferior à dos "adivinhadores". Belle levava os animais de posição hierárquica mais baixa até o esconderijo da comida, mas não fornecia nenhuma pista para Rock, o macho alfa:

> Se Rock não estivesse presente, Belle invariavelmente conduzia o grupo até a comida, e todos recebiam um pouco. Quando Rock estava presente, no entanto, Belle demorava a se aproximar do local. O motivo disso era fácil de compreender. Tão logo ela tivesse revelado o esconderijo, Rock corria para cima dela, dava-lhe chutes ou mordidas e ficava com tudo para ele.
>
> Consequentemente, Belle parou de indicar onde estava o alimento quando Rock estava por perto. Ela continuava sentada até que ele se afastasse. Mas Rock não tardou a descobrir isso, e quando ela se sentava num lugar por mais que alguns segundos, ele se aproximava, empurrava-a para o lado e dava uma busca no local, pegando todas as guloseimas para si.[21]

Mais tarde, Belle aprendeu a ficar longe da comida e a não olhar na direção dela, se Rock estivesse por ali. Ela passou a se sentar cada vez mais longe, ou dava a Rock uma pista falsa, levando-o a um lugar onde apenas uma pequena parte das guloseimas estava escondida. Enquanto ele estava ocupado, comendo, ela se precipitava em direção à porção maior. Mas Rock continuava seguindo Belle, o que sugere que ele tinha certeza de que ela sabia de algo que não queria revelar. Essa capacidade de adotar a perspectiva do outro é geralmente descrita como *teoria da mente*.[22] Rock parecia ter uma ideia (uma teoria) do que poderia estar se passando na cabeça de Belle.

O problema dessa terminologia é que ela faz parecer que a compreensão do outro é um processo abstrato, não muito diferente daquele pelo qual compreendemos por que os nossos ancestrais se tornaram bípedes ou a água se transforma em gelo. Duvido seriamente de que a nossa espécie, ou qualquer outra espécie animal, apreenda o estado mental do outro num nível teórico. O que Rock fazia era ler a linguagem corporal de Belle e adivinhar suas intenções. Certamente ele havia aprendido que toda vez que Menzel aparecia, havia uma guloseima por perto na qual Belle tentaria pôr as mãos. Desse modo, ele ficava muito atento aos lugares para onde ela olhava ou para onde se dirigia, agindo muito mais como um caçador do que como um formulador de teorias.

Emil Menzel foi o primeiro a realizar testes para verificar se os chimpanzés têm alguma compreensão do que se passa na mente de seus semelhantes. Aqui, um chimpanzé juvenil cutuca com uma varinha uma cobra escondida na grama. Com base na sua linguagem corporal, os outros percebem que devem agir com cautela.

O teste "adivinhador *versus* iniciado" realizado por Menzel inspirou um grande número de estudos com crianças, macacos, pássaros, cachorros etc. Esses estudos nos ensinaram que a capacidade de assumir a perspectiva do outro não se limita aos humanos adultos. Embora ela se mostre mais desenvolvida nos animais com cérebros grandes, os animais com cérebros menores não deixam necessariamente de manifestá-la. Os três estudos descritos a seguir ilustram o modo como isso foi examinado:

- As crianças humanas são campeãs na leitura da mente.[23] Desde muito cedo elas percebem que nem todas as pessoas sabem o mesmo que elas. Numa situação experimental, elas viam o personagem Maxi esconder chocolate numa gaveta e depois ir embora. Mas a mãe dele, sem querer, colocava o chocolate em outro lugar. Onde Maxi iria procurar o chocolate quando voltasse? No lugar onde as crianças sabiam que ele estava (porque tinham visto a mãe de Maxi colocá-lo lá) ou no lugar onde Maxi o havia deixado (na gaveta)? A maioria das crianças de quatro anos de idade respondeu corretamente, demonstrando que conseguiam ver a situação da perspectiva de Maxi, embora soubessem que ela estava errada.

- Indah, uma orangotango fêmea no National Zoo em Washington, D.C., desenvolveu o hábito de guiar as pessoas até os alimentos que se encontravam fora da sua jaula. Quando um tratador estava passando, ela o agarrava e o fazia virar-se de modo a encarar a comida caída no chão. Depois disso, Indah empurrava gentilmente o tratador na direção da comida, para que ele a apanhasse para ela. Mas o que ela faria com uma pessoa que não pudesse enxergar (por exemplo, uma pessoa com um balde enfiado na cabeça)? Indah preferia recrutar um experimentador em condições de enxergar, mas se só pudesse contar com uma pessoa com a cabeça coberta, ela retirava o balde antes de empurrá-la na direção do alimento. Ela desenvolveu essa técnica inteligente sozinha. Posteriormente, testou-se se ela faria o mesmo com um balde transparente. Nesse caso, ela não retirava o balde. O estudo sugeriu que Indah compreendia que os outros necessitavam da visão para poder ajudá-la.

- Os corvos têm cérebros grandes e estão entre os pássaros mais inteligentes. Thomas Bugnyar observou que esses pássaros dispõem de táticas enganadoras que fazem lembrar os grandes primatas de Menzel. Um macho de posição hierárquica inferior era perito em abrir os recipientes, mas geralmente perdia as guloseimas que encontrava para um macho dominante, que as roubava dele. Então ele aprendeu a distrair seu competidor, demonstrando entusiasmo ao abrir recipientes vazios e agindo como se estivesse comendo o alimento retirado dali. Quando o pássaro dominante descobriu, "ficou muito zangado e começou a jogar tudo para os lados". Mais tarde, Bugnyar documentou que ao se aproximarem da comida escondida, os corvos levam em conta se outros pássaros tinham visto a comida ser escondida. Caso seu competidor soubesse o mesmo que eles, apressavam-se em chegar lá primeiro. Com os competidores que não tinham a mesma informação, eles não se apressavam.[24]

Não é difícil ver o quanto esses engenhosos experimentos devem ao estudo original de Menzel. As guloseimas são escondidas, depois encontradas, e o truque é descobrir o que os outros sabem (ou, mais precisamente, o que os outros podem ter visto). É irônico que esse tipo de pesquisa tenha se desenvolvido a partir de um estudo com primatas, uma vez que, durante certo período, tornou-se moda duvidar que os animais não humanos fossem capazes de compreender os estados mentais dos outros.[25] Essa dúvida encontra-se em grande parte superada. Com base nos estudos recentes, a fronteira entre as crianças e os grandes primatas não humanos tornou-se menos nítida, assim como a fronteira entre os grandes primatas, os macacos e os outros animais. Somente as formas mais avançadas de "saber o que os outros sabem" podem, talvez, ser exclusivas da nossa espécie.

Mas toda a tinta empregada até hoje para se escrever sobre esse tema não deve obscurecer o fato de que a compreensão da perspectiva dos outros é um fenômeno limitado. Prefiro chamá-lo de adoção da perspectiva "fria", já que ela está voltada unicamente para o modo como um indivíduo percebe o que o outro vê ou sabe, deixando quase inteiramente de fora o que o outro quer, necessita ou sente. Embora a adoção da perspectiva "fria" seja uma capacidade importante, a empatia repousa sobre uma modalidade diferente de tomada de perspectiva, muito mais voltada para a situação do outro e para suas emoções. Muito tempo atrás, Adam Smith a descreveu, apropriadamente, como a capacidade de "imaginar-se no lugar do sofredor".[26]

Escutamos crianças gritando na janela de uma casa em chamas. Os gritos nos alertam de que elas estão em perigo e mexem com os nossos sentimentos mais profundos. Então olhamos ao redor e avaliamos nossas opções. Será que elas conseguem pular? Se pularem, conseguiremos agarrá-las? Alguém já chamou os bombeiros? A casa tem uma porta desimpedida por onde se possa entrar ou sair? A adoção de perspectiva empática depende dessa combinação entre o alerta emocional, que desperta a nossa preocupação com os outros, e uma abordagem cognitiva, que nos ajuda a avaliar a situação. É preciso haver equilíbrio entre esses dois lados. Se as emoções falarem alto demais, a adoção de perspectiva pode se perder, como ocorreu, tragicamente, no Zoológico de Cingapura. Uma jovem fêmea de orangotango ficou com o pescoço preso numa corda. Na tentativa de libertá-la, sua mãe começou a puxá-la com força. Os tratadores que tentaram intervir foram empurrados pela mãe, cuja tentativa de salvamento ficou tão fora de controle que ela acabou deslocando o pescoço da filha, provocando sua morte.[27]

Compare isso com uma situação semelhante ocorrida num zoológico na Suécia. Um chimpanzé de quatro anos de idade, pendurado numa corda que dava duas voltas em seu pescoço, estava prestes a se sufocar. Com os pés balançando, ele lutava silenciosamente. O macho mais velho, que era o macho dominante do grupo, dirigiu-se até a vítima, levantou-a com um dos braços e diminuiu a tensão na corda, que ele então desenrolou com a outra mão. Depois disso, colocou o jovem chimpanzé no chão, delicadamente. Em poucos segundos e com alguns poucos movimentos, o problema foi resolvido. O único som que se ouviu foram os gritos do tratador.[28]

Talvez o impulso da mãe de tentar salvar a filha tenha sido intenso demais para que ela pudesse pensar com clareza. Ou talvez ela não tivesse experiência com cordas. O chimpanzé macho, em contraste, manteve a calma e fez a coisa certa. É preciso inteligência para inibir o impulso natural de puxar e substituí-lo por uma ação mais eficiente. Casos como esses ilustram os dois processos diferentes que entram em jogo no comportamento de ajudar alguém: a emoção e o raciocínio. Somente quando os dois processos se combinam um organismo consegue passar da pré-preocupação para a preocupação verdadeira, incluindo a ajuda para a necessidade específica característica dos nossos parentes próximos.

PULANDO NA ÁGUA

Atlanta é a Meca da primatologia. Charles Menzel, que seguiu os passos do pai no estudo dos chimpanzés, mora a poucos quarteirões da minha casa em Stone Mountain. Um dia, quando Emil veio visitar os netos, eu "armei" uma entrevista com ele na minha cozinha, enquanto saboreávamos uma boa sopa.[29] Ele estava com setenta e poucos anos.

Embora tenha nascido e crescido na Índia, Emil é um típico senhor sulista: educado, gentil e dotado de grande senso de humor. Ele permanece muito comprometido com suas ideias revolucionárias, que coincidem com as minhas. Emil considera os grandes primatas não humanos muito inteligentes e acredita que o principal limitante das descobertas científicas é a falta de imaginação e de criatividade humanas e não a capacidade dos primatas de corresponder às expectativas.

Conversamos sobre a publicação do seu estudo envolvendo o esconde-esconde e ele me confidenciou que gostaria muito de ocupar-se de outras questões, mas continuava sempre a receber convites para fazer palestras sobre esse experimento em particular. Esse estudo havia tocado de perto as pessoas. Emil relatou que certa vez foi convidado a apresentar uma conferência numa faculdade na costa leste. A sessão foi presidida por um eminente behaviorista que o deixou bastante irritado. Em primeiro lugar, ele não deu nenhuma chance para que a plateia falasse. Além disso, passou um sermão no palestrante, afirmando que lidar com os chimpanzés era muito difícil e que seria muito mais prático trabalhar com os pombos. Essa sugestão refletia a curiosa opinião sustentada naquela época de que a espécie animal estudada não fazia diferença alguma. Uma vez que o comportamento de todos os animais depende da aprendizagem estímulo-resposta, não haveria diferença entre o comportamento de um chimpanzé e o comportamento de um pombo.[30]

O professor, no entanto, caiu numa cilada, pois Mendel resolvera mostrar o filme de uma fuga espetacular testemunhada por ele alguns anos antes.[31] Os chimpanzés tinham apoiado uma longa vara contra o muro de sua jaula, e enquanto alguns membros do grupo seguravam a vara no lugar, os outros a escalavam para fugir. Não é exatamente o tipo de coisa que os pombos fazem todos os dias. Menzel decidira acompanhar o filme com a narrativa mais neutra possível, evitando fazer referências a operações mentais complexas. Ele limitou-se a fazer descrições objetivas como "Vejam que aqui Rock apanha a vara enquanto olha para os outros" ou "Nesse momento um chimpanzé dá um impulso por sobre o muro".

Depois da apresentação de Menzel, o famoso professor se levantou e o acusou de adotar uma perspectiva não científica e antropomórfica, atribuindo planos e intenções a animais que obviamente não tinham nem uma coisa nem outra. Sob manifestações ruidosas de aprovação da plateia, Menzel respondeu que não fizera atribuição alguma. Acrescentou que se o professor tinha visto no filme algo como planos e intenções, provavelmente ele os tinha visto com seus próprios olhos, já que ele próprio, Menzel, evitara fazer alusão a qualquer uma dessas coisas.

É impossível observar os chimpanzés e não perceber sua inteligência. Menzel contou-me que costumava conjecturar sobre a quantidade de evidências escondidas nas muitas páginas de notas que ele tomou durante seus experimentos. (Eu sugeri, claro, que ele deveria voltar a essas anotações, agora que estava aposentado, mas ele deu de ombros, de modo que não devo ter grandes expectativas quanto a isso.) Menzel declarou acreditar firmemente na validade de se voltar repetidamente aos eventos registrados para refletir sobre seu significado, e afirmou que isso vale também para os fenômenos observados uma única vez. Ele contestava a ideia de que as observações isoladas devem ser tratadas como relatos anedóticos e insignificantes. Com um sorriso malicioso, acrescentou: "Minha definição de relato anedótico é 'aquele que se baseia na observação de outros'". Quando vemos algo com os nossos próprios olhos e acompanhamos o episódio do princípio ao fim, não temos a menor dúvida sobre a conclusão a extrair dele. Mas as outras pessoas permanecerão céticas, e teremos que nos esforçar para convencê-las.

Essa é uma questão importante, uma vez que os exemplos mais notáveis da adoção de perspectiva empática, tanto nos humanos como nos animais, foram extraídos de incidentes isolados. Certa vez, um episódio desses ocorreu enquanto eu admirava as ninfeias em uma grande lagoa em Balboa Park, San Diego. A lagoa ficava próxima a um atalho cheio de pessoas e não tinha nenhuma cerca. Um menino de aproximadamente três anos de idade atravessou a multidão e correu diretamente para dentro da lagoa. Fiquei espantado com a rapidez com que ele submergiu. Ouvimos o barulho dele caindo na água e, um segundo depois, ele já havia desaparecido. Antes que alguém pudesse fazer alguma coisa, sua mãe pulou na lagoa, reaparecendo logo a seguir, com o filho nos braços. É provável que a mãe estivesse correndo atrás dele, consciente do que poderia acontecer e, sem a menor hesitação e inteiramente vestida, o tenha seguido lagoa adentro. Se não o tivesse feito, sabe-se lá quanto tempo teria sido necessário para encontrar o garoto, uma vez que a água estava muito turva.

Numa situação como essa, vemos um nível de prontidão em relação à situação do outro que é impossível de se reproduzir em laboratório. Podemos perguntar às pessoas o que elas fariam sob determinadas circunstâncias e também podemos testá-las sob condições relativamente perturbadoras, mas ninguém irá reencenar o incidente em que uma criança quase se afoga para ver como seus pais reagem. E são situações como essa, essencialmente impossíveis de se testar, que produzem a forma de altruísmo mais interessante e mais relevante no que diz respeito à sobrevivência. O mesmo se aplica aos animais. Podemos explorar o modo como eles reagem a objetos escondidos e até mesmo testar como percebem os sinais de sofrimento emitidos pelo outro, mas quem irá planejar experimentos em que os animais se vejam diante de amigos ou parentes prestes a ser estrangulados por uma corda? Não eu, e nem a maioria dos outros cientistas. Tudo o que podemos fazer é nos guiar pelos relatos ocasionais das reações dos grandes primatas não humanos a essas calamidades.

Em relação às pessoas, os relatos anedóticos aparecem no jornal diário. Por exemplo, os nova-iorquinos que escaparam do World Trade Center no 11 de setembro descreveram a coragem dos bombeiros por quem eles passaram enquanto desciam do prédio. Carregados de equipamentos salva-vidas, eles estavam subindo, e, com grande confiança, instruíam as pessoas em pânico a deixarem o edifício, garantindo assim que elas saíssem ordenadamente e em segurança, enquanto eles próprios caminhavam ao encontro da morte.

Ou considere o exemplo do sargento do Exército Tommy Rieman, que foi alvo de um ataque durante uma emboscada no Iraque em 2003. Usando o próprio corpo como escudo para proteger seu artilheiro, ele começou a atirar de volta. Mesmo ferido por vários tiros e estilhaços de explosivos, ele recusou cuidados médicos até que seus soldados feridos tivessem sido retirados da cena. Toda calamidade natural produz seus heróis, que entram em casas incendiadas ou mergulham em rios congelados para salvar pessoas totalmente desconhecidas. Durante a ocupação alemã na Europa, muitas pessoas arriscaram suas vidas para proteger os judeus, como a família de Anne Frank em Amsterdam. Em épocas de escassez de alimentos, é comum que os fazendeiros dividam seu precioso alimento com os moradores famintos das cidades. O terremoto de 2008 na região central da China produziu até mesmo uma "Mãe Número Um", uma policial que amamentou com seu leite vários bebês que haviam ficado órfãos. Jiang Xiaojuan, mãe de um bebê de seis meses, considerou que ela tinha leite suficiente para dar a outras crianças.[32]

Nada disso ocorreria sem a nossa capacidade de empatia. Na verdade, o número de histórias de autossacrifício humano é tão elevado que elas nos levam, justificadamente, a considerar essa forma de comportamento uma característica da nossa espécie. Também nos inclinamos a reconhecê-la em nossos ancestrais. Quando o fóssil de um hominídeo completamente sem dentes foi encontrado recentemente no Cáucaso, os cientistas sugeriram que a sobrevivência desse indivíduo teria sido impossível se ele não tivesse sido alimentado e cuidado pelos seus semelhantes. Eles concluíram que esses ancestrais, que viveram há quase dois milhões de anos, provavelmente se pareciam com os humanos, uma vez que praticavam a compaixão.[33]

Mas isso equivale a pressupor que a compaixão é algo que se limita à nossa linhagem. Os animais também alimentam os indivíduos que não conseguem fazê-lo por si mesmos. No Parque Nacional de Gombe, na Tanzânia, uma chimpanzé velha e doente chamada Madame Bee não conseguia subir nas árvores frutíferas e, às vezes, dependia de suas filhas para se alimentar:

> Ela olhou para as filhas e então deitou-se no chão, assistindo enquanto elas procuravam frutas maduras. Depois de dez minutos, Little Bee desceu da árvore. Ela carregava uma das frutas na boca, pelo caule, e trazia uma segunda nas mãos. Quando a filha chegou ao chão, Madame Bee emitiu alguns leves grunhidos. Little Bee aproximou-se, também grunhindo, e depositou no chão, ao lado da mãe, a fruta que trazia na mão. Sentou-se perto dela e ambas começaram a comer.[34]

Na verdade, há tantas evidências de altruísmo nos grandes primatas não humanos que escolherei umas poucas histórias para ilustrar meu ponto de vista.[35] No episódio descrito acima, os indivíduos envolvidos eram parentes, mas comportamentos semelhantes ocorrem entre indivíduos sem qualquer relação de parentesco. No nosso centro de pesquisa, há uma fêmea de idade avançada chamada Peony, que passa os dias com os outros chimpanzés numa grande jaula ao ar livre. Quando suas crises de artrite ficam muito intensas, ela sente dificuldade para andar e escalar. Mas as outras fêmeas costumam ajudá-la. Certo dia, Peony arquejava tentando subir no trepa-trepa onde vários chimpanzés estavam reunidos para uma sessão de cafuné. Uma fêmea mais jovem se posicionou atrás de Peony, colocando as duas mãos no traseiro dela, e, com um esforço considerável, empurrou-a para cima até que ela conseguisse se juntar aos demais.

Também já vimos Peony levantar-se para caminhar muito lentamente até a torneira, que fica bastante distante. Às vezes, as fêmeas mais jovens correm na frente dela, pegam um pouco d'água, e então retornam para dar água a Peony. De início, não tínhamos ideia do que estava acontecendo, pois só conseguíamos ver que as duas fêmeas aproximavam a boca uma da outra, mas depois de algum tempo ficou claro que Peony abria bem a boca e a fêmea mais jovem cuspia um jato d'água dentro dela.

Chimp Haven, uma organização que se dedica a cuidar dos chimpanzés de laboratório aposentados, adota muitos animais que nunca viveram em ambientes abertos e, por essa razão, não têm experiência nenhuma com as árvores, os arbustos e as plantas de modo geral. Sheila, uma fêmea nessas condições, ligara-se a uma chimpanzé mais jovem e não aparentada chamada Sara, que não tinha medo de subir nas árvores. Antes que Sheila aprendesse a fazê-lo observando a amiga, Sara costumava arrancar um ramo de folhas e trazê-lo especialmente para Sheila.

Certa vez, Sara salvou Sheila de uma cobra. Sara viu a cobra primeiro e emitiu um sinal de alarme, o que fez com que Sheila se aproximasse para dar uma olhada. Sara manteve a amiga à distância com o braço, empurrando-a para trás vigorosamente. Enquanto cutucava a cobra com um graveto, Sara continuou a manter Sheila afastada. Mais tarde verificou-se que era uma cobra venenosa.[36]

É possível argumentar que nenhum desses comportamentos é comparável ao ato de se entrar num edifício em chamas, uma vez que eles não são terrivelmente arriscados ou penosos. Certa vez, ouvi um famoso psicólogo dizer à plateia que o altruísmo pode ser encontrado em outros animais, mas eles sempre priorizam a própria sobrevivência. "Um grande primata não humano jamais pulará num lago para salvar um semelhante", declarou ele com grande convicção. Assim que escutei isso, comecei a tentar me lembrar de dados que pudessem contradizê-lo, pois eu tinha certeza de ter ouvido relatos que diziam o oposto. É verdade que os grandes primatas não humanos e a água são uma mistura perigosa (bem mais perigosa do que os humanos e a água), já que esses animais não sabem nadar. Relatos de chimpanzés que entraram em pânico e se afogaram em locais onde a água batia em seus joelhos são bem conhecidos. Ainda que os grandes primatas não humanos possam aprender a superar esse medo, o comportamento de entrar na água continua a ser algo que, para eles, requer uma coragem extraordinária.

Nos zoológicos, os grandes primatas geralmente são mantidos em ilhas cercadas por fossos cheios d'água.[37] Há relatos de situações em que eles tentaram salvar seus companheiros, às vezes com consequências fatais tanto para os salvadores quanto para as vítimas. Um macho morreu ao tentar atravessar o fosso para alcançar um filhote derrubado por uma mãe incompetente. Em outro zoológico, um filhote de chimpanzé entrou em pânico depois de bater num fio eletrificado, e pulou dos braços da mãe para dentro d'água. Na tentativa da mãe de salvá-lo, os dois se afogaram. E quando Washoe, a primeira chimpanzé a aprender a usar a linguagem, ouviu o grito de outra fêmea que caía na água, ela saltou sobre a cerca eletrificada para alcançar a vítima, que se debatia descontroladamente. Washoe entrou na lama escorregadia na margem do fosso, agarrou um dos braços que a fêmea abanava em desespero e a puxou para fora d'água.

Obviamente, a hidrofobia não pode ser superada sem uma motivação avassaladora.[38] O gesto de socorrer o outro não pode ser explicado com base em cálculos mentais como "Se eu ajudá-lo agora, ele me ajudará no futuro". O que levaria alguém a arriscar sua vida e sua integridade física por um prognóstico tão incerto? Somente as emoções imediatas podem fazer com que um indivíduo abandone toda a cautela. Esse tipo de heroísmo é comum na vida social dos chimpanzés. Por exemplo, quando uma fêmea responde aos gritos de uma companheira e a defende contra um macho dominante, ela se arrisca em benefício da outra. Já vi muitas fêmeas de chimpanzé levarem uma boa surra em defesa de seus amigos. Em seu habitat natural, os chimpanzés se envolvem em salvamentos muito mais arriscados quando um deles é atacado por um leopardo.[39] Na mata fechada, geralmente eles não conseguem ver o que está acontecendo, mas reconhecem nos gritos da vítima o perigo iminente. A floresta imediatamente se enche com as vocalizações e os gritos ameaçadores de todos os chimpanzés que estejam próximos o suficiente para ouvir o pedido de socorro, e eles rapidamente convergem em direção ao perigo, afugentando o leopardo que se vê ansioso por escapar desse cerco.

A sensibilidade emocional à situação dos outros e a compreensão do tipo de ajuda que seria eficaz naquelas condições é uma combinação tão característica da nossa espécie que geralmente nos referimos a ela como *humana*. Acredito que os homens sejam realmente especiais quanto à sua capacidade de se colocar no lugar do outro. Conseguimos compreender melhor do que qualquer outro animal como os outros se sentem e de que tipo de ajuda eles necessitam. Mas a espécie humana não é a primeira e nem a única a prestar ajuda de forma inteligente. Em termos comportamentais, não há muita diferença entre uma pessoa pular na água para salvar um semelhante e um grande primata não humano fazer o mesmo. Em termos motivacionais, a diferença também não há de ser muito grande.

CHAPEUZINHO VERMELHO

Como a Chapeuzinho Vermelho é boba de imaginar que estava visitando a vovó! Toda criança sabe que quem estava na cama era o lobo mau!

Mas será que toda criança compreende que a Chapeuzinho Vermelho não estava com medo? Obviamente, se ela soubesse o que nós sabemos, estaria apavorada. Mas como ela não tinha ideia do que estava acontecendo, com o que haveria de se preocupar? Se nos perguntassem sobre o estado mental da Chapeuzinho, o correto seria dizer que ela não estava amedrontada. Mas quando se pergunta isso às crianças, a maioria delas erra a resposta, pois não conseguem deixar de projetar sua própria angústia na personagem.

Os psicólogos consideram isso uma falha sugestiva de que a criança ainda não é capaz de ver as coisas da perspectiva do outro. Eu vejo isso de outro modo. As crianças realmente assumem o ponto de vista da Chapeuzinho Vermelho, mas o fazem de forma condizente com uma situação emocionalmente carregada. Elas se colocam no lugar da personagem e se imaginam com uma cesta na mão defronte à cama da vovó, mas munidas daquilo que elas próprias sabem. E, naturalmente, elas estão mortas de medo. Os psicólogos talvez esperem uma avaliação racional, mas para uma criança, é difícil colocar-se de fora numa situação de confronto com um predador salivante. É somente por volta dos sete ou oito anos de idade que elas conseguem esse distanciamento. Nós as aplaudimos, então, porque finalmente compreenderam que a Chapeuzinho Vermelho não estava com medo. Mas a verdadeira lição que deveríamos extrair disso é o poder avassalador da identificação emocional.

Em vez de permanecerem neutras, as crianças tendem a empatizar com o outro. Essa ligação primitiva assume o comando automaticamente, tão logo uma pessoa de quem elas se sintam próximas se meta em dificuldades. Os filmes de terror tiram proveito dessa tendência. Eles nos atingem com golpes baixos, contando com uma identificação muito mais visceral com seus personagens do que um filme de Ingmar Bergman, por exemplo. Quando nossa personagem favorita se aproxima do assassino escondido sob a cortina, não costumamos pensar no que ela sabe ou deixa de saber.

A capacidade da criança de penetrar nas emoções do outro e adivinhar o que ele está sentindo já foi testada. Uma criança observa um adulto abrir uma caixa de presente. Se o experimentador diz "Minha nossa!", com expressão alegre, a criança adivinha que deve haver alguma coisa boa lá dentro, como bombons, por exemplo. Se, por outro lado, ele assume uma expressão desapontada, dizendo "Ah, não!", a criança entende que a caixa deve conter alguma coisa de sabor desagradável, como espinafre. A reação delas não é tão diferente da resposta dos primatas estudados por Menzel, que percebiam se um membro do grupo tinha visto uma guloseima escondida ou um perigo à espreita.

As crianças leem os "corações" muito antes de ler as mentes.[40] Numa idade muito precoce, elas já compreendem que as outras pessoas têm desejos e necessidades, e que nem sempre pessoas diferentes desejam ou precisam das mesmas coisas. Elas reconhecem, por exemplo, que uma criança à procura de seu coelho ficará feliz por encontrá-lo, ao passo que uma criança à procura de seu cachorro ficará indiferente ao encontrar um coelho.

Não damos grande importância a essas habilidades. Mas você já reparou que nem todas as pessoas sabem tirar proveito delas? Nesse caso, estou me referindo aos adultos. Mais precisamente, às diferentes maneiras de escolher um presente que todos conhecemos tão bem. Há aqueles amigos que fazem todo o possível para encontrar um presente que *você* adoraria receber. Sabendo que gosto de ópera ou de bancar o padeiro amador, eles me presenteiam com um CD da última apresentação de Anna Netrebko ou com a melhor farinha de centeio que puderem encontrar. Eu sempre considero que o valor despendido por essas pessoas é menos importante do que sua intenção de me ver feliz. O outro tipo de presenteador é aquele que chega com algo de que *eles* gostam. Eles jamais notaram que não há um único objeto azul em nossas casas, mas, como adoram essa cor, nos presenteiam com um vaso azul e caro. As pessoas que não conseguem enxergar além das suas próprias preferências desconsideram milhões de anos de evolução que impulsionaram a nossa espécie a tornar-se cada vez mais habilidosa em ver as coisas da perspectiva do outro.

Os humanos estão sempre dispostos a melhorar a vida de outras pessoas, incluindo as que lhes são completamente estranhas, contanto que isso não lhes cause grandes aborrecimentos. Estritamente falando, isso não é altruísmo, pois o altruísmo requer um esforço. Estou falando daquelas situações em que ajudar o outro realmente não traz incômodo algum para a pessoa que ajuda. Um exemplo disso aconteceu com minha esposa e eu, durante um

A ajuda de baixo custo é comum nos humanos, como na situação em que um jogador de tênis ajuda o outro a se levantar.

longo passeio a pé que fizemos no Canadá. Isso foi logo depois que nos mudamos para os Estados Unidos, quando toda distância nos parecia dez vezes maior do que havíamos imaginado. Estávamos andando à margem de um lago onde mosquitos enormes estavam nos comendo vivos. Tentando escapar dessa situação incômoda, tínhamos decidido caminhar até a cidade mais próxima. Andamos sem parar por uma estrada suja e sem fim, sob um sol muito forte. Uma caminhonete grande com uma família canadense reduziu a velocidade ao aproximar-se de nós. Com um ar desinteressado, o motorista colocou a cabeça para fora da janela e perguntou: "Vocês precisam de uma carona?". Quando ele nos disse a que distância nos encontrávamos da próxima cidade, ficamos mais do que felizes em aceitar. Sinto-me grato até hoje.

Esse é o chamado altruísmo de baixo custo, quando uma pessoa não precisa fazer grandes esforços por outra pessoa, mas ainda assim oferece uma ajuda substancial. Se aviso uma pessoa no aeroporto que ela deixou cair seu cartão de embarque, esse gesto, que não custa quase nada para mim, poupa um grande aborrecimento ao meu colega passageiro. Nós seguramos a porta para a pessoa que vem logo atrás de nós, abrimos lugar no banco de um parque para alguém que também queira se sentar, seguramos uma criança desconhecida prestes a correr para o meio da rua no momento errado e ajudamos uma pessoa mais idosa a levantar um pacote pesado. Os humanos são fantásticos nesse tipo de assistência, pelo menos em circunstâncias relativamente confortáveis. Mas esse tipo de comportamento desaparece assim que o *Titanic* começa a afundar. Em situações de adversidade, o custo da cortesia aumenta.

Para sermos atenciosos com os outros, ainda que seja com pequenos gestos, necessitamos da adoção de perspectiva empática. Precisamos entender o efeito do nosso comportamento sobre as outras pessoas. Procurando paralelos possíveis nos animais, ocorre-me um comportamento curioso que vi entre os chimpanzés selvagens nas montanhas Mahale, na Tanzânia. Num leito de rio quase seco, os chimpanzés relaxavam sobre as pedras e trocavam cafunés. Eu já havia lido sobre o *social scratching*, a *coçada social* praticada por eles, mas nunca a tinha observado em primeira mão.[41]

A coçada social ocorre quando um grande primata se aproxima de outro e coça as costas deste, vigorosamente, sentando-se, a seguir, para fazer cafuné no companheiro. Esse episódio pode se repetir diversas vezes durante o cafuné. O comportamento em si é fácil de ser aprendido por um animal que se coça com frequência, mas é aqui que reside o problema: quando alguém se coça, está tentando aliviar a própria coceira (tente ficar sem se coçar durante uma hora, e você poderá avaliar a importância desse comportamento). Mas coçar as costas de outro indivíduo é algo inteiramente diferente, já que o comportamento não traz nenhum bem-estar para aquele que o pratica.

Diferentemente do cafuné, é pouco provável que a coçada social seja inata. Sabemos disso porque, curiosamente, somente os chimpanzés das montanhas Mahale fazem isso. A coçada social nunca foi documentada em nenhuma outra comunidade de chimpanzés. Os antropólogos e os primatólogos chamam esse tipo de comportamento, que é específico de um grupo, de "costume". Os costumes são hábitos transmitidos no interior de uma comunidade e são exclusivos daquela comunidade. Comer com garfo e

Como os chimpanzés das montanhas Mahale desenvolveram um costume que beneficia outro indivíduo? Com movimentos amplos, o animal no centro coça as costas do outro.

faca é um costume entre as pessoas do Ocidente, ao passo que comer com pauzinhos é um costume no Oriente. A descoberta de um costume entre os chimpanzés não é uma coisa tão especial, uma vez que eles estão presentes em grande número nesses animais, em maior número do que em toda outra espécie, excluindo a nossa. O que é verdadeiramente enigmático, nesse caso, é o motivo por que os membros da comunidade Mahale adotaram um costume que favorece aos outros mais do que a si mesmos.

De que maneira aprendemos a segurar a porta para os outros passarem? Pode-se dizer que fomos ensinados a fazê-lo pelos nossos pais, o que sem dúvida é verdade, mas posteriormente esses hábitos são reforçados quando alguém faz isso para nós e reconhecemos essa gentileza. A partir daí, formamos a ideia de que é apropriado fazer o mesmo para as outras pessoas. Seria esse o processo pelo qual a coçada social se difundiu entre os chimpanzés de Mahale? Suponha que um chimpanzé coçasse o outro acidentalmente, provocando neste último uma sensação tão boa que isso o levasse à decisão de proporcionar a mesma experiência a um terceiro, talvez alguém a quem ele quisesse agradar, como o chefe do grupo. Isso é inteiramente possível, mas implicaria a possibilidade de assumir a perspectiva do outro. O coçador teria que traduzir uma experiência corporal numa ação que recria a mesma experiência em outro indivíduo. Ele precisaria compreender que os outros sentem o que ele sente.

A coçada social é um comportamento de uma simplicidade enganosa, cujo mistério não pode ser solucionado pura e simplesmente com o recurso da observação. Ainda que eu pudesse observar um número tão grande desses episódios quanto meu anfitrião em Mahale, Toshisada Nishida, observou durante as quatro décadas que passou no campo, eu não teria a menor pista do que está por trás deles. Não é possível perguntar aos chimpanzés por que eles fazem isso. Também não temos acesso à primeira ocorrência do evento, aquele que semeou o costume. É nesse ponto que a pesquisa em cativeiro oferece uma solução. Os problemas levantados nas pesquisas de campo podem ser levados para um ambiente que permita a experimentação sistemática. Podemos, por exemplo, analisar o grau de sensibilidade dos primatas ao bem-estar do outro dando a eles a oportunidade de prestar pequenos favores.

O interesse por essa questão vem aumentando ao longo dos últimos anos. Começarei por dois estudos simples feitos com os nossos macacos-prego. No centro de pesquisa onde trabalho há dois grupos desses graciosos macacos marrons. Eles vivem num espaço ao ar livre onde podem tomar sol, apanhar insetos, trocar cafunés e brincar. Há também uma área coberta com portas e túneis, o que facilita trazê-los para as situações de teste. Eles estão habituados a esses procedimentos e mostram-se ansiosos por participar dos experimentos, que quase sempre envolvem guloseimas. O macaco-prego é um dos primatas favoritos para esse tipo de testagem, porque eles são extremamente inteligentes (entre todos os macacos, os macacos-prego apresentam o cérebro de maior dimensão em relação ao tamanho do corpo), compartilham o alimento e cooperam facilmente uns com os outros, e também com os humanos. Os macacos-prego são tão simpáticos que meus alunos têm fotografias de seus animais prediletos na parede e falam sobre eles apaixonadamente, como se estivessem discutindo uma novela.

Nosso primeiro estudo testou se esses macacos reconhecem as necessidades dos outros. Por exemplo, eles compreendem quando outro macaco está com fome?[42] Tudo indica que sim, pois constatamos que a disposição deles para repartir o alimento com outro animal variava conforme o tivessem visto comer ou não pouco tempo antes. Eles compartilhavam com mais frequência com um macaco que tivessem visto de mãos vazias do que com um que tivessem visto mastigando.

O segundo experimento foi ainda mais revelador, sugerindo que eles se interessam pelo bem-estar do outro. Colocamos dois macacos lado a lado, em espaços separados, mas com uma visão completa um do outro. Um deles tinha que fazer permutas conosco, algo que esses macacos compreendem naturalmente. Por exemplo, se deixarmos uma vassoura na jaula deles, só precisaremos apontar na direção dela e mostrar-lhes um amendoim, e os macacos logo compreenderão a negociação, trazendo-nos a vassoura em troca do alimento. No experimento em questão, a permuta era feita com pequenas fichas de plástico, que entregávamos a um macaco. Em seguida, estendíamos a mão vazia para que ele nos devolvesse a ficha em troca de uma guloseima.

O interessante ocorreu quando demos a eles a escolha entre duas fichas de cores e significados diferentes: uma ficha era "egoísta", a outra, "pró-social". Se o macaco escolhesse a ficha egoísta, ele recebia um pequeno pedaço de maçã ao devolvê-la, mas seu parceiro não recebia nada. A ficha pró-social, por outro lado, recompensava os dois macacos igualmente e ao mesmo tempo. Dado que o animal que fazia a permuta era recompensado em ambos os casos, a única diferença estava no que o parceiro recebia. Para certificar-se de que eles haviam compreendido isso, Kristi Leimgruber, minha assistente, fazia uma demonstração bem explícita, levantando apenas uma mão e entregando o alimento somente a um macaco ou levantando as duas mãos e entregando a comida simultaneamente aos dois.

Conhecemos exatamente o grau de proximidade entre dois macacos nesses grupos, pois observamos a quantidade de tempo que eles passam juntos. Verificamos que quanto mais forte era o vínculo com o parceiro, mais os macacos escolhiam a ficha pró-social. Os procedimentos foram repetidos muitas vezes com diversas combinações entre os macacos e com diferentes conjuntos de fichas, e eles continuaram fazendo o mesmo. Suas escolhas não poderiam ser explicadas por medo de punição, uma vez que em cada um dos pares o macaco dominante (que tinha menos a temer) mostrou-se o mais pró-social.

Isso significa que os macacos-prego se importam com o bem-estar dos outros? Significa que eles gostam de prestar favores uns aos outros? Ou será que eles simplesmente adoram comer juntos? Quando os dois macacos são recompensados, eles se sentam lado a lado para mastigar a mesma comida. Será que eles saboreiam melhor a comida quando comem juntos, do mesmo modo que os membros da nossa espécie, que também se sentem mais relaxados jantando com a família e os amigos? Seja qual for a explicação, conseguimos demonstrar que os macacos preferem partilhar o alimento do que consumi-lo solitariamente.[43]

Inicialmente, experimentos semelhantes realizados com grandes primatas não humanos não chegaram ao mesmo resultado, o que fez com que a mídia estampasse manchetes prematuras como "Chimpanzés são indiferentes ao bem-estar dos membros do grupo com os quais não têm relação de parentesco".[44] Mas, como diz o velho ditado, ausência de evidência não é o mesmo que evidência de ausência. Aparentemente, tudo o que pudemos descobrir com esses experimentos é que os humanos podem criar situações em que os grandes primatas colocam o próprio interesse em primeiro lugar. Não seria nada difícil fazer o mesmo em relação à nossa espécie. Considere, por exemplo, a maneira como as pessoas pisoteiam umas às outras para alcançar primeiro as mercadorias quando uma loja de departamento abre as portas para uma grande liquidação. Em 2008, a funcionária de uma loja foi morta numa situação como essa. Mas poderíamos concluir a partir dessas cenas que os humanos, como espécie, são indiferentes ao bem-estar uns dos outros?

Abordagens bem-sucedidas geralmente exigem uma intuição certeira sobre o que se ajusta melhor a um animal em particular. Uma vez que isso seja alcançado, os falsos negativos serão esquecidos. Foi isso o que ocorreu quando Felix Warneken e seus colegas do Instituto Max Planck em Leipzig, na Alemanha, conseguiram encontrar uma fórmula bem-sucedida para testar o altruísmo entre os grandes primatas. Eles trabalharam com chimpanzés que viviam num santuário em Uganda, numa ilha grande e exuberante repleta de vegetação. Toda noite os chimpanzés eram trazidos para o interior de um edifício, onde o teste ocorria. Um chimpanzé observava um homem tentando alcançar, sem sucesso, uma varinha de plástico através de uma grade. O humano não dava sinais de desistir, mas a varinha continuava fora de seu alcance. O chimpanzé, no entanto, ficava num local onde ele tinha livre acesso à varinha. Espontaneamente, os chimpanzés ajudavam o homem, apanhando o objeto desejado e o entregando a ele. Eles não tinham sido treinados para fazer isso, e a recompensa aos esforços da parte deles não fez qualquer diferença nos achados. Um teste semelhante com crianças pequenas levou ao mesmo resultado.

Quando os investigadores aumentaram o custo da ajuda, fazendo com que os chimpanzés tivessem que subir até uma plataforma para apanhar a varinha, eles ainda assim continuaram a fazê-lo. As crianças também continuaram ajudando, mesmo quando obstáculos foram postos no caminho delas. Ficou evidente que tanto os grandes primatas não humanos quanto as crianças ajudam espontaneamente as pessoas necessitadas.

Mas será que os chimpanzés num santuário se prontificavam a ajudar os humanos porque suas vidas dependem dessas pessoas? Preparados para esse argumento, os investigadores haviam selecionado parceiros humanos que os chimpanzés mal conheciam e que não estavam envolvidos de modo algum no cuidado diário desses animais. Acrescentaram ainda um segundo teste cujo objetivo era examinar se os chimpanzés auxiliariam uns aos outros da mesma maneira.

Por trás das grades, um chimpanzé observava um parceiro esforçando-se para abrir uma porta que levava até uma sala onde ambos sabiam que havia comida. Mas a sala estava fechada. Para entrar nela, era preciso remover uma corrente que bloqueava a porta, e essa corrente estava fora do alcance do parceiro. Apenas o primeiro chimpanzé poderia removê-la. O resultado desse experimento surpreendeu até a mim. Eu não sabia o que prever, uma vez que nesse experimento toda a comida ficava com o parceiro. No entanto, os resultados foram inequívocos. O primeiro chimpanzé removia o pino que prendia a corrente, possibilitando, dessa maneira, que seu companheiro alcançasse a comida.

O que esses chimpanzés fizeram era muito mais complexo do que a escolha entre as fichas apresentadas aos macacos-prego. Era preciso que eles compreendessem as intenções do outro e decidissem qual seria a melhor solução para que essas intenções fossem alcançadas. Eles ofereceram ajuda para necessidade específica, como fazem os grandes primatas em sua vida diária. Mas a motivação básica por trás dessa ajuda provavelmente não foi muito diferente daquela dos macacos-prego: tanto uns como outros se interessam pelo bem-estar dos indivíduos à sua volta. As visões tradicionais baseadas no lucro daquele que desempenha a ação simplesmente não podem explicar esses resultados. Para os macacos-prego, as escolhas pró-sociais não renderam nenhuma recompensa a mais do que as escolhas egoístas, e para os chimpanzés, igualmente, as recompensas não fizeram diferença alguma.[45]

SENTIMENTO DE SATISFAÇÃO*

Talvez tenha chegado a hora de abandonar a ideia de que, diante da necessidade dos outros, os indivíduos decidem se irão ajudá-los ou não calculando mentalmente os custos e os benefícios dessa ajuda. É provável que a seleção natural já tenha se encarregado de fazer esses cálculos por eles. Avaliando as consequências dos diferentes tipos de comportamento ao longo do tempo evolutivo, a seleção natural dotou os primatas de empatia, assegurando que, em circunstâncias adequadas, eles se auxiliem uns aos outros. O fato de que a empatia seja despertada mais facilmente pelos familiares garante que a ajuda seja dirigida sobretudo aos indivíduos mais próximos daquele que pratica a ajuda. Ocasionalmente, ela pode ser aplicada fora desse círculo, como nos casos em que os grandes primatas prestam socorro a filhotes de patos ou a seres humanos, mas, de maneira geral, a psicologia dos primatas evoluiu para que eles se preocupassem com o bem-estar da família, dos amigos e dos parceiros.

Os humanos manifestam empatia com os colegas num ambiente cooperativo, mas mostram-se insensíveis em relação aos competidores. Quando somos tratados com hostilidade, demonstramos o contrário da empatia. Em vez de sorrir quando o outro sorri, fazemos uma careta, como se o prazer do outro nos desagradasse. Quando o outro dá sinais de sofrimento, por outro lado,

* No original, "*warm glow*", expressão que faz referência à "warm glow theory" proposta no final da década de 1980 pelo economista James Andreoni. Segundo essa teoria, as motivações internas que levam um indivíduo a fazer doações em dinheiro são muito mais importantes do que havia sido reconhecido até então. Por exemplo, uma pessoa que faça uma contribuição para alimentar uma criança na África não é movida unicamente por esse objetivo, mas também pelo sentimento de satisfação de ser reconhecida como o tipo de pessoa que ajuda a alimentar as crianças que estão morrendo de fome. (N. T.)

nós sorrimos, como se nos deleitássemos com sua dor. Uma pesquisa descreveu da seguinte forma as reações a um experimentador hostil: "A euforia dele produziu disforia, e a sua disforia produziu euforia".[46]

Desse modo, a empatia humana pode converter-se em algo bastante desagradável se o bem-estar do outro *não* for de nosso interesse. Nossas reações não são nem um pouco indiscriminadas, como seria de se esperar se o nosso funcionamento psicológico tivesse se desenvolvido para promover a cooperação no interior do grupo. Somos parciais em relação às pessoas com quem temos, ou esperamos ter, uma parceria positiva. Essa tendenciosidade inconsciente substitui os cálculos geralmente pressupostos por trás do comportamento de ajuda. Embora sejamos perfeitamente capazes de fazer cálculos — às vezes, a ajuda ao outro está subordinada ao retorno esperado, como nas interações no mundo dos negócios —, o altruísmo humano, da mesma forma que o altruísmo primata, é na maioria das vezes dirigido pelas emoções.

Quando um *tsunami* atinge pessoas do outro lado do planeta, o que faz com que as pessoas decidam enviar-lhes dinheiro, alimento ou roupas? A simples manchete de jornal "*Tsunami* na Tailândia mata milhares" não produzirá esse efeito. O que nos faz reagir são as imagens televisionadas de cadáveres na praia, de crianças perdidas e de entrevistas com vítimas em pranto que não conseguiram localizar as pessoas queridas. Nossa caridade é produto da identificação emocional, mais do que uma escolha racional. Por que motivo a Suécia, por exemplo, ofereceu uma ajuda tão vultosa à região afetada pelo *tsunami* em 2004, fazendo uma contribuição substancialmente maior do que os outros países? Mais de quinhentos turistas suecos perderam a vida nesse desastre, o que despertou grande solidariedade na Suécia em relação às pessoas atingidas no sudeste da Ásia.

Mas isso é altruísmo? Se a ajuda se baseia no que sentimos,

ou na nossa conexão com a vítima, não estaremos, nesse caso, ajudando a nós mesmos? Se sentimos uma satisfação pessoal, um sentimento prazeroso ao trazer alívio à situação adversa experimentada pelo outro, será que isso não torna a nossa ajuda efetivamente egoísta? O problema é que, se chamarmos esse tipo de ação de "egoísta", então literalmente tudo será considerado egoísmo, e essa palavra terá perdido seu sentido. Um indivíduo verdadeiramente egoísta não terá problema algum em repelir um outro em situação de necessidade. Se alguém estiver se afogando, deixe que se afogue. Se alguém estiver chorando, deixe que chore. Se alguém perder o seu cartão de embarque, olhe para o outro lado. Essas são reações que eu chamaria de egoístas, e são completamente opostas ao envolvimento empático. A empatia nos liga à situação do outro. Sim, extraímos prazer do ato de ajudar outras pessoas, mas uma vez que esse prazer nos atinge *via* o outro, e *apenas* via o outro, o ato é genuinamente orientado para o outro.

Quão altruísta é o altruísmo?[47] Não há uma boa resposta para essa eterna questão, já que os neurônios-espelho apagam a distinção entre o eu e o outro e a empatia dissolve as fronteiras entre as pessoas. Se parte do outro reside dentro de nós, se nos sentimos unidos a ele como se fôssemos um só, então o ato de melhorar a vida do outro automaticamente repercute dentro de nós. E pode ser que isso não seja verdade somente em relação aos humanos. É difícil ver por que razão um macaco escolheria sistematicamente os resultados pró-sociais, em vez dos resultados egoístas, se não houvesse algo intrinsecamente recompensador em relação aos primeiros.

Talvez eles também se sintam bem fazendo o bem.

5. O elefante na sala

Ao ver-se no espelho pela primeira vez, o chimpanzé abriu a boca, espantado, e ficou olhando para o vidro com uma expressão questionadora e curiosa, como a se perguntar, silenciosamente, mas com eloquência: "De quem é esse rosto que vejo aí?".[1]

NADIA KOHTS, 1935

É de se imaginar que a aproximação de um elefante seja algo claramente audível. Mas, estivéssemos parados a suar na clareira de uma floresta na Tailândia e um deles se aproximasse pelas nossas costas, não sentiríamos vibração alguma e nada ouviríamos. É que os elefantes são muito flexíveis, caminhando sobre almofadas de veludo e ao mesmo tempo se desviando cuidadosamente dos galhos e folhas que poderiam estalar sob suas patas. São de fato animais extraordinariamente elegantes.

E também perigosos. O Departamento de Estatísticas do Trabalho dos Estados Unidos classifica a profissão de tratador de elefantes como a mais perigosa que existe. Somente na Tailândia, mais de cinquenta *mahouts* (tratadores ou treinadores de elefantes) são mortos todos os anos. Um dos perigos reside na velocidade inesperada desses animais. Outro problema é a sua imagem de animal fofinho, gostoso de abraçar e de acariciar, que faz com que as pessoas simpatizem com eles e baixem a guarda. O apelo espantoso que os elefantes exercem sobre os humanos já era testemunhado na Roma antiga, cuja população não era exatamente conhecida pela sua sensibilidade. Plínio, o Velho, descreveu a reação da multidão diante do tratamento brutal infligido a vinte elefantes na arena:

> [...] quando já tinham perdido toda esperança de escapar, tentaram ganhar a compaixão da multidão por meio de gestos indescritíveis de súplica, lastimando-se por seu destino com um lamento de dor tão pesaroso que o público esqueceu-se do general e da prodigalidade calculada de sua homenagem ao povo e, irrompendo em lágrimas, levantou-se como se fosse um só corpo, lançando pragas sobre a cabeça de Pompeu.[2]

Com anatomia tão diferente da nossa, a naturalidade com que os elefantes despertam a solidariedade humana levanta uma vez mais o problema da correspondência. Como mapeamos os corpos deles com os nossos? Reconhecemos como hostis os movimentos rígidos e agitados que eles fazem com as trombas. Reconhecemos também a docilidade com que eles esfregam a tromba uns nos outros, tateando, com essa parte do corpo, o interior da boca de seus companheiros. Acima de tudo, reconhecemos o divertimento deles quando se abalroam numa poça d'água, totalmente enlameados, empurrando-se até escorregarem, e revirando os olhos para deixar o branco à mostra, dando a impressão de que ficaram loucos. Os elefantes parecem ter senso de humor.

Eu tinha ido ao norte da Tailândia visitar um aluno, Joshua Plotnik, que estuda o comportamento social dos elefantes. Josh estava desenvolvendo sua pesquisa no Elephant Nature Park, perto de Chiang Mai, e também no Centro de Conservação Thai Elephant, nas proximidades de Lampang. Eu já tinha visto elefantes africanos na savana. Mas a grande diferença era que agora eu *não* estava sentado num jipe. Eu estava lá, bem perto desses poderosos elefantes asiáticos, com seus guinchos trombeteantes e seu ribombar prolongado e profundo, e senti imediatamente o quanto a espécie humana é minúscula e vulnerável.

Os elefantes são animais magníficos. Mas a situação deles na Tailândia é preocupante, em consequência da mudança de costumes. Milhares de elefantes eram empregados na extração da madeira, mas uma inundação devastadora causada pelo desmatamento levou à proibição da atividade madeireira em todo o país em 1989. Isso criou uma necessidade urgente de proteção desses animais, uma vez que seus antigos donos já não podiam arcar com seu sustento. Além disso, muitos elefantes foram vítimas das minas terrestres na fronteira entre a Tailândia e Mianmar. Hoje em dia, um grande número de elefantes são empregados para educar o público, cada um deles controlado dia e noite por um *mahout* pessoal. Essa é a única maneira de cuidar desses animais, excluindo-se a opção de soltá-los. A última opção pode parecer preferível, mas num país populoso como a Tailândia, e considerando-se o perigo representado por esses animais, a "libertação" deles significaria quase certamente a morte.

É como se tivéssemos um trator na nossa garagem, capaz de ligar a si mesmo a qualquer momento e sair por aí demolindo pequenas casas, esmagando pessoas e arrancando a vegetação. Ninguém gostaria de ter nas mãos essa responsabilidade, e, num cenário urbano, um elefante seria pouco diferente disso. Por essa razão, eles são mantidos sob controle, e é realmente necessário que seja assim. Fiquei muito impressionado com o compromisso das pessoas que preservam os elefantes nos parques. Os animais ficam juntos em semiliberdade e participam de shows e treinamentos, incluindo apresentações "orquestrais" com xilofones e encenações sobre a utilização histórica dos elefantes na indústria madeireira. Essas apresentações garantem a manutenção desses animais nos parques e santuários. Em alguns deles, os ecoturistas podem pagar pelo privilégio de recolher o esterco dos elefantes.

Que outro animal seria capaz de gerar tamanha devoção?

ONTOGENIA E FILOGENIA

Dois elefantes adolescentes no Centro de Conservação Thai Elephant apanham sem esforço uma pesada tora de madeira com suas presas, cada um numa ponta, e envolvem o tronco com as trombas para impedir que ele role. Em seguida, caminham em perfeita sincronia, carregando a tora entre eles enquanto os dois *mahouts* montados sobre suas cabeças permanecem sentados, rindo, conversando, olhando em volta e, certamente, sem controle algum dos movimentos dos dois animais. É evidente que o treinamento faz parte desse quadro, mas não se pode treinar qualquer animal para alcançar esse grau de coordenação. É possível treinar os golfinhos a saltarem em sincronia porque eles já o fazem em seu habitat natural. Da mesma maneira, pode-se ensinar os cavalos a correrem no mesmo ritmo porque os cavalos selvagens também se mostram capazes de fazê-lo. Pela mesma razão, pode-se treinar dois elefantes para apanharem um tronco e transportá-lo para outro lugar, andando no mesmo passo e baixando o tronco ao mesmo tempo para depositá-lo numa pilha sem fazer um som, porque os elefantes selvagens são extraordinariamente coordenados. É claro que os elefantes selvagens não apanham troncos, mas são capazes de realizar ações coordenadas para ajudar um companheiro ferido ou um filhote necessitado.

Encontrei um tipo diferente de cooperação no Elephant Nature Park, onde uma elefanta cega andava sempre junto de uma amiga que tinha a visão normal. As duas fêmeas não eram aparentadas, mas pareciam gêmeas siamesas. A elefanta cega dependia claramente da outra, que parecia compreender isso. Quando esta se afastava, podia-se ouvir os sons profundos produzidos pelas duas, incluindo um barrido trombeteante que indicava à companheira cega o paradeiro da outra. Esse espetáculo ruidoso continuava até que elas se reunissem novamente. Então, seguia-se uma intensa troca de cumprimentos, com as duas fêmeas abanando as orelhas, tocando-se e cheirando uma à outra.

Todo mundo presume que esses animais são muito inteligentes, embora existam poucas comprovações oficiais disso. Os estudos realizados com macacos e grandes primatas, que revelam o que essas espécies compreendem, raramente são feitos com elefantes, pela razão simples de que é muito difícil trabalhar com eles. Que universidade poderá um dia montar um laboratório de elefantes? Qualquer pessoa que pretenda testar os elefantes terá que trabalhar em países com um histórico de controle desses animais, como a Tailândia e a Índia, ou então nos zoológicos. Antes de ir para a Tailândia, Joshua trabalhou no Zoológico do Bronx, em Nova York, onde participou do primeiro experimento com elefantes utilizando um espelho gigantesco.

Esse experimento nasceu do nosso interesse pela empatia. Um grau avançado de empatia é impensável sem uma noção de "eu", e é exatamente a presença dessa noção de "eu" que os experimentos com espelho permitem determinar. Talvez os elefantes sejam os animais mais empáticos que existem, de maneira que estávamos curiosos para ver se eles tinham suficiente consciência de si para reconhecer seu reflexo no espelho. Essa capacidade foi prevista décadas atrás por Gordon Gallup,[3] o psicólogo que demonstrou pela primeira vez que os grandes primatas se reconhecem no espelho (ao passo que os macacos não o fazem).

Se eu me aproximar dos meus macacos-pregos usando óculos escuros, alguns me ameaçarão como se não me reconhecessem, mas isso logo se transformará em curiosidade. Mas eles nunca usam o reflexo nas lentes para inspecionar seus próprios corpos. Eles simplesmente não entendem o que é que estão vendo. Isso é muito diferente do que ocorre com os grandes primatas, que, assim que veem os meus óculos escuros, começam a fazer caretas, olhando para as lentes. Eles nunca ficam confusos em relação a quem eu sou (eu poderia chegar literalmente vestido de mulher e eles ainda saberiam que sou eu),[4] mas ficam sacudindo a cabeça na minha direção até eu tirar os óculos e aproximá-los deles como se fossem pequenos espelhos. As fêmeas se viram para olhar seus traseiros — uma parte essencial de sua anatomia, que elas nunca conseguem ver — e abrem a boca para examinar seu interior, cutucando os dentes. Qualquer um que já tenha visto um grande primata fazendo essas coisas percebe que o animal não está abrindo a boca ou virando o corpo por acaso: seus olhos acompanham cada um de seus movimentos no espelho.

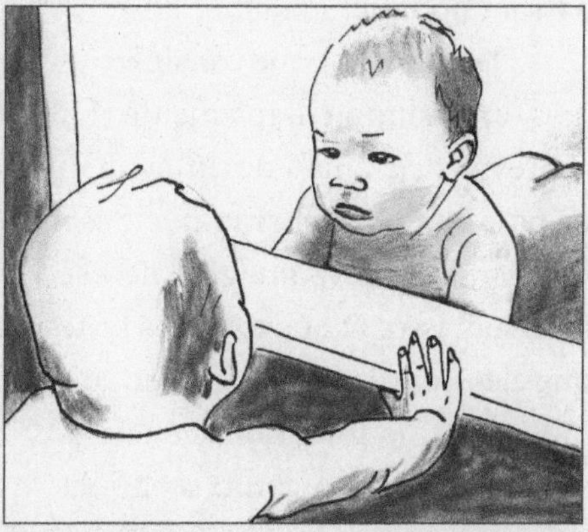

Os bebês humanos só conseguem reconhecer-se no espelho entre os dezoito meses e os dois anos de idade, aproximadamente.

Gallup acreditava que todo animal com o cérebro grande e um grau desenvolvido de empatia deveria ser capaz de fazer o mesmo. Mas o que isso tem a ver com a empatia? O que os espelhos nos revelam em relação às habilidades sociais? Parte da resposta pode ser encontrada no desenvolvimento da criança. Os bebês humanos não se reconhecem no espelho imediatamente. Uma criança de um ano de idade mostra-se tão confusa quanto muitos animais diante do "outro" no espelho, quase sempre sorrindo, batendo a mão afetuosamente na imagem refletida e até mesmo beijando-a. Geralmente elas passam no *teste da marca* aos dois anos de idade, quando esfregam uma pequena mancha de maquiagem aplicada em seu rosto ao ver o próprio reflexo no espelho. As crianças não sabem que uma marca foi feita em seu rosto, de maneira que, quando elas se olham no espelho e tocam a marca com as mãos, podemos ter certeza de que elas associam a imagem no espelho ao próprio corpo.

Por volta da mesma idade, as crianças se tornam sensíveis à maneira como os outros olham para elas, começam a demonstrar vergonha, a usar os pronomes pessoais ("É meu!" ou "Olhe para mim!") e a desenvolver jogos de faz de conta. Esses aspectos do desenvolvimento estão interligados. As crianças que passam no teste da marca brincam mais de faz de conta e usam mais frequentemente os pronomes "eu" e "mim" do que as crianças que não passam no teste.

Devo admitir que considero as reações no espelho em si mesmas um assunto relativamente chato. Elas não têm relação com a sobrevivência e não desempenham praticamente nenhum papel na natureza. Existem inúmeras espécies de animais que não reconhecem a própria imagem no espelho e que vivem muitíssimo bem sem isso. O que torna os testes com espelhos fascinantes é o que eles nos dizem sobre o modo como um indivíduo se situa no mundo. Uma forte consciência do "eu" permite que ele trate a situação do outro como separada da sua. Quando uma criança bebe água de um copo e em seguida dá de beber à boneca, ela sabe perfeitamente bem que as bonecas não bebem. Mas a criança se deleita em atribuir estados emocionais à boneca, que é um semelhante e, ao mesmo tempo, alguém diferente. A criança brinca de desempenhar papéis, e uma boneca nunca faz objeções às suas fantasias. A boneca sente sede, chora ou fica sonolenta, conforme o desejo da criança, e é uma parceira perfeita para seu jogo de faz de conta.

Levando em conta que todas essas habilidades emergem ao mesmo tempo que o autorreconhecimento no espelho, levantarei a *hipótese da coemergência*.[5] O grau avançado de empatia faz parte do mesmo pacote. Isso foi amplamente testado nas crianças suíças por Doris Bischof-Köhler. Em seu estudo, uma criança comia um queijo cremoso perto de um adulto instruído a manifestar sinais de tristeza porque sua colher tinha se quebrado. A criança podia oferecer-lhe uma colher sobressalente deixada sobre a mesa ou a sua própria colher. Algumas crianças tentaram alimentar o parceiro com a colher quebrada. Em outro teste, o adulto arrancava "sem querer" a perna do seu urso de pelúcia e fingia chorar durante alguns minutos. As crianças que consertaram o urso, ofereceram outro brinquedo ao adulto ou ficaram perto dele fazendo contato de olho, foram consideradas pró-sociais. Quando as mesmas crianças foram testadas com espelhos, o resultado mostrou-se inteiramente condizente com a hipótese da coemergência.[6] As crianças que haviam agido de forma pró-social passaram no teste, enquanto aquelas que não haviam oferecido nenhuma assistência ao adulto foram reprovadas.

Por que a preocupação com os outros começa com a consciência de si? Existem muitas respostas vagas para essa questão, que seguramente a neurociência poderá esclarecer um dia.[7] Vou oferecer a minha própria tentativa de explicação, afirmando que o grau avançado de empatia requer tanto o espelhamento mental quanto a separação mental. O espelhamento possibilita que a visão de outra pessoa num estado emocional particular induza em nós um estado semelhante. Sentimos a dor dessa pessoa, ou seu sentimento de perda, de prazer, de indignação, e assim por diante, por meio das chamadas representações partilhadas. Os estudos de neuroimagem mostram que os nossos cérebros são ativados de forma semelhante aos das pessoas com quem nos identificamos. Trata-se de um mecanismo ancestral e automático, que aparece muito precocemente na vida de um indivíduo e provavelmente caracteriza todos os mamíferos. Mas a espécie humana vai além disso, e é aí que entra a separação mental. Nós separamos o nosso próprio estado mental do estado mental das outras pessoas. Não fosse assim, seríamos como a criança pequena que chora ao ouvir outra criança chorar, mas não consegue distinguir o próprio sofrimento do sofrimento do outro. Como ela poderia cuidar do outro se não pudesse sequer identificar de onde vêm seus sentimentos? Nas palavras do psicólogo Daniel Goleman, "a autoabsorção destrói a empatia".[8] A criança necessita desembaraçar-se do outro para poder localizar a verdadeira fonte de seus sentimentos.

Notem que não estou falando de autorreflexão e nem de introspecção, pois não temos como saber se as crianças no estágio pré-verbal ou os animais possuem esse tipo de consciência de si. Mesmo em relação à espécie humana, não estou tão convencido quanto certos cientistas de que o modo como as pessoas respondem às perguntas sobre si mesmas revela realmente o que é a experiência delas. Mais interessante do que a autorreflexão é a delimitação entre o eu e o outro. Será que nos vemos como entidades independentes? Sem uma noção de "eu", não teríamos amarração. Seríamos como pequenos barcos flutuando e afundando juntos. Ficaríamos subindo e descendo ao sabor de cada nova onda de emoção. O nosso interesse genuíno por outra pessoa e a condição de oferecer-lhe ajuda quando necessário requer que possamos manter o nosso próprio barco estável. A noção de "eu" funciona como âncora.

Há muito tempo, antes que se soubesse de tudo aquilo que foi dito acima, Gallup formulou a hipótese de que o modo como uma espécie processa a informação no espelho revela algo a respeito da sua consciência de si. É de se esperar que certas capacidades cognitivas só estejam presentes nas espécies que reconhecem a si mesmas, afirmou ele. Essa ideia faz pensar no que acontece durante o desenvolvimento da criança, de forma que me lembrei de um clássico livro de Stephen Jay Gould, *Ontogeny and phylogeny*, que discute as comparações entre o desenvolvimento individual (ontogenia) e a evolução da espécie (filogenia).[9] Embora os dois processos se refiram a escalas de tempo extremamente diferentes, existem paralelos impressionantes entre um e outro. Da mesma maneira, a hipótese da coemergência postula paralelos entre a ontogenia e a filogenia, propondo que as capacidades que se desenvolvem ao mesmo tempo numa criança de dois anos de idade tenham também evoluído ao mesmo tempo em algumas espécies animais.

Caso isso seja verdadeiro, as espécies que se reconhecem no espelho apresentariam um grau avançado de empatia, mostrando-se capazes de compreender a perspectiva do outro e de oferecer ajuda para necessidade específica. Nas espécies que não reconhecem a si mesmas, por outro lado, essas capacidades estariam ausentes. Essa é uma ideia testável, e Gallup considerou que os principais candidatos a serem examinados, excluindo os grandes primatas, seriam os golfinhos e os elefantes.

Os golfinhos foram os primeiros a confirmar o que ele havia previsto.

GRANDESSÍSSIMOS IDIOTAS

Ninguém pestaneja quando um *pop star* é chamado de "cabeça oca" ou quando ouve um presidente impopular dos Estados Unidos ser chamado de "chimpanzé" — embora os primatólogos estremeçam com essa última comparação. Mas em 2006, quando as manchetes dos jornais afirmaram que os golfinhos eram "burros" e "grandessíssimos idiotas", confesso que fiquei chocado. Isso é maneira de se falar de um animal que é tão venerado a ponto de existirem domínios da internet que trazem em seu nome a expressão "*smart dolphin*" (golfinho inteligente)?

Isso não quer dizer que deveríamos acreditar em tudo o que se diz a respeito deles. Por exemplo, a afirmação de que os golfinhos "sorriem" é falsa (eles não têm os músculos faciais necessários para esse tipo de expressão) e tudo o que a ciência parece ter descoberto conversando com eles em "golfinês" é que os machos solitários demonstram grande interesse pelos pesquisadores do sexo feminino.

A despeito disso, dizer que os golfinhos são burros é ir longe demais. No entanto, foi essa a afirmação de Paul Manger, um neuroanatomista sul-africano que alegou que os cérebros relativamente grandes dos golfinhos se devem ao número preponderante de células gliais. As células gliais produzem calor, permitindo que os neurônios do cérebro desempenhem suas funções nas águas geladas do oceano. Manger não resistiu à tentação de acrescentar que a inteligência dos golfinhos e de outros cetáceos (como as baleias e as toninhas) é tremendamente superestimada. Ele ofereceu verdadeiras pérolas de sabedoria, afirmando, por exemplo, que os golfinhos são tão estúpidos que não conseguem saltar uma pequena barreira (quando são apanhados por uma rede para pescar atum, por exemplo), enquanto outros animais se mostram capazes de fazê-lo. Até mesmo um peixinho ornamental é capaz de pular para fora do aquário, observou ele.[10]

Sem entrar demasiadamente em minúcias técnicas — como o fato de que as células gliais acrescentam conectividade ao cérebro e o detalhe importante de que também os humanos têm um número muito maior de células gliais do que de neurônios propriamente ditos —, o comentário sobre o peixinho de aquário me lembrou uma estratégia frequentemente utilizada para subestimar a inteligência animal, que é a de "demonstrar" a presença de proezas cognitivas em espécies de cérebro pequeno. Se um rato ou um pombo são capazes de determinado comportamento, então esse comportamento não tem nada de especial. Desta maneira, para enfraquecer as afirmações de que os grandes primatas têm habilidades para a linguagem, os pombos foram treinados a "conversar" bicando uma chave que transmite informação a outro pombo, que responde ao primeiro bicando a chave que diz "Obrigado!". Os pombos foram também condicionados a alisar suas penas com o bico diante do espelho para fortalecer a tese de que eles têm "consciência de si".[11]

É evidente que os pombos são treináveis. Mas alguma dessas "proezas" por acaso se compara ao comportamento de Presley, um golfinho do New York Aquarium que, sem nenhuma recompensa ou instrução, disparou em direção a um espelho colocado em seu tanque ao receber uma marca de tinta? Ele ficou dando voltas diante do espelho, do mesmo jeito que nós fazemos num provador de roupas, parecendo examinar-se minuciosamente.

O teste do espelho com os golfinhos foi realizado por Diana Reiss e Lori Marino. A variação do teste da marca proposta para esses animais era na verdade mais rigorosa do que os testes do mesmo tipo realizados anteriormente com crianças e grandes primatas, uma vez que incluía uma marca "falsa". Os pesquisadores fizeram inicialmente uma marca invisível em dois golfinhos criados em cativeiro, usando água em vez de tinta, antes de usarem marcas visíveis. Nesse teste, é essencial que a marca seja feita numa parte do corpo (um pouco acima do olho, por exemplo) que permaneça invisível para o animal sem o auxílio de um espelho. O único meio de ele descobrir que foi marcado é vendo-se a si mesmo no espelho e relacionando a imagem refletida com o seu próprio corpo.

Os golfinhos passaram muito mais tempo diante do espelho, inspecionando seu reflexo, nas situações em que haviam recebido uma marca visível do que quando haviam recebido uma marca falsa. Eles pareceram reconhecer que a marca que viam no espelho fora feita em seus próprios corpos. Levando em conta que eles quase nunca prestavam atenção às marcas feitas em outros golfinhos, não se tratava de que demonstrassem interesse pelas marcas em geral. Eles estavam interessados especificamente nas marcas em seus corpos. Os críticos se queixaram de que, nesse estudo, os golfinhos não tocaram o próprio corpo e nem esfregaram a marca para removê-la, como fazem os humanos e os grandes primatas, mas esse não me parece um argumento válido, uma vez que a anatomia dos golfinhos não permite esse tipo de comportamento. Até que testes mais confiáveis sejam desenvolvidos, parece seguro incluir os golfinhos na elite cognitiva dos animais que se reconhecem no espelho.

Os golfinhos possuem cérebros grandes (maiores que os cérebros humanos, de fato) e demonstram muitos sinais de inteligência elevada.[12] Cada indivíduo produz o seu próprio assobio, pelo qual é reconhecido pelos outros. Há indícios de que eles utilizam esses sons para chamar uns aos outros "pelo nome", por assim dizer. Eles desfrutam de laços que duram a vida toda e, depois das brigas, se reconciliam trocando carícias sexuais (como fazem os bonobos). Os machos formam alianças para aumentar seu poder. Eles podem cercar um cardume de arenques para obrigá-los a formar uma massa compacta. Depois disso, os golfinhos os apanham como se fossem frutas numa árvore.

É fato bem conhecido que os golfinhos que vivem em cativeiro às vezes enganam seus tratadores. Treinada para recolher o lixo em seu tanque, uma fêmea começou a receber um número de peixes cada vez maior como recompensa, até que se descobriu que ela escondia itens grandes como caixas de papelão e jornais, e rasgava pequenos pedaços deles, entregando-os um a um ao seu treinador.

Sejam as células gliais predominantes ou não, o fato é que existem toneladas de observações sobre a inteligência desses animais. Ainda assim, devo admitir que toda essa polêmica, que deixou os especialistas em golfinhos muito contrariados,[13] forneceu-me alguns novos insights. De agora em diante, se eu encontrar meu peixinho dourado se debatendo no chão, terei de cumprimentá-lo antes de colocá-lo de volta no aquário.

Em relação à hipótese da coemergência, é importante chamar a atenção para o nível de altruísmo entre os golfinhos. Será que a consciência de si caminha de mãos dadas com a compreensão da perspectiva do outro? Os golfinhos demonstram o tipo de ajuda para necessidade específica observado nos humanos e nos grandes primatas? Um dos mais antigos relatos da literatura científica fala de um incidente ocorrido em 30 de outubro de 1954, perto da costa da Flórida. Durante uma expedição para capturar animais para um aquário público, uma banana de dinamite foi detonada debaixo d'água, perto de um bando de golfinhos-nariz-de-garrafa. Assim que uma das vítimas veio à tona, completamente atordoada, dois outros golfinhos foram em seu auxílio: "Eles subiram até perto da superfície, colocando-se cada um de um lado do golfinho ferido, e, apoiando a la-

Dois golfinhos foram vistos ajudando uma vítima atordoada pela explosão de dinamite. Eles o mantiveram à tona de tal maneira que seu espiráculo — o orifício por onde os golfinhos respiram — ficasse acima da superfície. Enquanto isso, seus próprios espiráculos ficaram abaixo da superfície da água.

teral de suas cabeças sob as nadadeiras peitorais do companheiro, mantiveram-no à tona para permitir que ele respirasse enquanto ainda estava tonto". Os dois ajudantes ficaram submersos, o que significa que não puderam respirar durante seu esforço para salvar o golfinho atingido. O grupo inteiro permaneceu por perto (os golfinhos costumam fugir às pressas imediatamente após uma explosão) e esperou até que seu companheiro tivesse se recobrado. Então eles desapareceram rapidamente, dando grandes saltos. Os cientistas que relataram esse incidente acrescentaram: "Não temos dúvidas de que se tratou de um episódio real de ajuda cooperativa e deliberada pelos outros membros da espécie".[14]

Relatos de ajuda de proporções gigantescas existem desde a Grécia antiga.[15] As baleias podem se interpor entre o barco de um caçador e uma companheira ferida, ou fazer o barco virar. De fato, a tendência das baleias a ajudar as companheiras é tão previsível que os caçadores se aproveitam disso. Quando um grupo de baleias cachalote é avistado, tudo o que o atirador precisa fazer é atingir uma delas. Os outros membros do grupo cercam o navio, golpeando a água com as caudas, ou fazem um círculo ao redor da companheira ferida numa formação conhecida como "a margarida". O atirador, então, não tem nenhuma dificuldade em capturá-las uma por uma. Poucos animais seriam apanhados numa cilada coletiva como essa.

Há muitas histórias de nadadores salvos pelos golfinhos ou pelas baleias. Há também relatos de pessoas que foram protegidas contra os tubarões ou mantidas à superfície da mesma forma como esses animais fazem uns com os outros. A ajuda entre espécies diferentes é um fenômeno muito interessante, incluindo-se aí os casos dos grandes primatas não humanos que salvam pássaros, e também o caso de um cachorro que foi salvo por uma foca. Este último ocorreu em Middlesbrough, na Inglaterra, onde um velho cão, que mal conseguia manter a cabeça fora d'água, foi empurrado até a praia por uma foca. De acordo com uma testemunha, "Uma foca surgiu não se sabe de onde, aproximou-se do cachorro por trás e realmente o empurrou. O cão não teria sobrevivido se não fosse a ajuda daquela foca".[16]

Obviamente, a tendência a prestar ajuda não evoluiu para beneficiar outras espécies, mas uma vez desenvolvida, tornou-se possível empregá-la livremente para essa finalidade. Isso vale também para a ajuda praticada pelos humanos em defesa dos mamíferos marinhos. Por exemplo, quando ativistas indignados defendem as baleias dos caçadores (é difícil imaginá-los fazendo o mesmo pelas águas-vivas gigantes), ou quando uma multidão de pessoas se reúne para salvar as baleias encalhadas, mantendo o corpo delas molhado com toalhas e empurrando-as de volta para o oceano quando a maré sobe. Trata-se de um ato de altruísmo genuíno por parte da nossa espécie, pois é uma ação que exige um esforço enorme.

Num dos mais impressionantes casos de ajuda entre espécies diferentes, uma baleia pareceu ter compreendido o esforço das pessoas para socorrê-la, o que pode sugerir a capacidade de ver as coisas da perspectiva do outro. Beneficiar-se com a ajuda recebida é uma coisa, mas demonstrar gratidão é outra bem diferente.

Num domingo gelado de dezembro, em 2005, uma baleia jubarte foi avistada perto da costa da Califórnia, presa às cordas de náilon usadas pelos pescadores de caranguejos. Ela tinha aproximadamente quinze metros de comprimento. A equipe de salvamento não estava nada otimista, em razão do grande número de cordas (aproximadamente vinte) que prendiam a baleia e provocavam cortes na gordura do animal. A única maneira de libertá-la seria mergulhar para cortar as cordas. Os mergulhadores passaram cerca de uma hora fazendo isso. Naturalmente, essa era uma empreitada hercúlea e arriscada, levando-se em conta a força da cauda da baleia. O mais surpreendente ocorreu quando a baleia percebeu que estava livre. Em vez de deixar o local, o gigantesco animal ficou nadando em círculos, aproximando-se cuidadosamente de cada um dos mergulhadores. Ela encostou o focinho num deles, depois se moveu em direção a outro, até que tivesse tocado todos eles. James Moskito descreveu a experiência:

> Senti que ela estava nos agradecendo, pois sabia que estava livre e que nós a tínhamos ajudado. Ela parou a menos de meio metro de mim, intimidando-me um pouquinho e parecendo se divertir com isso. Mostrou-se mansa e afetuosa, como um cachorro que fica contente em nos ver. Não me senti ameaçado em momento algum. Foi uma experiência impressionante e inacreditável.[17]

Jamais saberemos o que a baleia estava dizendo e se ela estava realmente grata, o que exigiria que ela compreendesse o esforço humano feito em seu benefício. Será que as baleias se encaixam na hipótese da coemergência? Infelizmente (ou talvez, felizmente), alguns animais são grande demais para ser submetidos a experimentos, mesmo aqueles relativamente simples como o teste do espelho. Esse teste já é suficientemente desafiador com os elefantes, que são muito menores do que as baleias e, além disso, vivem em terra firme.

Já tínhamos muita sorte de poder contar com Happy.

HAPPY

O site de uma conferência intitulada "O que nos torna humanos?" exibia entrevistas realizadas nas ruas com cidadãos americanos. As respostas típicas incluiam "Ser humano significa importar-se com os outros", ou "Somos os únicos que têm sensibilidade aos sentimentos dos outros".[18] Os entrevistados eram pessoas leigas, é claro, mas muitas vezes esse é exatamente o tipo de coisa que eu escuto dos meus colegas cientistas. Michael Gazzaniga, um importante neurocientista, começa um ensaio sobre o cérebro humano com as seguintes palavras:

> Sempre sorrio quando escuto Garrison Keillor dizer "Um bom dia para todos vocês, façam um bom trabalho e mantenham-se em contato". É um sentimento tão simples e, no entanto, é também tão complexo. Os outros primatas não têm esse tipo de sentimento. Pense nisso. A nossa espécie adora desejar o bem às pessoas, e não o mal. Ninguém nunca diz "tenha um dia ruim" ou deseja "péssimo trabalho" aos outros. Quanto a manter-se em contato, isso é o que a indústria de telefones celulares descobriu que fazemos o tempo todo, mesmo quando não há nada acontecendo.[19]

É verdade, expressar esse tipo de sentimento verbalmente é uma coisa humana, assim como é humana a invenção do telefone celular, mas por que partir do princípio de que há algo de novo nesses sentimentos? Será que os grandes primatas desejam sempre um dia ruim aos seus semelhantes? A linha de raciocínio padrão continua sendo essa, mesmo entre os cientistas que reconhecem a longa história evolutiva do cérebro humano, inclusive as áreas mais antigas dedicadas à afeição e ao vínculo. Posso ficar indefinidamente oferecendo contraexemplos, mas receio que eles comecem a se tornar repetitivos. Também não quero dar a impressão de que só o que vejo por aí é o comportamento amável. Entre os animais, há muitas demonstrações de superioridade, de competição, de ciúme e há também comportamentos sórdidos. O poder e a hierarquia têm um papel tão central na sociedade dos primatas que eles vivem sempre na iminência de um conflito. Ironicamente, as mais espantosas manifestações de cooperação ocorrem durante as lutas, quando os primatas defendem um ao outro, ou logo em seguida delas, quando as vítimas são confortadas. Isso significa que para uma boa parte das demonstrações de gentileza, algum incidente desagradável precisa ter ocorrido antes.

Uma vez esclarecido isso, as evidências avassaladoras de que os animais "querem bem um ao outro" (pelo menos parte do tempo) são como o proverbial elefante na sala em todo debate sobre a natureza humana. Eu adoro essa expressão inglesa, que serve para nos referirmos a uma verdade evidente e de proporções gigantescas, que, por ser considerada inconveniente, continua a ser ignorada. Desde a infância, as pessoas sabem que os animais têm sentimentos e se importam com os outros, mas suprimem intencionalmente esse conhecimento. De que maneira e por que razão a metade das pessoas abandona essa convicção quando adquirem peitos ou barba é algo que jamais entenderei. Mas o resultado disso é a falácia generalizada de que a nossa espécie é única no que diz respeito a esse tipo de sentimento. Somos humanos, e somos humanitários também, mas a ideia de que o "humanitário" possa ter surgido antes do "humano" e de que a nossa gentileza possa fazer parte de um quadro muito maior definitivamente ainda não se popularizou.

A verdade é que não estou particularmente interessado em demonstrar a empatia animal, uma vez que, do meu ponto de vista, a questão essencial não é saber *se* os animais têm empatia, e sim *como* ela funciona. Suspeito que ela funcione da mesma maneira nos humanos e nos outros animais, embora nos primeiros ela possa se mostrar um tanto mais complexa. Mas o que importa é seu mecanismo central, assim como as circunstâncias que ligam e desligam a empatia. Por essa razão, eu me sinto irresistivelmente atraído pelo elefante na sala, tenho vontade de cutucá-lo e examiná-lo para determinar do que ele é feito. Espero não fazê-lo como os seis homens cegos do Indostão, que não chegaram a um acordo a respeito de nenhuma das partes do bicho,[20] e sim como um cientista que reúne o conhecimento disponível em sua época para tentar explicar como um membro de uma espécie vem a se preocupar com seu semelhante.

Os elefantes são bem conhecidos por isso. Não é preciso que eles tenham uma relação genética com outro indivíduo para ajudá-lo, como no caso da elefanta cega e de sua amiga, que nasceram em lugares diferentes. O mesmo ocorre com os elefantes em seu habitat natural, onde animais não aparentados às vezes ajudam um outro a se levantar, como na descrição abaixo de uma matriarca chamada Eleanor, que estava morrendo numa reserva no Quênia:

> Eleanor foi encontrada arrastando no chão a tromba intumescida. Depois de ficar parada por certo tempo, ensaiou alguns passos vagarosos e tombou pesadamente no chão. Dois minutos depois, Grace [matriarca de outro grupo] aproximou-se rapidamente, com a cauda levantada e jorrando secreção da glândula temporal. Com suas presas, levantou Eleanor, colocando-a de pé novamente. Eleanor conseguiu permanecer de pé por um breve instante, mas tremia muito. Grace tentou fazer com que ela caminhasse, empurrando-a, mas Eleanor caiu novamente. Grace ficou muito tensa e começou a emitir barridos, cutucando Eleanor e tentando empurrá-la com suas presas.[21]

O que me fascina nestes e em outros casos é a manifestação dos dois aspectos da ajuda para necessidade específica. Primeiro, os elefantes entram num estado de alerta caracterizado por uma série de sinais de estresse que indicam contágio emocional: eles vocalizam ruidosamente, urinam, produzem grandes quantidades de secreção glandular, levantam a cauda e abrem as orelhas. Depois disso vem a parte inteligente, em que eles oferecem a ajuda apropriada à situação, como na tentativa de Grace de levantar uma companheira de três toneladas caída no chão. Num outro caso, a bióloga americana Cynthia Moss, especialista em animais selvagens, testemunhou a reação dos outros elefantes quando Tina, uma fêmea jovem, foi atingida no pulmão pelo tiro de um caçador. Quando os joelhos de Tina começaram a se dobrar, os membros de sua família inclinaram o corpo na direção dela, tentando mantê-la de pé. Mas ela acabou morrendo, e depois disso "os outros se afastaram, colheram uma braçada de capim com a tromba e tentaram empurrá-la para dentro de sua boca".[22]

Esse último detalhe é significativo, uma vez que sugere uma tentativa de resolver o problema. Pode não ser a solução adequada, mas não é a intenção que conta? Normalmente, os elefantes não enfiam comida na boca uns dos outros. Por que eles começariam a fazê-lo justamente com um membro do grupo que acabou de morrer? E por que não colocá-la na orelha de Tina, ou no seu traseiro? O que está em questão aqui é, uma vez mais, o problema da correspondência: os elefantes que tentavam ajudar Tina pareciam saber com que parte do corpo ela aceitaria comida em circunstâncias normais. Há outras observações semelhantes a essa, como a de um macho mais velho trazendo água de uma nascente para um companheiro moribundo, e borrifando-a sobre sua cabeça e suas orelhas, na tentativa de fazer com que ele bebesse. Esse é um comportamento extremamente incomum e sugere uma abordagem inteligente do problema do outro.

Milhares de pessoas assistiram a um programa de vida natural na televisão mostrando um bebê elefante que caíra dentro de um buraco de lama e não conseguia sair. Os elefantes em torno dele estavam agitadíssimos. O barulho dos barridos era ensurdecedor. A matriarca tentava resolver o problema, juntamente com outra fêmea. Uma delas conseguiu introduzir-se no buraco, de joelhos, no momento exato em que a lama começava a sugar o filhote, que fatalmente acabaria morrendo. As duas trabalharam juntas, colocando suas trombas e presas debaixo do elefantinho, até que conseguiram fazer com que a sucção se interrompesse. O filhote, então, arrastou-se para fora do buraco. Toda vez que esse filme é exibido para uma plateia, as pessoas começam a aplaudir assim que o filhote sai do buraco, sacudindo a lama do corpo como um cachorro desengonçado.

A maior parte dessas observações dizem respeito aos elefantes africanos, que, na verdade, são bastante diferentes dos asiáticos — não somente eles pertencem a outra espécie, como também fazem parte de um gênero separado. Apesar disso, os elefantes asiáticos apresentam o mesmo tipo de comportamento, como se pode ler num dos e-mails que Josh me enviou da Tailândia:

> Observei um episódio sensacional de ajuda para necessidade específica. Uma fêmea mais velha, de aproximadamente 65 anos, desabou no meio da noite. Estávamos numa região chuvosa e enlameada da floresta e tínhamos dificuldade para nos locomover. Imagino como era difícil para uma fêmea idosa e cansada levantar-se naquele local. Durante horas, os *mahouts* e os voluntários tentaram erguê-la. Enquanto isso, sua amiga Mae Mai, uma fêmea de 45 anos com quem ela não tinha qualquer parentesco, recusou-se a sair do lado dela. Digo "recusou-se", porque os *mahouts* tentaram tirá-la do caminho, oferecendo-lhe comida. Talvez ela tenha compreendido que a intenção desses homens era ajudar, porque depois de várias tentativas deles de levantar a fêmea idosa, primeiro com as mãos, e depois com a ajuda de outro elefante amarrado a ela, Mae Mai, num estado bastante agitado, colocou-se ao lado da amiga e, empurrando-a com a cabeça, tentou fazê-la ficar de pé. Mae Mai tentou repetidas vezes. Ao final de cada tentativa frustrada, chicoteava a tromba no chão e emitia barridos. Ela parecia seriamente empenhada em permanecer junto da amiga.
>
> Quando a fêmea morreu, alguns dias mais tarde, Mae Mai uri-

nou descontroladamente e começou a emitir urros estrondosos. Os *mahouts* derrubaram uma árvore para tentar erguer o animal com o tronco, mas Mae Mai obstruiu a passagem deles, impedindo que se aproximassem de sua companheira. Depois disso, ela passou dois dias vagando pelo parque, urrando o mais ruidosamente que podia e levando o resto da manada a responder com sons semelhantes.

Diferentemente da ajuda entre os primatas, que foi estudada sob diversos ângulos, dispomos apenas de relatos esparsos em relação aos elefantes. Ainda assim, as histórias vêm de tantas fontes diferentes e se mostram tão consistentes que elas não deixam a menor dúvida de que, a despeito de sua pele grossa, os elefantes são extremamente sensíveis. O objetivo do projeto de Josh na Tailândia é examinar como os elefantes vivendo em semiliberdade ajudam os companheiros em dificuldades (como um filhote assustado por uma cobra), e também as emoções despertadas no restante do grupo nessas situações. Os urros pesarosos emitidos por Mae Mai, que levaram os outros membros do bando a vocalizar também, é um exemplo ilustrativo do contágio emocional entre eles. Talvez o contágio emocional seja mais evidente nos elefantes do que na maioria dos animais. Quando um membro da manada manifesta medo, os outros esticam as caudas e abanam as orelhas. Em casos extremos, eles esvaziam as bexigas e os intestinos, sinais exteriores de envolvimento emocional que dificilmente passam despercebidos.

Isso explica também o nosso interesse pela reação dos elefantes diante do espelho. Formamos uma equipe com Diana Reiss, que desenvolvera os experimentos com os golfinhos, para ver se conseguíamos que a mesma coisa funcionasse com os elefantes. Parecia simples, até que paramos para pensar no tipo de espelho do qual iríamos precisar. Estávamos definitivamente "pensando grande", muito mais do que um estudo anterior que concluíra que os elefantes não passam no teste da marca.[23] Examinando esse estudo, não foi difícil encontrar alguns problemas. Em primeiro lugar, o espelho utilizado no teste era muito menor do que o corpo de um elefante. Além disso, ele foi colocado no chão, à distância, de modo que, mesmo com a melhor das visões (e pode ser que os elefantes não a tenham), é bem possível que a atenção dos elefantes tenha sido atraída principalmente para as suas patas. E, finalmente, o espelho ficava fora da jaula, separado por grades, de maneira que os elefantes não tinham como cheirá-lo, tocá-lo ou tatear o espaço atrás dele, como muitos animais gostam de fazer antes de continuar a interagir com esse objeto. Em resumo, o arranjo experimental utilizado anteriormente impedia que o animal explorasse mais a fundo esse instrumento inusitado.

Pudemos contar com a excelente cooperação do Zoológico do Bronx, que construiu para nós um espelho "tamanho jumbo". O gigantesco espelho de acrílico de dois metros e meio por dois metros e meio foi fixado a uma estrutura de metal, e contava também com uma capa resistente, para que pudéssemos escondê-lo. Não queríamos que os elefantes vissem o espelho quando não estivéssemos filmando suas reações. O espelho tinha uma câmera minúscula, que permitia que filmássemos tudo de perto. O mais importante é que o espelho era à prova de elefantes. Os animais podiam cheirá-lo, tocá-lo e até mesmo espiar atrás dele. Mesmo assim, eles ficaram um pouco entusiasmados demais ao fazer isso.

Maxine caminhou até o espelho e arremessou a tromba contra ele. Depois disso, começou a escalá-lo, colocando-se de pé nas patas traseiras para poder espiar sobre o muro onde o espelho fora fixado. Como todo mundo sabe, os elefantes não escalam, e foi a primeira vez que os tratadores, que tinham décadas de experiência, viram uma coisa desse tipo. Felizmente, o muro resistiu ao peso de toneladas apoiado contra ele. Caso isso não tivesse acontecido, nosso experimento teria terminado ali mesmo, com Maxine sendo perseguida em meio ao trânsito de Nova York!

Depois dessa tentativa de escalar o espelho, Maxine se colocou numa posição ridícula, abaixando-se completamente em seus "cotovelos" e com o traseiro e as patas de trás balançando no ar, enquanto tentava enfiar a tromba toda por baixo do espelho, numa demonstração de extrema vontade de compreender aquele objeto. Em momento algum os elefantes trataram seu reflexo no espelho como se fosse um outro membro da sua espécie. Isso é notável, uma vez que mesmo as crianças e os grandes primatas não humanos fazem isso quando veem o espelho pela primeira vez. É possível que o olfato desempenhe um papel mais decisivo para os elefantes, de maneira que a visão de "outro" elefante não faça sentido para eles na ausência dos sinais olfativos que acompanham isso.

Como os grandes primatas, eles usaram o espelho para inspecionar as partes do corpo que normalmente não ficam acessíveis à visão. Eles escancararam a boca diante do espelho, examinando-a com a tromba. Um deles agarrou a orelha com a tromba e a aproximou do espelho, olhando para a imagem refletida. Eles também fizeram movimentos estranhos de balanceio com o corpo, ou ficaram entrando e saindo repetidamente da frente do espelho, como se quisessem se certificar de que o seu reflexo se comportava da mesma maneira que eles. Esse tipo de teste, que chamamos de "comportamento repetitivo diante do espelho", é típico também dos grandes primatas. Era exatamente esse tipo de comportamento que estávamos esperando, uma vez que ele sugere que os animais tinham alguma ideia do que estavam vendo no espelho.

Preparamo-nos para o teste da marca, seguindo o mesmo procedimento da tinta falsa que Diana aplicara nos golfinhos. Um fabricante que nos forneceu a tinta branca para a marca do rosto preparou para nós uma outra lata com a mesma tinta, a única diferença entre elas sendo a alteração nesta última da fórmula de um único componente inodoro, o que fazia com que a segunda tinta não apresentasse pigmentação visível. Usando a tinta visível, pintamos um grande X do lado direito da cabeça dos elefantes. Com a tinta invisível, fizemos o mesmo do lado esquerdo.

Happy, uma fêmea de elefante asiático de 34 anos de idade, apresentou todos os comportamentos indicativos de que ela associara a sua imagem refletida consigo mesma. Primeiro ela caminhou diretamente na direção do espelho, onde permaneceu por dez segundos. Em seguida, ela se afastou. Ficamos desapontados. Mas ela retornou sete minutos depois, sem ter tocado a marca acima do olho. Entrou e saiu da frente do espelho algumas vezes. Depois disso, enquanto se afastava novamente, começou a tatear a marca visível. Então, retornou ao espelho e, diante dele, tocou a marca com a tromba diversas vezes, examinando-a. De acordo com nossas filmagens, Happy tateou a marca visível uma dúzia de vezes, sem ter tocado a marca invisível uma única vez.

Com um grande X branco pintado na sua testa, Happy caminhou até o espelho. Ela não poderia enxergar a marca sem o auxílio do espelho, mas começou a tocá-la com a tromba.

O mais sensacional é que, diferentemente dos golfinhos, os elefantes conseguem tocar o próprio corpo. Happy passou no teste da marca em todos os critérios usados para os grandes primatas e as crianças. Testamos dois outros elefantes, incluindo Maxine, e o mesmo não aconteceu. Isso é menos surpreendente do que pode parecer, uma vez que mesmo para o chimpanzé, que é o grande primata mais frequentemente testado, a proporção de indivíduos que passam no teste da marca está longe dos 100%, em alguns estudos não chegando sequer a 50%.

Observar Happy balançando a tromba em direção à marca branca que ela não tinha como saber que estava ali sem a ajuda do espelho, até que começasse a tocá-la cuidadosamente e com precisão, foi uma experiência memorável. Ficamos exultantes. Foi a primeira indicação de que os elefantes têm a mesma capacidade para o autorreconhecimento no espelho que os humanos, os golfinhos e os grandes primatas.

Para a mídia, o informe científico dessa descoberta veio num momento propício, em seguida à derrocada do Partido Republicano nas eleições de meio de mandato em 2006. O orgulhoso símbolo do partido é o elefante. Os jornais não resistiram a publicar charges mostrando um paquiderme ferido e enfaixado sentado à frente de um espelho, olhando com tristeza para si mesmo. Mas a abertura mais engraçada foi a de uma matéria da Associated Press, amplamente reproduzida: "If you're Happy and you know it, pat your head" [Se você é Happy e sabe disso, passe a mão na sua cabeça].

Assim, os elefantes parecem se enquadrar na hipótese da coemergência. Obviamente, precisamos compreender melhor o seu nível exato de empatia e é importante que outros elefantes sejam submetidos ao teste da marca. No momento, porém, as evidências observadas parecem encorajadoras. Além disso, é preciso examinar se esses achados são condizentes com os estudos do cérebro, uma vez que as pesquisas indicam que todos os mamíferos que se reconhecem no espelho possuem um tipo raro de célula nervosa.

Uma década atrás, uma equipe de neurocientistas demonstrou que os chamados *neurônios Von Economo*, ou neurônios fusiformes, são encontrados apenas nos hominoides (humanos e grandes primatas não humanos). Essas células nervosas se distinguem dos neurônios comuns por seu tamanho mais longo e seu formato de fuso. Os neurônios fusiformes alcançam camadas mais profundas do cérebro, o que os torna ideais para fazer a conexão entre os estratos distantes. John Allman, um membro da equipe, acredita que essas células são adaptadas para os cérebros de maior tamanho, acrescentando a eles a conectividade necessária. Na dissecação cerebral de um grande número de mamíferos, essas células foram encontradas apenas nos humanos e em seus parentes imediatos, mas estavam ausentes em todos os outros primatas, como os macacos.[24] Os neurônios von Economo são particularmente grandes e abundantes na nossa espécie, e são encontrados numa região cerebral que tem uma importância essencial em relação a traços considerados "humanos". A lesão dessa região específica resulta num tipo particular de demência caracterizada pela perda da compreensão da perspectiva do outro, da empatia, da vergonha, do humor e da noção de futuro.[25]

Em outras palavras, quando os humanos perdem suas células fusiformes, eles perdem quase todas as capacidades que fazem parte da hipótese da coemergência. Não temos certeza se essas células são diretamente responsáveis por essas capacidades, mas acredita-se que elas formam a base da circuitaria cerebral que essas capacidades requerem. Assim, se as células fusiformes desempenham um papel tão vital naquilo que diferencia os humanos e os grandes primatas do restante do reino animal, a pergunta evidente que surge a seguir é se elas são uma exigência absoluta. Poderiam outros animais, como os golfinhos e os elefantes, possuir as mesmas capacidades *sem* as células fusiformes?

Mas já não precisamos nos preocupar com isso, pois a descoberta mais recente da equipe de Allman é a de que as células fusiformes não se limitam aos humanos e aos grandes primatas.[26] Esses neurônios apareceram de forma independente somente em dois outros ramos da árvore mamífera, justamente o dos cetáceos (os golfinhos e as baleias) e o dos elefantes.

DENTRO DA PRÓPRIA BOLHA

A hipótese da coemergência oferece uma história clara e satisfatória, articulando a ontogenia, a filogenia e a neurobiologia. Ela não situa a nossa espécie numa categoria à parte, embora os seres humanos tenham mais empatia, mais células fusiformes e maior consciência de si. Por exemplo, nós vamos além dos outros animais na consciência que temos de nossa aparência e no fato de termos uma opinião formada quanto a ela: algumas pessoas odeiam a própria aparência, enquanto outros a adoram. Nós nos barbeamos, nos penteamos e nos enfeitamos diante do espelho todos os dias. Não somente reconhecemos nossa própria imagem como também nos importamos com ela. Talvez isso não seja totalmente exclusivo da nossa espécie (uma fêmea de orangotango num zoológico da Alemanha tinha o hábito de empilhar folhas de alface sobre a cabeça antes de examinar-se no espelho), mas, definitivamente, nós somos os maiores narcisistas do planeta.

Fazemos parte de uma pequena elite inteligente que opera num plano mental mais elevado que o da grande maioria dos animais. Os membros dessa elite têm uma compreensão mais acurada de seu lugar no universo e uma avaliação mais precisa da vida dos indivíduos à sua volta. Mas por mais "certinha" que essa história pareça, permaneço essencialmente cético quanto à existência de uma fronteira bem marcada entre a nossa espécie e as outras. Do mesmo modo como não acredito num intervalo pronunciado entre os humanos e os grandes primatas não humanos, não consigo acreditar, por exemplo, que os macacos ou os cachorros não tenham absolutamente nenhuma das capacidades discutidas anteriormente. Parece-me simplesmente inconcebível que a compreensão da perspectiva do outro e a consciência de si tenham evoluído em algumas espécies num único salto, sem nenhum estágio intermediário em outros animais.

Mas examinemos primeiramente as diferenças. No início da década de 1990, Filippo Aureli e eu decidimos pesquisar o "consolo" entre os macacos para verificar se, assim como os grandes primatas não humanos, eles oferecem conforto aos companheiros aflitos. Já havíamos observado centenas de vezes os acontecimentos que se seguem aos conflitos agressivos em diversas espécies, e planejávamos seguir o mesmo tipo de arranjo experimental desses estudos. A estratégia é aguardar o surgimento de um conflito espontâneo num grupo de primatas, e então documentar os eventos subsequentes. Esse método oferece evidências inequívocas da presença do consolo entre os grandes primatas, e deveria fazer o mesmo em relação aos macacos, caso esse comportamento estivesse presente entre eles. Naquele momento, não tínhamos nenhuma razão para acreditar que ele não estaria.

Mas, para nossa surpresa, não encontramos o menor sinal dele! Enquanto a reconciliação é observada em todos os macacos estudados, o consolo absolutamente não acontece. Como era possível? Na verdade, as nossas observações desses animais eram bastante chocantes. Um macaco derrotado ficava encolhido num canto, e nem mesmo os membros de sua família lhe davam a mínima. Depois de fazer novos estudos que também não mostraram a presença do consolo entre os macacos, o cientista italiano Gabriele Schino considerou que a probabilidade maior de encontrá-lo seria na interação das mães com seus filhotes mais jovens. Mas quando Schino testou essa hipótese em primatas do gênero *Macaca* no zoológico de Roma, seus achados foram totalmente desconcertantes. As mães praticamente não davam atenção alguma aos filhotes depois de eles terem sido atacados e mordidos, e não tomavam nenhuma medida para confortá-los. Isso é ainda mais surpreendente uma vez que na espécie estudada por Schino as mães defendem os filhotes das agressões, o que demonstra que as situações de agressão são reconhecidas por elas como eventos aversivos. Depois de um ataque, os filhotes correm ao encontro das mães, em busca de um contato reconfortante. Eles se aconchegam ao corpo delas, geralmente com um mamilo na boca. Mas não se observa nenhum esforço especial por parte das mães para proporcionar esse contato.

Existem outros indicadores da falta de empatia entre os macacos, como as histórias "exasperadas" dos observadores de babuínos no delta do Okavango, em Botswana. Os animais adultos ignoram o medo dos filhotes na hora de atravessar um braço de rio. Os jovens babuínos ficam paralisados de pânico na margem do rio, correndo o risco de ser apanhados pelos predadores. No entanto, as mães raramente voltam para resgatá-los. Elas simplesmente seguem em frente. Não se pode afirmar que a mãe babuína seja completamente indiferente:

> Ela parece genuinamente preocupada com os gritos perturbados do filhote, mas não consegue compreender o motivo dessa agitação. Parte do princípio de que se ela é capaz de atravessar o rio, isso significa que todos os demais podem fazê-lo. Ela não consegue ver as coisas da perspectiva dos outros.[27]

Outra observação dickensiana foi registrada durante uma inundação excepcional que forçou os babuínos a atravessarem a nado as distâncias entre uma ilha e outra. Numa dessas travessias, os adultos deixaram quase todos os filhotes para trás. Sob forte pressão, os filhotes se reuniram numa árvore, e ficaram bem juntinhos, vocalizando alvoroçadamente. Os pesquisadores que seguiam os babuínos escutavam os chamados dos filhotes à distância.

Os babuínos adultos às vezes se viravam na direção dos chamados, mas não emitiam respostas. Mais tarde, os filhotes conseguiram atravessar a distância a nado, indo juntar-se ao resto do bando.

Esses dados sugerem que o contágio emocional está presente entre os macacos, mas sem que eles consigam ver as coisas do ponto de vista do outro. Isso acontece com muitos animais, e também com as crianças de pouca idade. Às vezes essa inabilidade se manifesta de uma forma cômica. Nós temos em casa um gato chamado Loeke, que morre de medo de pessoas estranhas, especialmente quando se trata de homens com sapatos grandes. É provável que ele tenha sofrido algum trauma antes de o adotarmos. Assim que as visitas aparecem, ele foge para o andar de cima em absoluto pânico e se contorce até que consiga entrar sob a colcha na nossa cama. Loeke é capaz de ficar ali durante horas, embora ele permaneça totalmente visível nesse esconderijo. Nós sabemos exatamente onde ele está, pois a protuberância sobre a cama é bem evidente, mas posso apostar que ele imagina que ninguém consegue vê-lo, uma vez que ele não consegue ver ninguém. A saliência na cama chega mesmo a ronronar quando falamos baixinho com ele. Ao fecharmos a porta após a saída das visitas, olhamos para o relógio para ver em quanto tempo Loeke irá reaparecer. Raramente isso leva mais do que vinte segundos.

Mas a impossibilidade de ver as coisas da perspectiva do outro pode assumir contornos dolorosos, como no caso dos babuínos mencionado acima. Certa vez, numa visita a uma reserva de macacos no Japão, o guarda me falou sobre as providências adotadas para impedir que as mães de primeira viagem entrassem nas fontes de água quente, dada a probabilidade de que elas deixassem seus filhotes se afogar. As mães jovens aparentemente não prestam atenção suficiente no que acontece ao bebê agarrado à sua barriga, talvez imaginando que, se suas próprias cabeças estão acima da superfície da água, então está tudo bem com o bebê. Já observei macacos fazerem acrobacias perigosas numa grande roda de fiar na qual os filhotes estavam brincando, forçando-os a agarrar-se à armação da roda para salvar suas vidas. Uma fêmea jovem seguia a mãe por toda parte com um braço quebrado e inerte sem que a mãe se ajustasse por um minuto sequer à limitação física da filha.

Isso é completamente diferente de uma mãe chimpanzé que conheci, que se adaptava a cada desejo de seu filhote de pulso quebrado, chegando até a deixar que ele mamasse, embora ele tivesse sido desmamado anos antes! Até que seu braço estivesse curado, a mãe colocava os desejos e as necessidades dele à frente daqueles de seu irmão mais novo. A sensibilidade aos ferimentos do outro, especialmente quando não se trata de lesões evidentes, exige que se avalie o quanto a locomoção desse indivíduo encontra-se dificultada. Os grandes primatas são definitivamente capazes desse tipo de avaliação, assim como os golfinhos e os elefantes. Exemplos de pessoas auxiliadas por elefantes são raros, mas Joyce Poole descreveu o episódio em que uma matriarca atacou um pastor de camelos, quebrando a perna do homem. Algum tempo depois ela retornou e, com a tromba e as patas dianteiras, conseguiu transportá-lo para a sombra debaixo de uma árvore, onde permaneceu protegendo-o com o corpo. De vez em quando ela o tocava com a tromba. A matriarca afugentou uma manada de búfalos, para impedir que o homem fosse atacado, e continuou zelando por ele durante um dia e uma noite. Quando uma equipe de busca apareceu no dia seguinte, a matriarca resistiu a deixar que eles resgatassem o colega.[28]

Em contraste, os macacos ignoram as incapacidades alheias e não conseguem levar em conta as pistas relativas ao sofrimento do outro. Um estudo realizado por Anne Engh mediu os níveis de estresse de babuínos que haviam presenciado o ataque de um predador (um leopardo, um leão ou uma hiena) a um membro de sua família. A predação responde por uma grande parcela das mortes entre os babuínos, de modo que a pesquisa de Engh baseou-se num número elevado de casos. Às vezes, os babuínos escutam os predadores literalmente mastigarem os ossos de seus parentes. Como seria de se esperar, aqueles que haviam sobrevivido apresentavam um nível de estresse altíssimo, que foi medido por Engh pela extração da corticosterona (um hormônio do estresse) das fezes desses animais. Ela descobriu também que os babuínos enlutados recorriam com mais frequência ao cafuné, provavelmente para reduzir o estresse e construir novas relações que pudessem substituir aquelas que eles haviam perdido. Ela comenta, a respeito de uma fêmea: "Sílvia demonstrava uma necessidade tão grande de laços sociais que começou a fazer cafuné numa fêmea de posição hierárquica muito inferior à dela. Numa situação diferente, ela não se rebaixaria dessa maneira".[29]

Engh concluiu que, da mesma forma que os humanos, os babuínos dependem das relações de amizade para ajudá-los a enfrentar o estresse. As semelhanças são de fato bastante evidentes, mas há também uma diferença muito clara entre esses macacos e os seres humanos. Os outros membros do bando não mudaram de comportamento em relação aos babuínos que haviam perdido amigos e parentes, e isso contrasta enormemente com aquilo que ocorre na nossa espécie. Temos uma consciência bastante aguçada da perda sofrida pelas outras pessoas e continuamos a nos lembrar disso durante anos. Também os chimpanzés parecem sensíveis a essa situação, como pudemos observar quando a filha adolescente de uma das fêmeas em nossa colônia foi mandada para outro local. Ficamos comovidos com a enorme quantidade de cafuné que a mãe recebeu dos outros chimpanzés nas semanas que se seguiram. Os chimpanzés realmente se consolam uns aos outros, enquanto os babuínos têm que dar conta de seu luto sozinhos. Embora os babuínos tenham as mesmas necessidades, eles não podem contar com muita consideração da parte dos outros.

Não admira que um dos primeiros pesquisadores a estudar os babuínos tenha descrito a vida desses macacos como "um pesadelo de angústia ininterrupto".[30]

Aparentemente, a sensibilidade limitada dos macacos aos seus semelhantes deve-se mais a fatores de ordem cognitiva do que a fatores emocionais. Os macacos sentem a dor dos outros, mas não chegam a compreender bem o que se passa com eles. Eles não são capazes de se distanciar suficientemente da situação para imaginar quais seriam as necessidades dos outros indivíduos. Cada macaco vive dentro de sua própria e pequena bolha.

NEVE AMARELA

O progresso na ciência quase sempre é resultado da atenção às exceções. É provável que a hipótese da coemergência também tenha as suas.

Às vezes, os macacos manifestam lampejos de compreensão do tipo que levou nossa espécie a um grau de empatia tão avançado. Esses acontecimentos são raros, e é por isso que os consideramos exceções, mas eles apontam para um tipo de interpretação da situação do outro que se aproxima muito do nosso. O dono de um macaco-prego domesticado me relatou certa vez que o animal tinha mordido uma visita que tentara lhe dar uvas com as mãos. Embora tivesse sido uma mordida leve, sem produzir nenhum traço de sangue visível, a mulher, ao sentir a dor, deixara as uvas cair. O animal imediatamente abraçou o pescoço da mulher, suavemente, reagindo à sua manifestação de dor e ignorando as uvas caídas no chão.[31] As pessoas que presenciaram a cena acharam que o comportamento do macaco se parecia muito com a tentativa dos humanos de consolar alguém. Na nossa colônia de macacos-prego, já observamos incidentes desse tipo. Mas os critérios que empregamos para determinar se o consolo está presente entre esses animais são tão rigorosos que os macacos-prego nunca chegaram a satisfazê-los.

Também observamos em nossa colônia situações em que fêmeas grávidas muito pesadas recusavam-se a descer das plataformas. Os macacos-prego se sentem seguros nas alturas, mas todos os dias, no final da tarde, bandejas com frutas e legumes são colocadas no chão para eles se alimentarem. Os parentes e amigos dessas fêmeas enchiam a boca e as mãos de comida (às vezes, enrolando o alimento com suas caudas) e subiam até a plataforma onde elas se encontravam, depositando a comida diante delas. Depois disso, eles compartilhavam a refeição alegremente.

Há outro exemplo que guardo na lembrança há décadas, desde que vi uma fotografia feita por Hans Kummer, um especialista suíço conhecido pelos seus estudos dos babuínos-sagrados.[32] A foto mostra um filhote descendo de uma pedra com o auxílio de um babuíno adulto, que permite que o infante se apoie sobre suas costas. Kummer colocou na fotografia a seguinte legenda: "Depois de tentar, sem sucesso, vencer um trecho difícil na sua descida, o jovem macaco, que tinha um ano de idade, começou a gritar. Sua mãe finalmente voltou e ofereceu-lhe as costas como um degrau intermediário". Minha pergunta é se esse tipo de auxílio não requer que a mãe seja capaz de avaliar a necessidade do filhote.

Os macacos às vezes ajudam uns aos outros, como uma mãe babuína faz aqui com seu filhote.

Anindya Sinha, um primatólogo indiano, testemunhou acontecimentos semelhantes entre os macacos selvagens da espécie *Macaca radiata*. Em três situações diferentes, um filhote tentou sem sucesso alcançar um parapeito. Depois de algumas tentativas, um macho adulto que observava a cena abaixou-se, agarrou o filhote pelo braço e o puxou para cima. Somente num desses casos o filhote atraiu a atenção do macho com seus gemidos. Nas três ocasiões, foi o macho alfa quem ofereceu ajuda, mas em cada uma das situações observadas, tratava-se de um indivíduo diferente.[33]

Barbara Smuts refere que entre os babuínos os machos adultos às vezes acalmam os filhotes com grunhidos suaves.[34] Essa observação é bastante interessante, pois sugere que a vocalização pode ser usada pelos macacos como uma forma de consolo. Mas o relato de Smuts vai além disso, descrevendo uma situação em que um macho pareceu produzir esses grunhidos ao identificar-se com as intenções de um filhote. Enquanto sua mãe lhe fazia cafuné, Achilles observava as trapalhadas de uma jovem fêmea na tentativa de escalar um monte de areia. Quando estava quase chegando ao topo, ela escorregou, deslizando até embaixo. Nesse momento, Achilles grunhiu para ela, para manifestar seu apoio.

Os babuínos às vezes emitem vocalizações para expressar alívio quando uma situação difícil chega ao fim, o que indica que eles são capazes de avaliar a experiência vivida pelos outros. Em seu estilo sempre pitoresco, Robert Sapolsky descreve a história de um filhote cuja mãe era especialmente desastrada, e que muitas vezes era forçado a agarrar-se à cauda dela:

> Um dia, quando a mãe saltou de um galho para outro trazendo o filhote naquela posição precária, ele perdeu o controle e caiu de uma altura de três metros. Todos os primatas que assistiam à cena deram provas de seu parentesco próximo e de que provavelmente acompanhavam o evento com o mesmo número de sinapses, uma

> vez que a resposta veio em uníssono. As cinco fêmeas de babuínos que estavam nas árvores e eu suspendemos a respiração ao mesmo tempo, como se fôssemos um só indivíduo. Depois disso, ficamos em silêncio, com os olhos pregados no filhote. Um breve momento se passou e ele se levantou, olhou para a mãe no alto da árvore e saiu correndo atrás de alguns amigos que estavam ali por perto. E, como um coro, começamos todos a dar gemidos estridentes de alívio, uns para os outros.[35]

Observações como essas sugerem que os babuínos reagem aos sinais externos de sofrimento, como os gemidos e as expressões faciais. Mais que isso, elas indicam que, para esses animais, faz toda a diferença que um filhote que caiu da árvore se levante novamente ou que uma mãe torne a se reunir com sua cria que havia ficado para trás.

Há também o curioso caso de Ahla, uma fêmea de babuíno empregada por um criador de cabras. As cabras e seus filhotes eram mantidos em estábulos separados, mas assim que um cabritinho começava a balir, Ahla entrava imediatamente em ação. Ela apanhava o filhote e o carregava debaixo do braço até o outro estábulo. Ao chegar ali, empurrava o cabrito para baixo de sua mãe para que ele pudesse mamar, e nunca se enganava.[36] Obviamente, isso exigia que Ahla conhecesse o filhote de cada uma das cabras, mas é bem possível que houvesse mais coisas em jogo. Duvido que fosse possível treinar um animal para essa tarefa se ele não tivesse compreensão alguma da razão por trás dos balidos dos cabritos, e, com efeito, os relatos dão conta de que Ahla não se mostrava apenas ansiosa para reunir as mães e suas crias, mas fazia disso uma verdadeira obsessão.

É preciso ter cuidado para não exagerar na interpretação, mas em todos esses casos os macacos dão sinais de ser capazes de compreender a perspectiva do outro. O fato de que eles não o façam de forma consistente, e de que isso talvez só ocorra em circunstâncias específicas, pode explicar por que os cientistas que realizaram estudos sistemáticos sobre a presença do consolo ou da ajuda para necessidade específica entre os macacos quase sempre voltaram de mãos vazias. Esses primatas agem dessa maneira muito esporadicamente.

A única situação natural que pode ser suficientemente frequente para possibilitar um estudo rigoroso é o chamado comportamento de ponte (*bridging behavior*).[37] Alguns primatas sul-americanos têm caudas preênseis e criam pontes vivas entre uma árvore e outra para garantir a travessia dos filhotes mais velhos (os mais novos simplesmente viajam agarrados às mães). Movimentando-se entre as copas das árvores, a mãe se agarra a uma delas com o rabo, ao mesmo tempo em que segura o galho da outra com as mãos, permanecendo suspensa até que seus filhotes tenham atravessado. Sem essas pontes oferecidas pelas mães, os filhotes não seriam capazes de fazer os deslocamentos necessários, a menos que o fizessem pelo chão, o que é demasiadamente perigoso. Esse curioso comportamento de ajuda acontece diariamente e merece ser estudado em detalhes, uma vez que ele pode revelar até que ponto os macacos levam em conta as capacidades do outro. Não observei nenhum episódio de comportamento de ponte ao seguir os macacos-prego pela floresta, mas isso deve-se ao fato de que esses animais são grandes saltadores. Os primatas mais pesados e de maior tamanho, como o bugio e o macaco-aranha, produzem pontes para a travessia de seus filhos e às vezes o fazem também para os filhotes com quem não têm nenhum laço de parentesco. As fêmeas parecem ajustar o próprio comportamento diante de uma situação excepcional, como um filhote com o braço quebrado, por exemplo, ou uma floresta onde as árvores ficam mais distantes uma da outra.

Às vezes os filhotes emitem gritos para pedir a ajuda das

mães, mas é mais frequente que elas se façam de ponte espontaneamente. A fêmea decide se seu filhote é capaz ou não de vencer uma certa distância por si mesmo, e, obviamente, isso muda à medida que o filhote vai crescendo. Essa situação constitui um arranjo experimental formidável para se testar a capacidade desses animais de assumir a perspectiva do outro, especialmente levando-se em conta que o comportamento dos macacos pode ser diretamente comparado ao dos grandes primatas, como os orangotangos, que não possuem cauda, e fazem o mesmo balançando as árvores menores até fazê-las convergir, para que seus filhotes consigam atravessar. Será que os orangotangos fazem isso com uma percepção mais aguçada sobre as necessidades de seus filhotes do que os macacos da América do Sul? Pessoalmente, acredito que sim, mas é preciso que alguém possa verificá-lo.

Por ora, as diferenças propostas entre os macacos e os grandes primatas não humanos em relação à empatia permanecem intactas, mas parecem ser menos absolutas do que frequentemente se sugere. Sendo assim, o que dizer da outra parte da equação da coemergência, as reações diante do espelho? Quanto a isso, tudo indica que a diferença é radical. A despeito de inúmeras tentativas de testar se os macacos reconhecem a própria imagem no espelho sob as mais variadas circunstâncias, eles simplesmente não passam no teste da marca. Alguns pesquisadores já alegaram ter encontrado resultados positivos, mas nenhum desses estudos jamais resistiu a um exame minucioso. É amplamente aceito, portanto, que os macacos não passam no teste.[38] Isso não significa que eles se mostrem totalmente desconcertados diante do espelho ou que não tenham nenhuma noção de "eu". Eles têm necessariamente alguma consciência de si, porque nenhum animal pode prescindir disso. Todo animal precisa diferenciar seu corpo do ambiente ao seu redor e sentir-se no controle de si mesmo. Ninguém gostaria de estar no lugar de um macaco no alto de uma árvore se ele não contasse com alguma consciência do impacto de seu corpo sobre um galho mais abaixo onde pretende aterrissar. Brincando de lutar com um companheiro, que sentido faria se um macaco mordesse o próprio pé? Eles nunca cometem esse tipo de engano. Pelo contrário, eles se mostram muito felizes de morder o pé do parceiro. O "eu" faz parte de todas as ações que um animal — qualquer animal — realiza.[39]

Num estudo com o curioso subtítulo de "Tales of displaced yellow snow" [Histórias da neve amarela deslocada], Marc Bekoff investigou as reações de seu cão, Jethro, à seguinte situação: Bekoff recolhia retalhos de neve recém-marcados de urina por outro cachorro e os inseria em outro local, nas proximidades de uma ciclovia, para que Jethro os descobrisse. Esse experimento — que, definitivamente, deve ter parecido bastante bizarro para os espectadores — tinha como objetivo verificar se Jethro conseguia distinguir as suas próprias marcas de urina na neve das marcas feitas por outros cães. Ele conseguia, é claro. Jethro mostrou-se muito menos inclinado a marcar os retalhos de neve que continham sua própria urina do que aqueles que tinham sido marcados por outros animais. O reconhecimento de si pode se manifestar de muitas maneiras diferentes.

Também quando se trata de testes com espelhos os resultados são menos nítidos do que parecem. Por exemplo, os macacos são capazes de usar um espelho para localizar comida. Se a comida for escondida num lugar fora de seu campo de visão e só puder ser encontrada com o auxílio de um espelho, um macaco não terá dificuldade alguma em localizá-la. Muitos cachorros conseguem fazer o mesmo: Se segurarmos um biscoito atrás deles, permitindo que eles nos vejam num espelho, eles prontamente se virarão para trás. Mas embora o cachorro consiga alcançar um nível de compreensão do espelho que se pode descrever como elementar, ele se mostrará subitamente atônito se fizermos marcas em seu corpo sem que ele veja. O mesmo acontecerá com um macaco. É especificamente a relação com seu próprio corpo, com seu próprio "eu", que esses animais não conseguem compreender.

Por outro lado, a afirmativa padrão de que os macacos veem um estranho no espelho é questionável. Para testá-la, fizemos um experimento simples, que, surpreendentemente, ninguém havia tentado anteriormente. Comparamos a reação dos macacos à própria imagem no espelho com a maneira como eles reagem a estranhos da mesma espécie, testando os macacos-prego diante de um painel de Plexiglas atrás do qual colocávamos um macaco conhecido, um estranho ou um espelho. Seriam eles capazes de reconhecer a diferença?

Eles trataram a própria imagem no espelho de forma bem diferente da visão dos macacos de verdade, e perceberam a diferença quase que imediatamente. Ao que parece, há muitos níveis de compreensão do que se passa no espelho.[40] Em momento algum os macacos confundiram o próprio reflexo com outro animal. Por exemplo, eles reagiram aos estranhos virando-lhes as costas e mal olhando para eles. Mas com o próprio reflexo eles fizeram contato visual por um longo tempo, como se estivessem fascinados por verem a si mesmos. Alguns dos macacos testados tinham filhotes pequenos, e como estes nunca são separados das mães durante os experimentos, eles estavam presentes. A meu ver, o achado mais revelador de todo o estudo foi a constatação de que quando havia um estranho do outro lado, as mães seguravam firmemente seus filhotes, não permitindo que eles perambulassem pelo local. Mas quando colocávamos um espelho do outro lado, elas deixavam que os filhotes circulassem livremente. Levando em conta a cautela das mães com a segurança dos filhotes, isso me convenceu, mais do que qualquer outra observação, de que seu próprio reflexo no espelho não era de modo algum como um estranho para elas.

Tanto em relação à empatia quanto ao autorreconhecimento,

as fronteiras que separam as espécies permanecem intactas, mas é possível que sejam menos claramente demarcadas do que parecem à primeira vista. É sempre a mesma história: começamos postulando fronteiras muito bem definidas, como aquelas entre os humanos e os grandes primatas não humanos, ou entre os grandes primatas e os macacos, quando, na verdade, estamos lidando com castelos de areia que perdem boa parte de sua estrutura quando o mar de conhecimento avança sobre eles. Eles se transformam em montinhos, cada vez mais nivelados, até que sejamos conduzidos de volta ao ponto onde a teoria da evolução sempre nos leva: uma praia com inclinações suaves. Acredito realmente que a hipótese da coemergência oferece pistas válidas em relação à profundidade desses declives, mas não ficaria surpreso se por fim isso se mostrasse uma obsessão passageira. Já estamos diante de uma avalanche de novas pesquisas, não somente com os macacos, mas também com os canídeos e os pássaros com cérebro grande, que abordam a compreensão da perspectiva do outro, do consolo e do autorreconhecimento no espelho. As ondas niveladoras estão em plena atividade.

Consideremos, por exemplo, o caso da pega-rabuda. Utilizando o mesmo arranjo experimental da marca com tinta invisível aplicado nos golfinhos e nos elefantes, um estudo recente demonstrou a presença de autorreconhecimento nas pega-rabudas. É bom esclarecer que não estamos falando de um pássaro qualquer. A pega-rabuda pertence à família dos corvídeos, que inclui as gralhas, os corvos e os gaios, e é dotada de cérebro excepcionalmente grande. Colocadas diante do espelho, as pega-rabudas se esforçam para remover um minúsculo adesivo colorido grudado às penas de seu pescoço. Usando os pés, elas arranham as penas até que a marca tenha sido retirada, mas não fazem o mesmo com uma marca preta, provavelmente porque esta não sobressai nas penas negras. As pega-rabudas também não se arranham as penas se não forem colocadas diante de um espelho onde possam se ver. Os vídeos de Helmut Prior e de seus colegas alemães são bastante convincentes. Quando os assisti junto a uma plateia repleta de especialistas em corvídeos, pude perceber o quanto eles se sentiam orgulhosos de "seus" pássaros.

Essa é uma descoberta interessante em relação à reputação da pega-rabuda. Quando eu era criança, aprendi a nunca deixar pequenos objetos brilhantes, como colheres de chá, abandonados ao ar livre, porque esses pássaros rouquenhos têm a fama de roubar tudo aquilo em que puderem colocar os bicos imundos. Essa visão pitoresca chegou até mesmo a inspirar uma ópera de Rossini, *La gazza ladra* ("A pega ladra"). Nos dias de hoje, ela foi substituída por uma versão mais preocupada com o equilíbrio ecológico, que descreve as pega-rabudas como pássaros assassinos que roubam os ninhos dos inocentes pássaros canoros. Mas em ambas as versões, elas são desprezadas como verdadeiros gângsteres preto e branco.

Mas ninguém jamais descreveu a pega-rabuda como um pássaro pouco inteligente. Do meu ponto de vista, a questão é saber se sua capacidade de autorreconhecimento fortalece ou não a hipótese da coemergência. Por ora, acredito na primeira alternativa. A capacidade de assumir a perspectiva do outro talvez tenha uma importância decisiva para uma espécie que rouba os ninhos de outros pássaros e furta objetos dos seres humanos. Essa capacidade pode ser ainda mais conveniente em relação aos indivíduos da mesma espécie. As pega-rabudas escondem comida, e não resta dúvida de que, da mesma forma que os gaios, elas a roubam umas das outras. Isso requer que a pega se assegure de que não está sendo observada, uma vez que se outro pássaro puder ver em que local ela escondeu a comida, esta certamente desaparecerá. A cientista britânica Nicky Clayton vem estudando essa forma de comportamento entre os gaios desde que começou a observar a espécie

Aphelocoma californica em situações de alimentação na Universidade da California, em Davis. Clayton percebeu que esses pássaros competiam ferozmente pelos restos de comida, que escondiam uns dos outros. Alguns pássaros, no entanto, foram além disso, voltando para reenterrar seus tesouros depois de seus rivais terem deixado o local.

Uma pesquisa subsequente realizada por Nathan Emery, na Universidade de Cambridge, conduziu à desconcertante hipótese de que "é preciso um ladrão para reconhecer outro ladrão".[41] Os gaios, aparentemente, inferem as intenções dos outros a partir de sua própria experiência, de tal maneira que os indivíduos que no passado se apropriaram indevidamente das provisões escondidas pelos outros mostram-se especialmente empenhados em evitar que o mesmo ocorra a eles. Esse processo pode exigir também a capacidade de diferenciar o eu do outro. Dado que entre todos os pássaros a pega-rabuda é o que mais rouba, talvez ela tenha uma necessidade ainda maior de adivinhar as intenções dos outros. Curiosamente, o autorreconhecimento manifestado por essas aves pode, portanto, estar associado a uma vida de crimes.

No mínimo, essas novas descobertas sobre *la gazza ladra* oferecem novos significados para o seu caso de amor com os objetos reluzentes.

O GESTO DE APONTAR DOS PRIMATAS

Certa vez, um chimpanzé chamado Nikkie me mostrou como ele fazia para manipular a atenção do outro. Eu tinha o hábito de jogar frutinhas silvestres do outro lado do fosso, no zoológico onde trabalhava, e ele estava acostumado com isso. Um dia, eu fazia o meu trabalho de coleta de dados, completamente esquecido das frutas que pendiam nos altos arbustos logo atrás de mim. Mas

Nikkie não havia se esquecido. Sentando-se bem à minha frente, ele cravou em mim seus olhos castanho-avermelhados e, assim que conseguiu minha atenção, fez um movimento brusco com a cabeça e os olhos, fixando-os com igual intensidade num ponto sobre meu ombro esquerdo. Depois disso, tornou a olhar para mim, repetindo o mesmo movimento. Eu posso ser estúpido em comparação com um chimpanzé, mas da segunda vez eu acompanhei seu olhar e dei de cara com as frutinhas. Nikkie havia indicado o que queria sem emitir um único som e sem fazer nenhum gesto de mão.

Aquele simples ato de comunicação desmentiu todo um conjunto da literatura que vincula o gesto de apontar à linguagem e, desse modo, não deixa nenhum lugar para as criaturas não linguísticas. O apontar, descrito como um gesto díctico, é definido como o ato de chamar a atenção de outra pessoa para um objeto fora de alcance ao localizar esse objeto no espaço para o outro". É claro que esse gesto só tem sentido caso você tenha compreendido que o outro *não* viu o que você viu, o que significa perceber que nem todas as pessoas têm as mesmas informações. Trata-se de mais um exemplo da capacidade de ver as coisas da perspectiva do outro.

Como seria de se esperar, os acadêmicos cercaram o gesto de apontar com uma artilharia teórica pesada. Alguns se concentraram no gesto tipicamente humano de estender o braço e o dedo indicador. Esse gesto foi associado à comunicação simbólica, evocando a imagem dos primeiros humanos a caminhar pela savana, apon-

Os humanos apontam o tempo todo, e seguem automaticamente o alvo indicado por aquele que aponta.

tando e atribuindo nomes aos objetos: "Vamos chamar aquele animal de zebra, e vamos chamar isso que você tem aqui de umbigo". Mas será que um tal cenário não implicaria que nossos ancestrais compreendiam o gesto de apontar antes mesmo do aparecimento da linguagem? Nesse caso, a ideia de que os nossos parentes não falantes sejam capazes de apontar não deveria incomodar ninguém.

A primeira coisa a fazer é nos afastarmos das infundadas definições ocidentais, como aquela em que o apontar exige a presença da extensão do dedo indicador. Também na nossa espécie há muitas situações em que apontamos sem usar as mãos. Na verdade, em muitas partes do mundo esse gesto é considerado um tabu. Em 2006, uma importante organização de saúde aconselhou as pessoas que viajam a negócios a evitar completamente o gesto de apontar com o dedo, uma vez que muitas culturas o consideram rude. Entre os índios americanos, por exemplo, as formas de apontar socialmente aceitas envolvem o franzir dos lábios, os movimentos com o queixo, os acenos com a cabeça ou ainda o apontar com os joelhos, os pés ou os ombros. Existem até piadas internas a respeito disso, como a do homem branco que levou seu cão de caça ao treinador indígena para que este o treinasse novamente, porque o animal só sabia indicar a presença da caça contraindo os lábios.[42]

Muitas pessoas já experimentaram a necessidade de advertir seus amigos numa festa de que a abominável pessoa X tinha acabado de entrar na sala e estava vindo na direção deles. Numa situação como essa, você não optaria por apontar ou gritar, ainda que se sentisse naturalmente inclinado a fazê-lo. Não, você levantaria as sobrancelhas, sacudiria a cabeça discretamente na direção da pessoa em questão, e talvez apertasse os lábios com força para avisar seus amigos de que era melhor permanecer calado.

Por essas razões, é preciso que adotemos uma visão abrangente do que constitui o "apontar". Afinal, criamos uma raça de cachorros (os "*pointers*") que "congelam" o corpo numa posição específica para indicar a localização de um bando de codornas. Também os macacos costumam apontar com a cabeça e o corpo todo quando recrutam aliados durante suas lutas. Se o macaco A ameaça o macaco B, B pode buscar a ajuda de seu protetor habitual. Ele se senta perto de C, olha para ele, sacode a cabeça com grunhidos e ameaças em direção a A, repetindo essa sequência de movimentos muitas vezes, como se dissesse a C: "Está vendo aquele cara ali? Ele está me incomodando!". Entre os primatas do gênero *Macaca*, o agressor aponta o seu oponente levantando o queixo e encarando-o, ao mesmo tempo que lança olhares ostensivos ao seu aliado. Entre os babuínos, esse comportamento é tão repetitivo e exagerado que os pesquisadores de campo cunharam o termo "*head-flagging*" (sinalização com a cabeça) para nomeá-lo. O objetivo desse comportamento é deixar absolutamente claro para o aliado quem é o adversário.

Nos clássicos estudos realizados por Emil Menzel, um chimpanzé sabia onde havia comida escondida ou um objeto perigoso, enquanto seus companheiros de grupo não tinham conhecimento disso. Os outros membros do grupo rapidamente compreendiam se o objeto escondido era atraente ou assustador, e descobriam também sua localização aproximada, observando a linguagem corporal do primeiro chimpanzé. Menzel considerou a orientação corporal um indicador altamente preciso, especialmente para um observador numa árvore ou em outro lugar alto, acrescentando que "os animais bípedes como o homem — cuja postura corporal constitui um 'ponteiro' bem menos exato do que a postura de um animal quadrúpede — é que necessitam estender um membro para indicar a direção de forma precisa".[43]

Um critério amplamente utilizado em relação à intencionalidade do gesto de apontar é a verificação de seus resultados. O comportamento de apontar exige que o indivíduo alterne o olhar entre o parceiro e o objeto indicado para assegurar-se de que o primeiro está prestando atenção ao gesto. Nikkie fez isso cravando os seus olhos nos meus. Estudos recentes investigaram a presença disso nos grandes primatas. Eles examinaram o gesto de apontar com a mão, não porque este seja o modo de apontar mais natural entre esses animais, mas porque os grandes primatas que vivem em cativeiro não demoram a aprender que esse gesto é mais eficiente na obtenção de respostas por parte dos humanos.

No Centro Yerkes de Primatas, David Leavens trabalhou com chimpanzés acostumados a ver as pessoas passarem. Nessa situação, é de se esperar que eles aprendam a chamar a atenção para as coisas que desejam, como um pedaço de fruta que tenha caído fora de sua jaula. Isso foi testado sistematicamente colocando-se a comida em lugares determinados. Dois terços de uma população de mais de cem chimpanzés dirigiram gestos ao experimentador. Alguns o fizeram estendendo a palma da mão aberta. A maioria, contudo, usou a mão inteira para indicar uma banana fora da jaula, embora nenhum deles tivesse recebido treinamento algum para apontar dessa maneira. Alguns chimpanzés chegaram mesmo a apontar com o dedo indicador.

Houve indícios de que os chimpanzés monitoravam o efeito de seus gestos da mesma forma que as crianças o fazem. Os animais faziam contato visual com o humano e depois produziam o gesto de apontar, alternando o olhar entre o alimento e a pessoa a quem o gesto era dirigido. Temendo não ser compreendida, uma fêmea apontou primeiro para a banana, e depois indicou sua boca com o dedo.

Para ilustrar o quanto os chimpanzés podem ser criativos, relatarei um incidente típico que ocorreu comigo não faz muito tempo. Na estação de campo, uma jovem fêmea chamada Liza grunhiu para mim por trás da tela metálica e, fixando em mim os seus olhos brilhantes (que indicavam que ela sabia de alguma coisa palpitante), olhou diversas vezes para a grama perto dos meus pés. Não consegui entender o que ela queria, até que ela cuspiu na grama. Pela trajetória, avistei uma pequena uva verde no chão. Quando a entreguei a ela, Liza correu para outro lugar e repetiu a sua *performance*. Ela mostrou-se muito precisa nas suas cusparadas, obtendo três recompensas dessa maneira. Liza provavelmente havia memorizado os lugares onde o tratador tinha deixado as frutas cair. Mais tarde, ela encontrou alguém que pudesse apanhá-las para ela.[44]

Outras evidências vêm do que talvez seja o mais revelador experimento sobre a capacidade de indicar nos grandes primatas. Nesse estudo, desenvolvido por Charles Menzel (o filho de Emil) no Centro de Pesquisa da Linguagem da Universidade do Estado da Geórgia, Menzel deixou que uma chimpanzé fêmea chamada Panzee o observasse enquanto ele escondia um objeto em uma área arborizada próximo à sua jaula. Quando os tratadores chegaram na manhã seguinte, não tinham nenhum conhecimento do que se passara na véspera. Panzee conseguiu chamar a atenção deles, apontando, chamando com gestos, arfando e gritando, até que eles localizassem o objeto no mato e o dessem a ela. Ela mostrou-se muito insistente e explícita em suas indicações, às vezes utilizando o gesto de apontar com o dedo.

Entretanto, é muito raro que os grandes primatas apontem coisas uns para os outros. Talvez eles não precisem de sinais tão explícitos quanto aqueles empregados por nós, já que são muito perspicazes na leitura da linguagem corporal. Mas há alguns relatos do gesto de apontar com a mão, um deles obervado por mim na década de 1970:

> A fêmea ameaçada desafia a sua adversária com uma vocalização aguda, que soa como um latido indignado, ao mesmo tempo que

beija o macho, tratando-o com demonstrações de afeto exageradas. Às vezes, ela aponta sua oponente. Esse é um gesto incomum. Os chimpanzés não apontam com o dedo, e sim com a mão inteira. As poucas vezes que os vi realmente apontar com o dedo foram em ocasiões em que a situação se mostrava pouco clara. Por exemplo, nas situações em que o terceiro indivíduo envolvido num conflito não havia participado de seu início, porque estava dormindo ou por alguma outra razão. Nessas ocasiões, o agressor indicava o adversário fazendo o gesto de apontar.[45]

O primatólogo espanhol Jordi Sabater-Pi, que estudou os bonobos selvagens na República Democrática do Congo, descreveu o modo como um bonobo alertou seus companheiros de viagem sobre a presença de cientistas escondidos no local onde eles estavam:

> Ouvem-se barulhos vindos da vegetação. Um macho jovem se balança num galho e salta em direção a uma árvore... Ele emite gritos agudos. Outros indivíduos, que não estão visíveis, respondem. Ele aponta — com o braço direito estendido e a mão quase fechada, exceto pelo indicador e pelo anular — a posição de dois grupos de observadores escondidos em pequenos arbustos a uma distância de trinta metros. Ao mesmo tempo, ele grita e vira a cabeça na direção dos outros membros do grupo. Ele repete a sequência de apontar e gritar duas vezes. Outros bonobos se aproximam e olham para os observadores. O jovem macho se junta a eles.[46]

Nesses exemplos, o contexto era inteiramente condizente com o gesto de apontar, já que os animais estavam indicando objetos que não tinham sido percebidos pelo outro. O gesto foi também acompanhado pela verificação visual de seus efeitos. Além disso, ele foi interrompido assim que os outros membros do grupo olharam ou se moveram na direção indicada. Episódios semelhantes ocorrem entre os chimpanzés na nossa estação de campo. Um deles foi registrado em vídeo: uma fêmea apontava o dedo com o braço completamente estendido, como se estivesse fazendo uma acusação, uma vez que o gesto era dirigido a um macho que acabara de bater nela.

Uma diferença em relação ao gesto de apontar dos humanos é que nos primatas esse comportamento é muito raro e só ocorre em relação aos problemas que eles consideram urgentes, como as situações que envolvem comida e perigo.[47] O compartilhamento da informação não é algo frequente entre eles, ao passo que os humanos fazem isso o tempo todo. Duas pessoas podem caminhar juntas por um museu, chamando a atenção uma da outra para cada um dos objetos em exibição enquanto conversam sobre os artefatos de antigamente. Uma criança aponta um balão no ar para assegurar-se de que seus pais também o estão vendo, ou uma pessoa aponta para o farol da minha bicicleta à noite para me avisar que ele não está funcionando. A ausência desse tipo de comportamento nos outros primatas foi interpretada como sinal de uma defasagem cognitiva importante, mas meu palpite é que isso tem mais relação com a ausência de motivação. Afinal, é difícil ver por que razão um animal capaz de apontar o alimento para que os humanos o apanhem para ele não poderia fazer o mesmo com outros tipos de objeto. Se eles não o fazem, provavelmente é porque não têm vontade de fazê-lo.

Mas, também em relação a isso, há exceções. Os bonobos emitem vocalizações breves e agudas quando descobrem algo de seu interesse. Observando esses primatas diariamente no zoológico de San Diego, fiquei impressionado com um grupo de filhotes que, ao serem soltos pela manhã, ficavam perambulando dentro de um cercado coberto de mato, emitindo esse tipo de vocalização para uma infinidade de coisas (que eu raramente conseguia identificar) e fazendo com que os outros se aproximassem para examinar o objeto indicado. Talvez eles estivessem chamando a atenção dos outros para os insetos, as fezes de passarinhos, as flores, e assim por diante. Levando em conta a maneira como os outros reagiam, esses chilreios pareciam dizer algo como "Venha dar uma olhada nisso!".

Uma situação de compartilhamento ativo da informação ocorreu na nossa colônia de chimpanzés quando Katie, intrépida como sempre, escavava a terra debaixo de um grande pneu de trator. Emitindo gritos de alarme, ela puxou um objeto serpenteante que parecia um verme vivo. Segurando-o entre o indicador e o dedo do meio, ela o cheirou, aspirando ruidosamente, e então se virou para mostrá-lo aos outros chimpanzés, segurando-o com um braço estendido. Depois disso, deixou cair o objeto e se afastou. Sua mãe, Georgia, aproximou-se e começou a cavar no mesmo lugar. Ela puxou alguma coisa, cheirou-a, e imediatamente começou a emitir vocalizações de alarme muito mais intensas do que a filha havia feito. Então ela largou o objeto e foi se sentar à distância, ainda vocalizando, como se estivesse falando sozinha. Depois disso, a filha da irmã de Georgia (a prima de Katie) dirigiu-se exatamente ao mesmo local sob o pneu e também arrancou algo do chão. Ela caminhou até Georgia e segurou o objeto para que esta pudesse vê-lo. Georgia passou então a emitir vocalizações de alarme ainda mais intensas. Depois disso, tudo terminou.

Vicky Horner, que observou essa sequência, achou que o objeto de interesse era provavelmente um rato morto ou alguma outra coisa sob o pneu cujo cheiro os chimpanzés podiam sentir, e que estava coberto de vermes, embora ela não tivesse certeza disso.

O que torna o compartilhamento da informação tão interessante é que ele depende da mesma comparação da própria perspectiva com a perspectiva do outro que está por trás da empatia em grau avançado. Ele implica a capacidade de detectar alguma coisa a respeito da qual é preciso que o outro seja informado. Talvez essa capacidade tenha aparecido somente naquelas poucas espécies que contam com uma forte consciência de si, que é também o que permite que as crianças de dois anos apresentem esse comportamento. Mas as crianças logo ultrapassam esse ponto, e o compartilhamento da informação se torna uma verdadeira obsessão para elas. Elas sentem necessidade de comentar tudo e de perguntar sobre tudo. Essa parece ser uma característica unicamente humana e pode ter relação com a nossa especialização linguística. A linguagem exige consenso, o que só pode ser alcançado por meio de comparações e testes contínuos.

Se eu apontar um animal à distância dizendo "zebra", e você, em discordância, disser "leão", estaremos diante de um problema que, em outra ocasião, poderá nos colocar em uma enrascada. Esse é um problema exclusivamente humano, mas sua importância é tão decisiva para nós que os gestos dícticos e a evolução da linguagem encontram-se intimamente interligados.

6. Justiça seja feita

Todo homem busca naturalmente o que é bom para si mesmo, e por acidente, e a fim de obter a paz, aquilo que é justo.[1]

THOMAS HOBBES, 1651

No começo da primavera de 1940, com as tropas nazistas marchando na cidade, a população de Paris fez as malas e debandou. Em *Suite française*, a testemunha ocular Irène Némirovsky — que morreria em Auschwitz poucos anos depois — descreve como os ricos perderam tudo nessa fuga em massa, incluindo seus privilégios. Eles embalaram suas joias, empacotaram cuidadosamente suas preciosas porcelanas e partiram com seus criados e carros, mas não demorou para que fossem abandonados pelos empregados, a gasolina acabasse, os carros se desintegrassem e a porcelana... bem, quem se importa com a porcelana quando a sobrevivência está em jogo?

Embora Némirovsky tenha nascido numa família abastada, é possível detectar nas entrelinhas de seu romance certa dose de satisfação com a descoberta de que nos tempos de crise as diferenças de classe ficam esmaecidas. Há alguma justiça no fato de que quando todos sofrem, os aristocratas também sofrem. As maneiras arrogantes, que normalmente levariam as pessoas bem-nascidas a se hospedarem num hotel, por exemplo, não as ajuda em nada quando todos os quartos estão abarrotados, e o estômago de um aristocrata, quando está vazio, reage da mesma maneira que o de uma pessoa qualquer. A única diferença é que a classe alta sente a indignidade da situação de forma ainda mais aguda:

> Olhou para suas belas mãos que nunca tinham trabalhado, mas apenas acariciado estátuas, peças de prataria antiga, encadernações e, às vezes, um móvel elisabetano. Ele, Charles Langelet, com seus requintes, escrúpulos, e até mesmo essa arrogância que reconhecia ter, e que formava o fundo de seu caráter, o que faria no meio daquela malta demente?[2]

Passagens como essa parecem quase destinadas a provocar o oposto da empatia, o *Schadenfreude*. Elas exploram o sentimento secreto de satisfação que extraímos do infortúnio dos ricos. Mas não do infortúnio dos pobres, o que é uma diferença reveladora. Os humanos são personagens complexos, que formam facilmente hierarquias sociais — embora, na verdade, tenham aversão a elas — e que se solidarizam prontamente com os outros, exceto quando são tomados pela inveja e quando se sentem ameaçados ou preocupados com o próprio bem-estar. Andamos sobre duas pernas: uma, social; outra, egoísta. Toleramos as diferenças de posição social e a distribuição desigual da riqueza apenas até certo ponto, e, tão logo esse limite seja ultrapassado, começamos a torcer pelos desfavorecidos. Temos um senso de justiça profundamente arraigado, que resulta da nossa longa história como igualitaristas.

O fato de que somos diferentes dos grandes primatas em nossa relação com a hierarquia social chamou-me a atenção mais acentuadamente quando percebi que os incidentes que me faziam cair na risada não provocavam reação nenhuma nos chimpanzés.

A primeira vez que me dei conta disso foi durante uma demonstração de intimidação feita por Yeroen, um vigoroso macho alfa. Não há nada de engraçado numa demonstração desse tipo. Todos os outros primatas assistem à cena tremendo de medo, cientes de que um macho nesse estado transbordante de testosterona, com os pelos totalmente arrepiados, está louco para dar seu recado: Quem manda ali é ele. Qualquer um que se coloque em seu caminho arrisca-se a levar uma bela surra. Correndo a todo vapor, como uma locomotiva pronta para esmagar a tudo e a todos, Yeroen escalou pesadamente um tronco de árvore inclinado no qual costumava bater o pé, fazendo-o vibrar e ranger para, assim, amplificar sua demonstração de força e de estamina. Cada macho alfa inventa seus próprios efeitos especiais. Mas dessa vez havia chovido e o tronco estava escorregadio, o que fez com que o poderoso líder, no momento culminante de seu espetáculo, levasse um escorregão. Ele se segurou no tronco por um segundo e, a seguir, espatifou-se na grama. Ficou sentado por um momento, olhando em volta, desorientado. No melhor espírito "o show deve continuar", ele então encerrou sua atuação correndo em direção a um grupo de espectadores e dispersando-os em meio a gritos apavorados.

Embora o mergulho repentino de Yeroen tivesse me provocado boas gargalhadas, nenhum dos chimpanzés achou a cena remotamente engraçada, até onde pude perceber. Eles mantiveram os olhos fixados nele como se tudo aquilo fizesse parte do mesmo show, embora, evidentemente, as coisas não tivessem saído exatamente da forma que Yeroen pretendia. Um incidente parecido ocorreu numa outra colônia, quando o macho alfa, em meio à sua demonstração, apanhou uma bola de plástico rija. Ele tinha o hábito de jogá-la para o alto com o máximo de força, para que ela caísse em algum lugar com um som de batida bem intenso. Dessa vez, no entanto, ele jogou a bola para o alto e ficou olhando em volta, confuso, pois a bola tinha desaparecido miraculosamente. Ele não sabia que a bola estava voltando exatamente na mesma trajetória em que a havia lançado, e ela aterrissou nas costas dele com uma pancada. O macho levou um susto, interrompendo sua demonstração. Novamente, achei a visão dessa cena muito engraçada, mas nenhum dos chimpanzés esboçou qualquer reação perceptível. Se eles fossem humanos, teriam rolado no chão de tanto rir, ou — se o medo os impedisse de fazê-lo — teriam se beliscado um ao outro e ficado roxos na tentativa de segurar a risada.

O ditado "Quanto mais alto sobe um macaco, melhor nós vemos o seu traseiro", atribuído a São Boaventura, um teólogo do século XIII, ilustra bem o nosso pensamento em relação aos indivíduos no topo da escala. Na verdade, ele se aplica melhor aos humanos do que aos macacos. As minhas próprias reações se encaixam nesse molde. Achei engraçado ver um indivíduo no alto da hierarquia fazendo papel de bobo durante sua exibição de pompa e poder, do mesmo modo como não conseguimos conter o riso quando os líderes políticos cometem gafes constrangedoras ou quando são flagrados algemados a uma barra de *pole dancing* num clube de *strip-tease*, vestindo apenas as roupas de baixo. O político australiano surpreendido nessa situação, durante uma batida policial, declarou que o episódio lhe ensinara duas lições: "Nunca deixe alguém algemá-lo numa barra e certifique-se sempre de que as suas roupas de baixo estão limpas".[3]

A nossa espécie tem um traço decididamente subversivo que nos faz sentir satisfeitos quando as pessoas que estão no poder, por mais que as respeitemos, são obrigadas a baixar um pouco a crista. Entre os igualitaristas de hoje, sejam caçadores-coletores ou horticultores, a mesma tendência está presente.[4] Eles eliminam as distinções de riqueza e poder. A ênfase é na igualdade e no compartilhamento. Se um aspirante a chefe puser na cabeça que pode sair dando ordens a torto e a direito, os outros rirão dele na sua cara, e também pelas costas. Christopher Boehm, um antropólogo americano interessado em entender os mecanismos niveladores da hierarquia nessas comunidades tribais, descobriu que os líderes que agem de forma tirânica e vaidosa, não distribuem os bens e lidam com os forasteiros de modo a obter vantagens pessoais logo perdem o respeito e o apoio da comunidade. Geralmente as armas usadas contra eles são a zombaria, os boatos e a desobediência. Mas os igualitaristas podem também tomar medidas mais drásticas se o líder ultrapassar certos limites. Um chefe que se aproprie dos rebanhos de outros homens ou que obrigue as esposas destes a manter relações sexuais com ele estará arriscando a própria vida.

Talvez as hierarquias sociais estivessem fora de moda no tempo em que os nossos ancestrais viviam em sociedades de pequena escala, mas elas certamente voltaram à cena com os assentamentos agrícolas e a acumulação de riqueza. A despeito disso, a tendência a subverter esses arranjos verticais nunca foi abandonada pela nossa espécie. Nascemos revolucionários. Sigmund Freud reconheceu esse desejo inconsciente, especulando que o começo da história humana se deu quando os filhos revoltados reuniram-se em bando para eliminar seu despótico pai, que mantinha para si todas as mulheres.[5] As conotações sexuais da história de origem criada por Freud podem servir como uma metáfora para todas as nossas interações políticas e econômicas, sugerindo uma relação que é confirmada pela neurociência. Examinando o modo como os humanos tomam decisões financeiras, os economistas descobriram que as mesmas áreas do cérebro dos homens são ativadas quando eles avaliam riscos financeiros e quando são expostos a imagens sexuais excitantes.[6] Na realidade, depois de ver essas imagens, os homens deixam a cautela de lado e fazem apostas mais altas do que normalmente fariam. Nas palavras de um neuroeconomista, "A ligação entre o sexo e a cobiça existe há centenas de milhares de anos e remonta ao papel evolutivo dos homens como provedores para atrair as mulheres".

Isso não condiz exatamente com a nossa imagem de otimizadores de lucro racionais que os economistas costumam alardear. Os modelos econômicos tradicionais desconsideram o senso de justiça humano, embora este influencie nossas decisões econômicas. Eles ignoram também as emoções humanas em geral, apesar da frágil distinção entre sexo e dinheiro no cérebro do *Homo economicus*. Os publicitários sabem disso muito bem, e por essa razão eles geralmente colocam mulheres atraentes nas propagandas de carros e de relógios de luxo. Os economistas, contudo, preferem imaginar um mundo hipotético guiado pelas forças de mercado e por escolhas racionais determinadas pelo autointeresse. Esse mundo pode condizer com alguns membros da raça humana, que agem de forma puramente egoísta e tiram proveito dos outros sem nenhum arrependimento. Mas quase todos os experimentos demonstram que essas pessoas são a minoria. A maior parte dos seres humanos é altruísta e cooperativo, tem senso de justiça e é guiada pelos objetivos da comunidade. O nível de confiança e de cooperação entre as pessoas supera de longe as previsões dos modelos econômicos.

O fato de que os pressupostos sobre a espécie humana e o comportamento real das pessoas se mostrem tão desajustados é obviamente problemático para nós. O perigo de pensarmos que não passamos de oportunistas cobiçosos é que isso nos impulsiona exatamente na direção desse tipo de comportamento. Esse modo de pensar solapa a confiança nos outros e faz com que sejamos cautelosos, abolindo nossa generosidade. Como explicou o economista americano Robert Frank,

> Aquilo que pensamos sobre nós mesmos e sobre as nossas possibilidades determina as nossas aspirações... Os efeitos nocivos da teoria do interesse egoísta se mostraram muito perturbadores. Estimulando-nos a esperar o pior dos outros, ela enfatiza o que há de pior em nós: por medo de fazer papel de bobos, geralmente hesitamos em atender aos nossos instintos mais nobres.[7]

Ironicamente, uma perspectiva puramente egoísta está longe de ser a melhor alternativa para nós, conforme discute Frank. Ela limita nossa visão a ponto de nos fazer relutar em nos envolvermos nos compromissos emocionais de longo prazo que serviram tão bem à nossa linhagem durante milhões de anos. Se fôssemos realmente os estrategistas espertalhões que os economistas afirmam que somos, estaríamos fadados a ficar eternamente caçando lebres, sem nunca nos dedicarmos à caça aos cervos.

Esses termos fazem referência a um dilema, postulado pela primeira vez por Jean-Jacques Rousseau — no *Discurso sobre a origem e os fundamentos da desigualdade entre os homens* —, que vem ganhando popularidade entre os estudiosos da teoria dos jogos. Trata-se da escolha entre as pequenas recompensas individuais e as grandes recompensas da ação coletiva. Dois caçadores devem se decidir entre sair cada um por si atrás de uma lebre ou trabalhar juntos para levar um cervo para casa.[8] Mesmo repartido ao meio, o cervo é uma caça muito maior. Nossas sociedades foram bem-sucedidas na formalização de camadas de confiança (que possibilitam, por exemplo, que façamos pagamentos com cartões de crédito, não porque o dono da loja confie em nós, mas porque ele confia na empresa de crédito, que por sua vez confia em nós), o que significa que participamos de complicadas caças aos cervos. Mas não fazemos isso incondicionalmente. Embarcamos de bom grado em empreendimentos cooperativos com certas pessoas, mas não necessariamente com todas elas. Parcerias produtivas exigem um histórico de toma lá dá cá e de demonstrações mútuas de lealdade. É só nessas condições que conseguimos alcançar objetivos maiores do que nós mesmos.

A diferença é radical. Em 1953, oito alpinistas se meteram em apuros no K2, uma das montanhas mais altas e mais perigosas do mundo. A uma temperatura de quarenta graus negativos, um membro do grupo desenvolveu um coágulo de sangue na perna. Embora a descida com um companheiro incapacitado colocasse em risco a vida dos outros membros da expedição, ninguém considerou a possibilidade de deixá-lo para trás. A solidariedade desse grupo tornou-se lendária na história do montanhismo.[9] Compare isso com o drama recente, ocorrido em 2008, em que onze alpinistas morreram no K2 ao perder de vista o seu objetivo comum. Um dos sobreviventes lamentou que o impulso de autopreservação tivesse falado tão alto: "Cada um estava lutando pela própria vida, e até hoje não compreendo por que razão nós nos abandonamos uns aos outros".

O primeiro grupo estava caçando cervo, e o segundo, caçando lebre.

JOGOS DE CONFIANÇA

Que empresa, hoje em dia, promove *workshops* para os seus funcionários sem incluir no programa alguns jogos de confiança? Um homem sobe numa mesa e fica de costas para os colegas, que se preparam para segurá-lo no instante em que ele despencar em seus braços. Ou uma pessoa de olhos vendados recebe orientações verbais de um colega para atravessar uma área com objetos espalhados que representa um campo minado. A construção de laços de confiança derruba as barreiras entre os indivíduos, fazendo com que eles acreditem uns nos outros e preparando-os para empreendimentos comuns. Todo mundo aprende a ajudar todo mundo.

Mas isso não é nada em comparação com os jogos praticados pelos macacos-prego na Costa Rica. Na verdade, jamais se consentiria que os humanos se envolvessem em jogos semelhantes. Qualquer advogado nos advertiria contra isso. Esses pequenos macacos se envolvem em jogos tão absurdos no alto das árvores que eu não podia acreditar neles até assistir aos vídeos que Susan Perry, uma primatóloga americana, exibe para as plateias aflitas. Duas modalidades típicas são o jogo de "cheirar a mão" e o jogo de "enfiar o dedo no olho".[10]

No primeiro deles, dois macacos sentam-se frente a frente num galho e cada um enfia um dedo na narina do outro cada vez mais fundo, até que toda a extensão do dedo acima da primeira articulação tenha desaparecido. Balançando-se suavemente, eles ficam sentados dessa maneira, com expressões faciais que sugerem um estado de transe. Os macacos, normalmente, são hiperativos e sociáveis, mas os participantes desse jogo permanecem afastados do grupo, concentrando-se no parceiro por períodos de até meia hora.

O segundo jogo é ainda mais curioso: um macaco introduz um dedo quase inteiro entre a pálpebra e o globo ocular do parceiro. Os dedos dos macacos-prego parecem bem pequenos, mas levando em conta o tamanho de seus olhos e de seu nariz, eles são tão grandes quanto os nossos. Além disso, é óbvio que suas unhas nunca estão especialmente limpas, de modo que esse comportamento pode arranhar a córnea e causar infecções. É preciso que os macacos permaneçam realmente imóveis, pois, caso contrário, um deles poderá perder um olho. Observar esses jogos é uma experiência extremamente angustiante! O par permanece na mesma postura durante vários minutos, e às vezes o participante que recebe o dedo em seu olho também enfia o dedo na narina do outro.

O propósito desses jogos estranhos é obscuro, mas uma hipótese possível é a de que eles sirvam para testar os laços entre esses animais. Essa explicação também foi oferecida em relação aos rituais humanos em que nos colocamos em situação vulnerável. O beijo de língua, por exemplo, traz o risco da transmissão de doenças. Beijar de forma íntima é algo que tanto pode ser prazeroso como absolutamente repulsivo, dependendo do parceiro. Por essa razão, trata-se de um comportamento muito revelador sobre a nossa maneira de ver um relacionamento. Dizem que nos casais o beijo funciona como um teste em relação ao amor, ao desejo e até mesmo à fidelidade do parceiro. Pode ser que os macacos-prego também estejam tentando descobrir o quanto eles realmente gostam um do outro, o que talvez os ajude a decidir quais são os parceiros em quem poderão confiar para defendê-los durante os confrontos no interior do grupo. Uma segunda explicação é a de que esses jogos ajudam os macacos a reduzir o estresse, que eles experimentam em altas doses. Entre esses animais, a vida em grupo é repleta de acontecimentos dramáticos. Durante os jogos de "cheirar a mão" e de "enfiar o dedo no olho", eles parecem entrar num estado excepcionalmente tranquilo e distraído. Estarão eles explorando o limite entre a dor e o prazer, e talvez liberando endorfinas nesse processo?

A expressão "jogos de confiança" parece adequada nesse contexto, uma vez que seria necessário que tivéssemos um grau elevado de confiança no outro para permitir que ele nos enfiasse o dedo no olho. Não pode haver confiança maior do que sujeitar-se a uma situação de risco na suposição de que o outro não irá tirar proveito disso. O que esses macacos parecem estar dizendo uns aos outros — à semelhança do que fazem os humanos ao se jogar para trás nos braços dos colegas — é que eles acreditam que tudo irá terminar bem. Evidentemente, esse é um sentimento maravilhoso, um dos sentimentos que mais valorizamos em nossas relações com os amigos e os familiares.

Os animais desenvolvem muito rapidamente esse tipo de relação, inclusive entre espécies diferentes. Ela existe, por exemplo, entre os humanos e seus animais de estimação, de maneira que podemos segurá-los de cabeça para baixo ou enfiá-los debaixo de nosso pulôver — movimentos assustadores que eles não aceitarão da parte de estranhos. Inversamente, podemos enfiar o braço na boca de um cachorro grande, mesmo sabendo que ele é um animal carnívoro programado para arrancar um pedaço do nosso braço. Mas os animais também aprendem a confiar um no outro. Num antigo zoológico, um macaco mantido na mesma jaula que um hipopótamo costumava limpar os dentes deste último. Depois que o hipopótamo terminava de comer sua refeição de pepinos e pés de alface, o pequeno macaco se aproximava e dava uma batidinha na boca do hipopótamo. Em resposta a isso, o hipopótamo escancarava sua boca enorme. É claro que eles já haviam feito isso antes. Como um mecânico sob o capô de um carro, o macaco se debruçava e retirava meticulosamente os restos de comida dos intervalos entre os dentes do hipopótamo, consumindo tudo aquilo que recolhia. O hipopótamo parecia apreciar o serviço, pois mantinha a boca bem aberta enquanto o macaco estivesse trabalhando.

O risco que o macaco corria não era tão grande quanto parece. Ainda que um hipopótamo tenha uma boca gigantesca e dentes muito perigosos, ele não é nenhum animal carnívoro. É muito mais delicado desempenhar essa tarefa num predador de verdade, mas isso também é observado na natureza. Os limpadores são pequenos peixes marinhos que se alimentam de ectoparasitas encontrados em peixes muito maiores. Cada limpador tem sua "estação de limpeza" num recife de coral e tem também sua própria clientela, que se dirige a eles com as nadadeiras peitorais estendidas para que os limpadores possam executar seu trabalho. Às vezes, os peixes limpadores ficam tão ocupados que os clientes precisam aguardar em fila. É um caso de mutualismo perfeito. O limpador mordisca os parasitas, removendo-os da superfície corporal do cliente, das suas guelras e até mesmo do interior de sua boca.

O peixe limpador confia que o peixe maior o deixará remover os parasitas em vez de forçá-lo a encerrar sua carreira. Mas o peixe maior também precisa confiar no limpador, uma vez que nem sempre estes últimos fazem um trabalho honesto. Às vezes, eles dão uma mordida no cliente, devorando um pedaço da sua pele saudável. Isso faz com que o peixe maior dê um solavanco ou saia nadando. De acordo com o biólogo suíço Redouan Bshary, que acompanhou essas interações no mar Vermelho, os limpadores rapidamente tentam reparar o relacionamento comprometido e atrair o cliente de volta. Eles oferecem uma "massagem tátil", nadando em torno do peixe grande e friccionando a barriga dele com suas nadadeiras dorsais. A massagem proporciona ao peixe um prazer tão intenso que ele fica paralisado e começa a flutuar, indo bater, inerte, contra o recife. A estratégia do limpador parece restaurar a confiança do cliente, que geralmente permite que a sessão de limpeza continue.

Numa demonstração de confiança mútua, um macaco num zoológico limpa os dentes de um hipopótamo.

Os únicos peixes com quem os limpadores nunca trapaceiam são os predadores grandes. Com esses peixes, eles adotam sabiamente o que Bshary chama de "estratégia incondicionalmente cooperativa". Como esses peixinhos podem saber quais são os clientes que poderiam devorá-los? É improvável que o saibam com base em experiências diretas, uma vez que estas, por definição, são experiências terminais. Será que eles testemunharam situações em que esses peixes devoraram outros peixes, ou será que eles se perguntam, como a Chapeuzinho Vermelho, por que razão esses peixes teriam dentes tão grandes? Geralmente não atribuímos muita inteligência aos peixes, mas a razão disso é que os subestimamos, como fazemos, aliás, com a maioria dos animais.

A confiança pode ser definida como o sentimento de segurança na honestidade e na cooperação por parte do outro, ou pelo menos como a expectativa de que o outro não irá nos ludibriar. Essa parece ser uma caracterização bastante boa do modo como o peixe limpador deve se relacionar com seus anfitriões quando se introduz em suas guelras ou em sua boca. Ela descreve igualmente bem as bases sobre as quais os macacos-prego decidem quais serão os seus parceiros no jogo de "enfiar o dedo no olho". A confiança é o lubrificante que torna a sociedade capaz de funcionar sem grandes atritos. Se tivéssemos que testar todas as pessoas o tempo todo antes de fazermos alguma coisa juntos, nunca chegaríamos a fazer nada. Usamos as experiências passadas para decidir em quem confiar, e às vezes o fazemos com base na nossa experiência generalizada com os membros da nossa sociedade.

Num estudo, duas pessoas receberam uma pequena quantia de dinheiro cada uma. Se uma delas desistisse de sua quantia, a outra receberia em dobro. O outro participante se encontrava na mesma situação. Desse modo, o melhor seria que ambos desistissem do seu dinheiro, pois assim as duas partes sairiam ganhando. Mas essas pessoas não conheciam uma à outra e não tiveram a chance de conversar entre si. Além disso, o jogo só foi realizado uma vez. Nessas circunstâncias, parece mais inteligente simplesmente conservar a quantia recebida, já que não é possível prever o que o outro fará. Entretanto, algumas pessoas desistiram de sua quantia assim mesmo, e nos casos em que os dois jogadores o fizeram, é claro que eles saíram ganhando mais do que o restante das pessoas. A principal mensagem desse experimento, e de muitos outros, é que a nossa espécie demonstra mais confiança nos outros do que prevê a teoria de que fazemos escolhas racionais.[11]

Confiar nas pessoas pode ser uma excelente decisão num jogo de uma só rodada que envolva uma quantia pequena, mas no longo prazo, precisamos adotar uma postura mais cautelosa. O problema dos sistemas cooperativos são os indivíduos que tentam extrair dele um lucro desproporcional ao investimento feito por eles. Quando não se consegue impedir as ações desses parasitas, o sistema como um todo entra em colapso. Isso faz com que os humanos mostrem-se naturalmente cuidadosos nas suas transações com os outros.

Coisas estranhas podem ocorrer quando essa cautela não está presente. Uma pequeníssima parcela dos humanos nasce com uma deficiência genética que os faz confiar em todo mundo, indiscriminadamente. Essas pessoas são portadoras da síndrome de Williams, uma doença decorrente da não expressão de um pequeno número de genes no cromossomo 7. Os pacientes com a síndrome de Williams demonstram uma afabilidade contagiante, e são altamente gregários e verborrágicos. Pergunte a um adolescente autista ou com a síndrome de Down o que ele faria se fosse um pássaro, e ele provavelmente não lhe dirá muita coisa, mas o indivíduo com síndrome de Williams responderá "Boa pergunta! Eu poderia voar pelo céu livremente. Se eu avistasse um menino, pousaria em sua cabeça e começaria a cantar".[12]

Embora seja difícil resistir a essas crianças fascinantes, elas não têm amigos. A razão disso é que elas confiam em todo mundo e amam todas as pessoas da mesma maneira. Geralmente nos afastamos de pessoas assim, pois não sabemos se podemos confiar nelas. Elas demonstrarão gratidão pelos favores que fizermos a elas? Sairão em nossa defesa se entrarmos numa briga? Nos ajudarão a alcançar nossos objetivos? É muito provável que nada disso aconteça, o que significa que elas não têm as características que procuramos num amigo. Elas também não contam com uma das habilidades sociais mais elementares, que é a de detectar as intenções dos outros, e jamais pressupõem que alguém possa ser mal-intencionado.

A síndrome de Williams é um desastroso experimento da natureza que indica que as demonstrações de amabilidade e credulidade — características que esses pacientes têm de sobra — não são o bastante para a sustentação de laços duradouros. A nossa expectativa é a de que as pessoas sejam capazes de fazer julgamentos perspicazes. Que um pequeno número de genes possa ocasionar um déficit nessa capacidade revela que a prudência normalmente demonstrada pela nossa espécie é uma tendência inata. Fazemos uma escolha cuidadosa entre confiar e desconfiar, como também o fazem muitas outras espécies.

Um filhote de chimpanzé, por exemplo, aprende a confiar em sua mãe. Sentada numa árvore, ela o segura pela mão ou pelo pé, balançando-o a muitos metros de altura do chão. Se ela o soltasse, a queda certamente seria fatal, mas mãe alguma jamais faria isso. Quando fazem grandes deslocamentos na floresta, o filhote viaja agarrado à barriga da mãe, e quando já está mais crescido, ele vai sentado às costas dela. Levando em conta que a dependência por parte do filhote de chimpanzé dura aproximadamente seis anos, na verdade eles *vivem* nas costas da mãe. Certa vez, quando eu estava seguindo um grupo de chimpanzés pela floresta, vi uma fêmea jovem ficar de pé nas costas da mãe e começar a dar cambalhotas. Ela foi repreendida com um breve apertão e pelo olhar da mãe. A reação da mãe não foi muito diferente da nossa quando temos de controlar crianças turbulentas no banco de trás do carro.

Os filhotes de chimpanzés também aprendem a desconfiar. Isso acontece, por exemplo, nas situações em que eles brincam com outro filhote. Os dois correm para lá e para cá, dando risadas barulhentas. Embora pareçam estar se divertindo, eles estão também medindo forças, descobrindo quem consegue empurrar quem e qual deles consegue bater no outro ou apanhar sem choramingar. Os machos jovens, em especial, adoram brincadeiras turbulentas. Mas se o irmão mais velho de um dos participantes aparece, isso altera toda a dinâmica do jogo. O filhote cujo irmão está por perto subitamente se enche de coragem, bate com mais força ou chega mesmo a morder o amigo. Os dois filhotes sabem qual deles poderá contar com apoio, caso cheguem às vias de fato. A brincadeira se transforma numa situação hostil. Não há nada de atípico nisso. Desde a mais tenra idade, os chimpanzés aprendem que a diversão tem hora para acabar. Nenhum companheiro de brincadeiras pode ser tão digno de confiança quanto a mãe.

Damos um valor gigantesco à confiança. Entre os boxímanes, todos os homens podem possuir flechas envenenadas, mas elas ficam guardadas numa aljava pendurada a uma árvore bem alta, fora do alcance das crianças, e com as pontas viradas para baixo. Os boxímanes tratam essas flechas da mesma maneira que trataríamos granadas de mão não detonadas. Como ficaria a vida em grupo se os homens estivessem sempre ameaçando utilizá-las? Também na nossa cultura, as comunidades coesas mostram altos níveis de confiança. As pequenas cidades dos Estados Unidos gozam de um nível tão elevado de controle social e de apoio entre os indivíduos que as pessoas deixam as portas das casas abertas e os carros destrancados. Quais foram os crimes que já ocorreram em Mayberry?

As cidades grandes, obviamente, são outra história. Em 1997, uma mãe dinamarquesa deixou a filha de catorze meses de idade num carrinho de bebê do lado de fora de um restaurante em Manhattan. A menina foi colocada sob custódia e levada para um orfanato, e a mãe terminou na prisão. Para a maioria dos americanos, ela era louca ou criminosamente negligente, mas na verdade essa mãe estava simplesmente seguindo aquilo que os dinamarqueses costumam fazer. A Dinamarca tem índices de criminalidade incrivelmente baixos, e os pais consideram que uma criança precisa acima de tudo de *frisk luft*, ou ar fresco. A mãe imaginou que pudesse contar com a segurança e o ar puro numa cidade que não oferecia nem uma coisa e nem a outra. As acusações contra ela foram por fim retiradas.

Ao visitar a Dinamarca recentemente, perguntei a alguns colegas se eles deixariam uma criança desacompanhada do lado de fora de um restaurante. Todos eles me responderam que sim, que isso é o que todo mundo faz. As pessoas não o fazem porque não gostam de ficar com seus bebês perto delas, mas porque acreditam que é muito melhor para as crianças ficar ao ar livre. Ninguém considera o risco de a criança ser raptada. Meus anfitriões ficaram absolutamente perplexos com a ideia de que alguém pudesse agir de forma tão mal-intencionada, e ficaram se perguntando onde uma pessoa iria com uma criança raptada. Se alguém voltasse para casa com uma criança, indagaram, a vizinhança toda não iria logo perguntar de onde ela tinha surgido? E não fariam imediatamente a ligação entre uma coisa e a outra quando os jornais noticiassem o desaparecimento de um bebê?

A confiança que os dinamarqueses depositam automaticamente uns nos outros é conhecida como "capital social", e esse é provavelmente o capital mais precioso que existe. Em todas as pesquisas, os dinamarqueses aparecem como o povo que tem o índice de felicidade mais alto do mundo.

Da mesma forma como o meu escritório não permaneceria vazio por muito tempo se eu me mudasse, na natureza os bens imóveis também estão sempre mudando de mãos. As moradias em potencial vão desde os buracos perfurados pelos pica-paus até as tocas abandonadas. Um exemplo típico da "cadeia de reocupação dos lugares vazios" é o mercado imobiliário entre os caranguejos ermitões. Cada caranguejo carrega sua própria casa — uma concha de gastrópode abandonada — literalmente para proteger seu traseiro. O problema é que o caranguejo cresce, e a casa não. Por esse motivo, os ermitões estão sempre à procura de novas acomodações. Assim que eles se mudam para uma concha mais espaçosa, novos caranguejos fazem fila para ocupar a concha que ficou vazia.[13]

É fácil ver a lei da oferta e da procura em funcionamento nessa economia de bens de segunda mão, mas por ela se desenrolar num plano bastante impessoal é difícil reconhecer sua semelhança com as transações comerciais praticadas entre os humanos. Seria mais interessante se os ermitões selassem acordos do tipo "Você pode ficar com a minha casa se em troca dela me der aquele peixe morto". Mas esses caranguejos não são negociantes, e, a bem da verdade, não têm o menor escrúpulo em despejar à força os proprietários de um imóvel.

Adam Smith acreditava que esse tipo de abordagem era característico de todos os animais: "Jamais se viu um cachorro fazer a troca de um osso de maneira justa e deliberada com outro cachorro...".[14] Isso é verdade, mas Smith estava errado ao supor que os animais nunca negociam, e que a justiça é uma noção totalmente estranha a eles. Ele subestimou a sociabilidade dos animais, acreditando que eles não tivessem necessidade um do outro. Meu palpite, no entanto, é de que o grande filósofo escocês teria ficado encantado ao ver os avanços obtidos pelos estudos recentes da "economia comportamental" animal.

Ilustrarei isso com um incidente ocorrido entre os macacos-pregos que foram ensinados por nós a puxar uma bandeja com comida. Fazíamos com que a bandeja ficasse pesada demais para ser puxada por um único macaco, oferecendo-lhes uma boa razão para trabalharem em conjunto. Na ocasião em questão, a bandeja deveria ser apanhada por duas fêmeas, Bias e Sammy. Puxando uma barra que ficava presa à bandeja, elas conseguiram trazê-la para dentro de seu alcance, como já haviam feito antes muitas vezes. Mas, dessa vez, Sammy agarrou sua xícara de comida tão rapidamente que ela acabou soltando a bandeja antes que Bias tivesse tido a chance de apanhar a sua. Devido ao contrapeso, a bandeja escorregou para trás, ficando novamente fora de alcance. Enquanto Sammy mastigava sua comida feliz da vida, Bias teve uma explosão de raiva. Ela gritou a plenos pulmões durante meio minuto, até que Sammy se aproximasse pela segunda vez da barra presa à bandeja, lançando um olhar rápido para Bias. Então ela segurou a barra de puxar, ajudando Bias a trazer a bandeja para perto novamente. Dessa vez, Sammy não puxou a barra em benefício próprio, já que no seu lado da bandeja havia apenas uma xícara vazia.

Ao corrigir o que havia feito, o comportamento de Sammy foi uma resposta direta ao protesto de Bias contra a perda de uma recompensa esperada. Esse comportamento assemelha-se ao que acontece nas transações econômicas entre as pessoas, pois envolve a cooperação, a comunicação, o cumprimento da expectativa do outro e talvez até mesmo um senso de obrigação. Sammy mostrou-se sensível ao princípio da contrapartida. Bias a havia ajudado; como ela poderia agora recusar-se a ajudá-la? Esse tipo de sensibilidade não surpreende, levando-se em consideração que a vida grupal desses macacos contém a mesma mistura de cooperação e competição presente nas sociedades humanas.

É importante observar que Sammy e Bias não têm nenhuma relação de parentesco. A tendência dos animais a ajudarem seus parentes fica evidente nas colmeias e nos formigueiros, mas ocorre também entre os mamíferos e os pássaros. "O sangue fala mais alto", dizemos, e também na nossa sociedade há uma infinidade de situações em que as pessoas contam com a assistência familiar. Ajudar um parente é um comportamento vantajoso do ponto de vista genético. É por essa razão que os biólogos abordam esse tipo de ajuda como um capítulo separado do tema mais geral da ajuda entre os indivíduos. Na ausência das relações de parentesco, as vantagens de se prestar auxílio ao outro são bem menos evidentes. Nesse caso, por que os animais apresentam esse comportamento? Piotr Kropotkin ofereceu uma explicação em seu livro *Mutual aid*, publicado no começo do século XX. Se a ajuda é algo praticado por todos, então todas as partes saem ganhando.

Kropotkin esqueceu-se de acrescentar que um sistema como esse não poderá funcionar a não ser que todos os envolvidos contribuam de forma mais ou menos equivalente. Alguns participantes, entretanto, serão tentados a usufruir dos frutos da árvore sem se dar ao trabalho de regá-la. Em outras palavras, a cooperação fica vulnerável à ação dos aproveitadores. Alguns anos depois da publicação de *Mutual aid*, Kropotkin fez uma correção, mencionando os "preguiçosos", e sugeriu uma solução:

> Tomemos como exemplo um grupo de voluntários reunidos para uma empreitada em particular. Ansiosos pelo sucesso da empresa, todos se entregam ao trabalho com grande disposição, à exceção de um dos membros do grupo, que frequentemente se ausenta de seu posto. O que os demais participantes devem fazer? Devem dissolver o grupo, eleger um presidente que imponha multas ou dis-

tribuir bônus pelo trabalho realizado? É evidente que eles não farão nem uma coisa nem outra, mas chegará o dia em que o camarada descuidado ouvirá dos outros o seguinte: "Amigo, gostaríamos muito de trabalhar com você. Mas levando em conta que está sempre a se ausentar de seu posto, além de fazer seu trabalho com negligência, é melhor que nos separemos, e que você saia em busca de camaradas que consigam tolerar sua indiferença!".[15]

Os animais também são seletivos em relação aos parceiros aos quais se unem para trabalhar, desenvolvendo às vezes um "sistema de camaradagem" baseado na colaboração mútua entre os parceiros. Embora pareça um tanto macabro, o melhor exemplo disso é o modo como os morcegos vampiros compartilham o sangue entre si, dependendo do sucesso de cada indivíduo em extraí-lo de suas vítimas inocentes. Geralmente essas vítimas são os grandes mamíferos, como as vacas e os jumentos, mas pode também ser um humano durante o sono. Se o morcego A tiver tido sorte naquela noite, e seu amigo, o morcego B, não tiver logrado o mesmo êxito, o morcego A regurgitará sangue para alimentar o morcego B quando ambos retornarem ao seu abrigo comum. Na noite seguinte, a situação poderá se inverter. Os morcegos vampiros não conseguem sobreviver mais do que um dia sem sangue, de maneira que empregam esse sistema para reduzir o risco de morrer.[16]

Os chimpanzés, entretanto, vão bem além disso. Em suas caçadas aos macacos, uma missão dificílima no espaço tridimensional da floresta, as chances de sucesso aumentam muito se os machos trabalharem em grupo, enquadrando-se no padrão da caça ao cervo. Certa vez, tive a oportunidade de testemunhar de perto esse espetáculo e terminei batizado com um "banho": os chimpanzés defecam em profusão quando ficam muito excitados. Percebemos que havia uma caçada em curso por causa dos assovios e gritos misturados aos guinchos de pânico dos macacos. Eu estava embaixo de uma árvore onde diversos machos adultos estavam reunidos em torno da carcaça da sua presa favorita, um macaco colobo vermelho. Apesar do meu estado malcheiroso, não tive do que reclamar, pois assistir à caçada e à divisão de seu produto foi uma experiência verdadeiramente fascinante. Os machos repartiram a carne entre eles e também com algumas fêmeas em estado fértil.

Não raro há um caçador que captura a presa, de forma que nem todos os machos recebem necessariamente um pedaço da caça. A chance de ficar com uma porção da carne depende do papel desempenhado pelo macho na caçada, o que sugere que os chimpanzés adotam um regime de reciprocidade. Mesmo o macho mais dominante ficará de mãos vazias se não tiver participado da caçada.[17]

A reciprocidade pode ser estudada em cativeiro. Entregamos a um chimpanzé uma melancia ou um feixe de ramos com folhas, e observamos o que acontece. A situação ilustra muito bem a política econômica de Ronald Reagan. O animal que recebe a comida torna-se imediatamente o centro das atenções, com todos os outros se amontoando ao seu redor. Isso logo dá origem a agrupamentos secundários em torno dos chimpanzés que conseguiram obter uma porção de tamanho considerável, até que o alimento tenha sido oferecido em fomento direto às mãos de todos os membros do grupo. Os pedintes costumam gemer e choramingar, mas raramente ocorrem confrontações agressivas. Elas acontecem se o dono do alimento quiser que alguém deixe o círculo. Ele poderá bater com o ramo na cabeça dos outros ou gritar esganiçadamente até que seja deixado em paz. Não importa qual a posição hierárquica do animal que está de posse da comida, caberá a ele o controle da sua distribuição. Entre os chimpanzés, a hierarquia social fica em segundo plano quando a reciprocidade entra em cena.[18]

Como na canção "What have you done for me lately?" [O que você tem feito por mim ultimamente?], que fez sucesso na década de 1980, os chimpanzés parecem se lembrar dos favores que já receberam, como no caso das sessões de cafuné. Analisamos nada menos do que 7 mil situações em que os chimpanzés pediam comida aos seus "donos", para examinar quais delas eram bem sucedidas. Registrávamos os episódios espontâneos de cafuné ocorridos pela manhã, antes de cada uma das sessões de alimentação. Depois disso, comparávamos o fluxo das duas "moedas", a comida e o cafuné. Se Socko, o macho no topo da hierarquia, tivesse feito cafuné em May, por exemplo, suas chances de receber dela alguns ramos aumentavam muito. Verificamos que esse efeito podia ser generalizado para toda a colônia. Ao que tudo indica, amor com amor se paga. Esse tipo de permuta provavelmente se baseia na combinação da lembrança de eventos anteriores a um mecanismo psicológico que chamamos de "gratidão", e que pode ser definido como um sentimento afetuoso em relação a alguém de cujo ato de gentileza nos recordamos. O interessante é que a tendência a retribuir favores não é a mesma para todos os relacionamentos. Entre os bons amigos, que passam muito tempo juntos, uma única sessão de cafuné gera poucos efeitos. Eles compartilham coisas e trocam cafunés diariamente, provavelmente sem "contabilizar" esse tipo de troca. Apenas nos relacionamentos mais distantes os pequenos favores ganham destaque e são especificamente recompensados. Como Socko e May não eram especialmente próximos, a sessão de cafuné feita por Socko foi devidamente notada.[19]

O mesmo ocorre entre os humanos. Certa ocasião, numa conferência sobre a reciprocidade, um cientista revelou que mantinha no computador uma planilha com o registro atualizado de tudo o que fazia por sua esposa e também de tudo o que ela fazia por ele. A plateia ficou chocada. Achamos que alguma coisa estava errada.

O fato de que ele estava falando de sua terceira mulher, e de que hoje ele está casado com a quinta, sugere que esse tipo de contabilidade minuciosa não funciona para os relacionamentos íntimos. As pessoas casadas obviamente levam em conta o grau de reciprocidade que mantêm nessa relação, mas é de se esperar que os efeitos dessa reciprocidade sejam sentidos a longo prazo, e não de uma maneira "olho por olho, dente por dente". Nos relacionamentos íntimos, preferimos agir com base no vínculo e na confiança, reservando as nossas fantásticas habilidades contábeis para as relações com os colegas, os vizinhos, os amigos dos amigos etc.

Temos uma percepção mais aguda da política "olho por olho" que vigoram nos relacionamentos distantes quando ele é violado. Vou ilustrá-lo com uma história real que aconteceu com meu cunhado, J. Ele mora numa pequena cidade no litoral da França, onde é conhecido como um faz-tudo. Ele é capaz de construir um prédio inteiro com as próprias mãos, pois tem grande talento para a carpintaria, entende de encanamento, é excelente pedreiro, sabe construir e consertar telhados, e assim por diante. Todos os dias, ele demonstra essas habilidades em sua própria casa, de modo que, naturalmente, as pessoas estão sempre lhe pedindo ajuda. J. é uma pessoa muito prestativa, e está sempre dando conselhos (ou uma mãozinha) às pessoas. Um de seus vizinhos, a quem ele mal conhecia, vivia perguntando como fazer para instalar uma claraboia no telhado de sua casa. J. emprestou-lhe sua escada para que ele fizesse a obra, mas, como o homem continuasse pedindo ajuda, prometeu que iria à casa dele dar uma olhada.

J. passou o dia todo na casa do vizinho, fazendo o trabalho sozinho, uma vez que o próprio vizinho declarou que não sabia como segurar um martelo. Enquanto J. trabalhava, a esposa do vizinho chegou, cozinhou, serviu o almoço (que é a refeição principal na França) e comeu ao lado de seu marido, sem oferecer nada ao visitante. Ao final do dia, J. havia conseguido instalar a claraboia, proporcionando ao vizinho um serviço especializado de excelente qualidade, que normalmente teria custado a ele mais do que seiscentos euros. J. não lhe cobrou nada, mas quando o mesmo vizinho, alguns dias depois, mencionou um curso de mergulho subaquático, dizendo que seria muito divertido se pudessem fazê-lo juntos, ele considerou que essa seria uma excelente oportunidade para uma retribuição, uma vez que o curso custava cerca de 150 euros. J. respondeu que adoraria fazer o curso, mas infelizmente o valor cobrado estava fora de seu orçamento. A essas alturas, você já deve ter adivinhado o que aconteceu: o vizinho foi fazer o curso sozinho.

Histórias como essa nos deixam incomodados, talvez até mesmo furiosos. Estamos sempre atentos à reciprocidade, o que é justificável, uma vez que ela é um princípio básico da sociedade humana. Quase nunca a mencionamos explicitamente, pois achamos grosseiro chamar a atenção do outro para os favores que lhes fizemos no passado. Embora a literatura acadêmica sobre esse tema apregoe a nossa tendência a punir os "trapaceiros" — que, como o vizinho da história acima, tomam muito mais do que dão —, esse tipo de castigo raramente ocorre na vida real. O que J. poderia fazer? Jogar uma pedra na claraboia? Punições podem realmente ocorrer quando se trata de pessoas estranhas participando de um jogo num laboratório de psicologia, mas numa cidade pequena onde todo mundo se conhece e vive ali boa parte de sua vida, às vezes por gerações e gerações, as pessoas precisam escolher com cuidado seus atos de vingança. A única opção aberta a J. (que, aliás, é uma opção tipicamente humana) seria começar a fazer fofoca sobre o que havia ocorrido.

Uma solução ainda mais simples é evitar as pessoas que demonstram falta de gratidão. Se tivermos muitos parceiros entre os quais escolher, por que não optar pelos indivíduos de bom caráter, que sabemos que respeitarão as trocas passadas, em vez daqueles abomináveis parasitas dos quais nenhum de nós têm a menor necessidade? Como a clientela de um mercado, nós selecionamos as nossas parcerias, experimentando-as do mesmo modo que os franceses fazem com os melões. Queremos os melhores. Pessoas como o vizinho de J. não se sairão bem.

Isso se liga à ideia de "mercado de serviços" que propus tempos atrás em relação aos chimpanzés.[20] A lei da oferta e da procura prevalece em toda parte, desde as flores e as abelhas (a proporção entre as flores e as abelhas determina quão atraentes as primeiras devem ser para que sejam polinizadas pelas últimas) até o caso curioso dos babuínos e seus filhotes. As fêmeas dos babuínos sentem uma atração irresistível pelos bebês, não somente pelos próprios, mas também pelos de outras fêmeas. Elas grunhem afetuosamente para eles e adoram tocá-los. Mas as mães babuínas são muito protetoras, e relutam em deixar que qualquer um mexa em seus preciosos recém-nascidos. Para se aproximarem, as fêmeas interessadas fazem cafuné na mãe. Enquanto isso, espreitam o bebê por sobre os ombros desta última. Depois de uma relaxante sessão de cafuné, as mães às vezes permitem que a outra fêmea veja o bebê mais de perto. Desse modo, a fêmea "paga" pelo tempo que passa com o recém-nascido. A lei de mercado prevê que o valor dos bebês aumenta quando há um número pequeno deles. Num estudo com babuínos Chacma na África do Sul, Peter Henzi e Louise Barrett verificaram que a duração das sessões de cafuné recebidas pela mãe era de fato inversamente proporcional à oferta de recém-nascidos no bando. As mães que faziam parte de grupos com pequeno número de recém-nascidos cobravam um preço consideravelmente mais alto do que as mães que pertenciam a um bando que tivesse passado recentemente por um *baby-boom*.

O modo como os primatas negociam as mercadorias é uma imitação espantosa do nosso sistema econômico. Conseguimos até instituir um "mercado de trabalho" em miniatura entre os macacos-prego, inspirando-nos no comportamento desses animais nas situações de caça. Os macacos-prego são verdadeiramente capazes de cooperar uns com os outros, unindo esforços, por exemplo, para cercar os esquilos gigantes. Os esquilos são uma presa tão ágil que a captura deles pelos macacos-prego é tão difícil quanto a caçada de macacos pelos chimpanzés. Em seguida a esse esforço cooperativo, a carne é repartida entre eles.[21]

O princípio da retribuição pode ser estudado em experimentos que exijam a colaboração entre os participantes, mas recompensem o esforço de apenas um dos parceiros. Numa variação do experimento descrito para Sammy e Bias e que envolvia o ato cooperativo de puxar a bandeja, fizemos um arranjo em que somente um dos animais recebia uma xícara cheia de pedaços de maçã. Esse indivíduo era chamado de "chefe". O outro parceiro tinha diante de si uma xícara vazia, de modo que ele puxava a bandeja em benefício do chefe. Esse indivíduo foi chamado de "operário". Os dois macacos ficavam sentados lado a lado, separados por uma tela, e podiam ver as duas xícaras. Com base nos resultados de testes realizados antes, sabíamos que os indivíduos que recebem a xícara cheia costumam deixar a comida perto da tela, permitindo que o vizinho a alcance. Em raras ocasiões, eles empurram pedaços da comida para o parceiro.

Verificou-se que quando os dois macacos puxavam a bandeja, o chefe era mais generoso na divisão do alimento do que nas ocasiões em que ele havia alcançado a comida sozinho. Em outras palavras, ele compartilhava mais quando era ajudado. Também descobrimos que o ato de compartilhar promove a cooperação, uma vez que, se o chefe se mostrasse pão-duro com a comida, o sucesso da dupla em puxar a bandeja diminuía radicalmente. Sem recompensas suficientes, os operários simplesmente entravam em greve.

Em resumo, os macacos parecem estabelecer uma relação entre o esforço e a compensação. Talvez como resultado das caçadas coletivas em seu habitat natural, eles compreendem a primeira regra da caça ao cervo, que estabelece que o esforço coletivo exige recompensas coletivas.

EVOLUÇÃO SEM OS ANIMAIS

Não sabemos por quanto tempo os macacos se recordam dos favores recebidos. A reciprocidade por parte deles talvez seja meramente "atitudinal", expressando sua tendência a espelhar as atitudes imediatas. Se os outros são hostis, eles respondem com hostilidade. Se os outros se mostram gentis, eles respondem com gentileza. Consequentemente, se outro macaco os ajudar a puxar uma bandeja pesada, eles irão, em resposta a isso, compartilhar o alimento.

Os seguidores do Hare Krishna apostam nesse princípio quando distribuem flores aos transeuntes. Assim que a flor é aceita, eles pedem uma contribuição em dinheiro. Em lugar de simplesmente pedir um donativo, eles contam com a tendência das pessoas a espelhar o comportamento deles. Colocamos isso em prática todos os dias nos nossos contatos passageiros com as pessoas que encontramos no trem, nas festas, em competições esportivas, e assim por diante. Dado que a reciprocidade atitudinal não requer um registro minucioso dessas interações, ela não requer muito esforço do ponto de vista mental.

Mas, assim como nós, alguns animais adotam um esquema mais complexo, armazenando as informações sobre os favores recebidos em sua memória de longo prazo. No nosso experimento da troca de alimento por cafuné, os chimpanzés armazenaram esse tipo de informação pelo menos durante algumas horas, mas eu já conheci grandes primatas que se mantiveram gratos por anos. Um deles foi uma fêmea a quem eu tinha pacientemente ensinado a alimentar com mamadeira um bebê adotado.[22] Antes disso, ela havia perdido muitos bebês pelo fato de não produzir leite suficiente. Dado que os chimpanzés são capazes de utilizar instrumentos, não foi difícil para ela aprender a lidar com a mamadeira. Nos anos seguintes, ela criou seus próprios filhotes dessa maneira. Décadas mais tarde, essa fêmea ainda ficava emocionada quando eu visitava o zoológico onde ela vivia. Ela me recebia com uma sessão de cafuné, batendo os dentes de satisfação, indicando que eu era um herói para ela. Os tratadores dos animais não tinham conhecimento algum da nossa história e mal podiam acreditar no estardalhaço que ela fazia ao me ver. Estou convencido de que isso tinha relação com o fato de que eu a havia ajudado a superar um problema que lhe causara um pesar inimaginável.

Se os chimpanzés têm mais capacidade de recordar o passado distante do que os macacos, lembrando-se com mais clareza dos eventos ocorridos anteriormente, isso torna a reciprocidade entre eles mais deliberada e calculada. Por exemplo, se um chimpanzé selvagem remover a armadilha de um caçador presa ao pulso de outro chimpanzé — que fazia com que este último gritasse de dor —, pode-se afirmar com segurança que a sua ajuda será lembrada.[23] É possível também que os chimpanzés não apenas olhem para trás, mas considerem também o futuro, tratando os semelhantes com gentileza como forma de adulá-los. Não posso afirmar que se trate de uma hipótese comprovada, mas os indícios disso vêm aumentando a cada dia. Por exemplo, quando os chimpanzés machos competem pelas posições no topo da hierarquia, eles tentam fazer amizade com o maior número possível de simpatizantes. Numa verdadeira *via crucis*, eles vão de fêmea em fêmea, fazendo-lhes cafuné e acariciando seus filhotes. Normalmente, os chimpanzés machos não demonstram nenhum interesse especial pelos filhotes, mas quando precisam de apoio do grupo, não conseguem se manter longe deles. Será que eles têm consciência de que todos os olhos femininos estão voltados para eles buscando verificar de que modo eles tratam os membros mais vulneráveis do grupo?

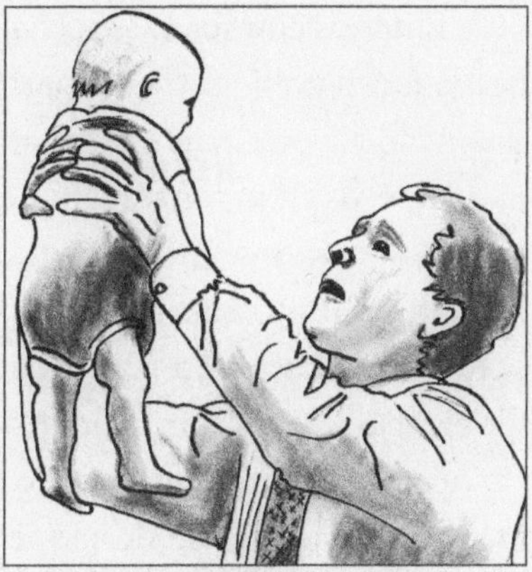

Os políticos candidatos às eleições adoram suspender os bebês no ar.

A tática é espantosamente semelhante àquela empregada pelos humanos. Frequentemente eu vejo imagens na internet que mostram os políticos americanos pegando os bebês no colo, enquanto os pais observam a cena com um misto de deleite e apreensão. Você já reparou como eles geralmente levantam os braços lá no alto, suspendendo os bebês bem acima da multidão? É um jeito curioso de segurá-los, que nem sempre é apreciado pelo próprio objeto de atenção. Mas de que serve um espetáculo se ele passar despercebido?

E há também as ocasiões em que um competidor político, como um jovem chimpanzé macho em ascensão, começa a se mostrar extraordinariamente generoso com as fêmeas, exatamente na época em que começa a desafiar o líder. Num processo que pode durar meses, o contendor provoca o macho alfa várias vezes por dia para ver como este reage. Ao mesmo tempo, ele compartilha a comida especificamente com aqueles membros do grupo que poderiam apoiá-lo em seu objetivo. No zoológico de Arnhem, observei machos em ascensão fazendo grandes esforços para garantir guloseimas aos outros. Eles eram capazes de pular as cercas elétricas para subir até a copa das árvores e apanhar ramos para distribuir à massa reunida embaixo. Esse tipo de comportamento parecia alavancar a popularidade deles.

Entre os chimpanzés selvagens, os machos no alto da hierarquia subornam os outros, repartindo a comida seletivamente com seus aliados potenciais e sonegando-a aos seus rivais. Em Boussou, na Guiné, os chimpanzés têm o hábito de invadir as plantações de papaia vizinhas — uma empresa bastante arriscada — apossando-se das saborosas frutas para utilizá-las na compra de relações sexuais. As frutas são repartidas especificamente com as fêmeas férteis. De acordo com a cientista britânica Kimberley Hockings, "Esse comportamento arrojado é certamente um traço que os coloca numa posição de destaque e a posse de um alimento muito desejado, como uma papaia, parece atrair a atenção positiva das fêmeas".[24]

Não se trata exatamente do comércio de ossos imaginado por Adam Smith, mas estamos bem próximos disso. Os chimpanzés talvez enxerguem longe, fazendo cálculos do seguinte tipo: "Se eu fizer isso para ele ou ela, talvez eu consiga aquilo em retribuição". Esses cálculos talvez possam explicar observações feitas no zoológico de Chester, no Reino Unido. Durante os conflitos numa grande colônia de chimpanzés, os animais desfrutavam do apoio dos indivíduos nos quais haviam feito cafuné no dia anterior. Além disso, eles pareciam planejar de antemão quais eram os membros do grupo com os quais se envolveriam numa briga, fazendo cafuné muitos dias antes em seus apoiadores potenciais de forma que o resultado virasse a favor deles.[25]

Levando em conta as elaboradas trocas praticadas entre os nossos parentes próximos, que talvez incluam até mesmo o planejamento e a antecipação dos resultados, é difícil compreender por que razão alguns estudiosos da reciprocidade humana definem seu campo de investigação por oposição ao estudo do comportamento animal. Eles descrevem a cooperação humana como uma "grande anomalia" do ponto de vista da natureza.[26] E embora os seguidores dessa escola de pensamento não sejam antievolucionistas — antes, autointitulam-se darwinistas —, eles se mostram ávidos por deixar os animais de fora. Por brincadeira (até certo ponto), chamei a abordagem deles de "evolução sem os animais". Eles se apressam em descartar a cooperação entre os chimpanzés, interpretando-a como um produto do parentesco genético e situando-a na mesma categoria que a vida comunitária das formigas e das abelhas. Somente os humanos, afirmam eles, cooperam em larga escala com indivíduos não aparentados.

Quando os estudos realizados em zoológicos deixaram claro que o parentesco não é necessário para que os chimpanzés trabalhem de forma cooperativa, essa informação foi rejeitada com o argumento de que isso não representava a condição natural desses animais. E quando se demonstrou que também os chimpanzés selvagens cooperam regularmente com indivíduos que não são seus parentes, isso foi colocado em questão, pois como se pode saber quem é parente de quem? Como se pode excluir a possibilidade de que os machos numa coalisão sejam irmãos ou primos? Não havia nada que pudesse abalar o ceticismo desses estudiosos. Finalmente, esse debate infecundo foi resolvido com o auxílio de uma nova tecnologia. Hoje em dia, é comum que os primatólogos retornem do campo com um carregamento de amostras fecais cuidadosamente identificadas. A extração do DNA dessas amostras oferece um retrato mais exato das relações genéticas entre os animais do que jamais foi possível obter antes, revelando até o enésimo grau quais as relações de parentesco entre os indivíduos, quem é o pai de cada filhote, quais são os indivíduos que vieram de outro bando e ingressaram nessa comunidade, e assim por diante.

Um dos projetos de campo mais complexos de que já tive conhecimento foi desenvolvido no Parque Nacional de Kibale, em Uganda, combinando os dados sobre o comportamento social dos chimpanzés coletados durante anos à análise dos excrementos recolhidos na floresta. É difícil imaginar a quantidade gigantesca de trabalho suado e malcheiroso necessária a um projeto de genotipagem como esse, mas os resultados superaram de longe todo esse esforço. Em primeiro lugar, a equipe de pesquisadores alemães e americanos conseguiu demonstrar que o parentesco realmente faz diferença: os chimpanzés que são irmãos passam mais tempo juntos, ajudam-se uns aos outros com mais frequência e compartilham mais o alimento entre si do que os machos não aparentados. Esse era o resultado esperado, é claro, não apenas entre os chimpanzés como também em qualquer sociedade humana de pequena escala. Mas o estudo evidenciou igualmente a cooperação generalizada entre os indivíduos não aparentados. Na realidade, a maior parte das parcerias estreitas na comunidade de Kibale ocorreu entre machos que não tinham laços familiares.[27]

O mutualismo e a reciprocidade parecem ser as bases da cooperação, o que deixa os chimpanzés muito mais próximos dos humanos do que dos insetos sociais. Não há nenhuma surpresa nisso. Mas isso significa também que os grandes primatas oferecem uma comparação perfeita para se compreender a psicologia da reciprocidade humana. Não se trata de negar as diferenças em relação à cooperação humana, uma das quais talvez seja a tendência mais pronunciada da nossa espécie a penalizar aqueles que não cumprem com o esperado. Mas mesmo essa diferença pode ser menos absoluta do que parece. Sabemos que os chimpanzés acertam as contas com aqueles que os hostilizam. Horas depois de um incidente em que outros chimpanzés tenham se juntado contra ele, um macho em posição hierárquica elevada pode procurar seus perseguidores individualmente, quando estiverem sozinhos, e dar-lhes uma lição de que eles jamais se esquecerão. Os chimpanzés fazem ajustes de contas tão facilmente quanto retribuem favores, de modo que eu não me surpreenderia nem um pouco se eles impusessem sanções aos outros.[28]

O meu palpite é que nos humanos essas tendências estão

presentes em grau mais elevado, o que os torna capazes de um nível de cooperação mais complexo e em maior escala. Se centenas de trabalhadores constroem um avião a jato contando com o trabalho uns dos outros, ou formam uma empresa em que os funcionários ocupam níveis muito diferentes, isso se deve apenas às nossas habilidades avançadas de organização, de divisão de tarefas, de armazenamento das interações passadas em nossa memória, da relação que estabelecemos entre esforço e recompensa, da construção de relações de confiança e da nossa capacidade de impedir o parasitismo. A psicologia humana evoluiu para possibilitar caçadas aos cervos cada vez maiores e mais complexas, ultrapassando de longe qualquer coisa que ocorra no reino animal. A caça de presas grandes pode ter sido o motor dessa evolução, mas os nossos ancestrais se envolveram em muitas outras empreitadas cooperativas, como o cuidado comunitário dos indivíduos mais jovens, a guerra, a construção de pontes e a proteção contra os predadores. Eles se beneficiaram da cooperação de uma infinidade de maneiras.

Há uma escola de pensamento que propõe que os nossos ancestrais tornaram-se tão habilidosos no trabalho em equipe em consequência de suas interações com pessoas estranhas. Isso os forçou a desenvolver esquemas de recompensas e punições que funcionassem mesmo com os forasteiros que eles nunca haviam encontrado antes e que não voltariam a encontrar depois. Sabe-se que as pessoas estranhas reunidas em laboratórios adotam regras estritas de cooperação e se voltam contra todo aquele que deixe de respeitá-las. Esse fenômeno recebe o nome de *reciprocidade forte*. Ficamos muito contrariados quando investimos grandes esforços e somos enganados por alguém que age como se estivesse cooperando conosco, quando, na verdade, está tirando proveito de nós. Há muitas maneiras diferentes de excluir ou de punir essas pessoas. Mas embora não haja dúvidas quanto a nossa desaprovação aos trapaceiros, há controvérsias sobre a origem evolutiva desses sentimentos. O fato de aplicarmos normas aos estranhos não quer dizer necessariamente que essas normas se desenvolveram especificamente para essa finalidade. Será que as pessoas estranhas tiveram um papel realmente tão importante na evolução humana? Robert Trivers, o criador da teoria do altruísmo recíproco, acredita que não:

> Se os humanos mostram forte predisposição para a equidade nos encontros que só ocorrem uma vez, isso não significa que essas disposições evoluíram para funcionar nesse tipo de interação, do mesmo modo como o fato de as crianças demonstrarem fortes reações emocionais aos desenhos animados não quer dizer que tais reações tenham evoluído em resposta a eles.[29]

Você se lembra da nossa discussão sobre a "autonomia motivacional", em que argumentei que um comportamento que evoluiu pela razão X pode na realidade ser utilizado pelas razões X, Y e Z? Mencionei o exemplo do cuidado parental, que se desenvolveu em benefício da descendência e, no entanto, costuma aplicar-se também às crianças adotadas e até aos animais de estimação. Da mesma forma, Trivers acredita que as regras de intercâmbio social surgiram entre indivíduos que se conheciam e viviam na mesma comunidade, sendo posteriormente estendidas às pessoas estranhas. Não deveríamos, portanto, enfatizar demasiadamente os encontros anônimos, pois o verdadeiro berço da cooperação é a comunidade.[30] Obviamente, esse é também o contexto em que os grandes primatas não humanos se engajam em trocas sociais, de maneira que a diferença em relação aos humanos é provavelmente menos radical do que originalmente se supôs.

Na verdade, a evolução jamais produz "grandes anomalias". Mesmo o pescoço da girafa é, ainda assim, um pescoço. A natureza conhece apenas variações sobre os mesmos temas. Isso se aplica também à cooperação. A tentativa de separar a cooperação humana do cenário maior que inclui os grandes primatas não humanos, os macacos, os morcegos vampiros e os peixes limpadores dificilmente poderia ser considerada uma abordagem evolucionista.

OS ÚLTIMOS SERÃO OS PRIMEIROS

Quantas vezes você já viu pessoas ricas saírem às ruas em passeata para protestar pelo fato de que estão ganhando bem demais? Ou os corretores da bolsa se queixarem do "ônus do bônus!"? Os ricos seguem à risca a observação de Bob Dylan de que "o homem não é favorável ao jogo limpo, pois ele quer tudo, e à sua maneira".[31] Os manifestantes são quase sempre os operários gritando que é preciso elevar o salário mínimo ou protestando contra a migração de seus empregos para os países estrangeiros. Um exemplo mais exótico foi uma passeata ocorrida em 2008, quando centenas de mulheres marcharam pelas ruas da capital da Suazilândia. Diante da situação econômica miserável de seu país, elas consideraram que as esposas do rei haviam se excedido em seus privilégios ao fretar um avião para uma maratona de compras na Europa.[32]

A justiça não é encarada da mesma forma pelos ricos e pelos pobres. A razão por que me dou ao trabalho de fazer uma observação tão óbvia é a visão consagrada de que o senso de justiça transcende o autointeresse e diz respeito a algo maior do que nós mesmos. Sim, quase todos concordamos com esse ideal, como o fazem também a maioria das nossas instituições. Mas é evidente que o senso de justiça não surgiu dessa maneira. As emoções e os desejos por trás da expectativa de justiça não são nem de longe tão elevados. Entre eles, o mais fácil de se reconhecer é o ressentimento. Observe a maneira como as crianças reagem à menor discrepância no tamanho de seus pedaços de pizza comparados aos de seus irmãos. "Não é justo!", gritam elas, mas nunca de uma forma que transcende os seus próprios desejos. Quando eu era mais jovem, tive algumas brigas desse tipo com minha mulher, até que tivemos a ideia brilhante de dividir os papéis: um de nós se incumbia de cortar, e o outro, de escolher. É extraordinário como as pessoas aprendem rapidamente a cortar pedaços iguais.

Somos todos a favor do jogo limpo, desde que ele seja bom para nós. Existe até uma parábola na Bíblia a esse respeito, em que o proprietário de uma vinha contrata empregados em diferentes momentos do dia. De manhã cedo, ele sai e arrebanha alguns homens, oferecendo a cada um deles um denário pelo seu dia de trabalho. Lá pelo metade do dia, ele sai novamente e contrata outros homens, oferecendo a mesma quantia. Na "undécima hora", contrata mais alguns pelo mesmo valor. Ao final da jornada de trabalho ele paga a todos os empregados, começando pelos homens que havia contratado por último. Cada um deles recebe um denário. Vendo isso, os outros trabalhadores imaginam que receberão um valor maior, já que haviam trabalhado o dia inteiro sob o forte calor do sol. Mas eles recebem um denário também. O dono da vinha não sente que deve a eles nem um centavo a mais do que havia prometido. Essa passagem é concluída de forma memorável, com a frase "Assim, os últimos serão os primeiros, e os primeiros serão os últimos".[33]

Também nesse caso as reclamações foram unilaterais, e vieram dos empregados que tinham sido contratados mais cedo. Eles amaldiçoaram o patrão, enquanto os que haviam trabalhado menos tempo não deram um pio. Estes não tinham de que se queixar, exceto por esta situação tê-los feito serem vistos com maus olhos pelos outros homens. Assim, o melhor que tinham a fazer era não tripudiar e nem celebrar. O potencial das reações invejosas é o principal motivo que nos leva a lutar pela igualdade de direitos mesmo quando nos encontramos em posição de vantagem. Para meu espanto, vejo-me aqui tomando o partido do "Monstro de Malmesbury", como era conhecido Thomas Hobbes, quando afirmou que é apenas por amor à paz que nos interessamos pela justiça.

Estarei sendo inesperadamente cínico? Ao longo deste livro, descrevi em detalhes o quanto somos empáticos, altruístas e cooperativos. Por que razão, então, quando se trata da justiça, tudo o que vejo é o autointeresse? A incongruência não é tão grande quanto parece. Todo comportamento humano (ou animal) deve necessariamente servir aos seus atores. No domínio da empatia e da solidariedade, a evolução criou um mecanismo autônomo, que entra em ação quer os nossos interesses estejam em jogo ou não. Somos compelidos a empatizar com os outros de maneira automática e quase sempre incondicional. Preocupamo-nos genuinamente com nossos semelhantes e desejamos vê-los felizes e saudáveis, independentemente de qualquer benefício imediato que isso possa nos trazer. A evolução fez com que funcionássemos dessa maneira porque isso se mostrou proveitoso para os nossos ancestrais. Mas não consigo ver como isso se aplica ao nosso senso de justiça. As emoções mais essenciais que encontram-se em jogo no nosso senso de justiça são egocêntricas, muito mais do que orientadas para o outro.[34] Elas nascem da nossa preocupação com o que recebemos em comparação aos outros e com o modo como somos vistos pelas pessoas (uma vez que gostamos de ser vistos como justos). É só secundariamente que nos preocupamos verdadeiramente com os outros, e por trás dessa preocupação está o nosso desejo por uma sociedade habitável onde possamos viver em harmonia. O mesmo anseio é visível nos outros primatas, quando separam as brigas entre membros do seu grupo ou esforçam-se por reconciliá-los após os conflitos.

Mas os humanos foram realmente um passo além disso. Somos sensíveis ao impacto da distribuição de recursos sobre todos à nossa volta.

A reação das crianças quando são tratadas com injustiça mostra que esses sentimentos são profundamente arraigados. O igualitarismo dos caçadores e coletores sugere que eles contam com uma longa história. Em algumas culturas, os caçadores não são autorizados a dividir o fruto de sua caça, para impedir que eles favoreçam sua família. Aqueles que veem a justiça como um princípio nobre e recente formulado pelos sábios do Iluminismo francês subestimam sua antiguidade.[35] Duvido seriamente de que cheguemos um dia a compreender adequadamente a condição humana se continuarmos olhando alguns séculos para trás, em vez de olhar alguns milhões de anos para trás. Não parece mais razoável considerar que a grandeza dos sábios está justamente em seu talento para enunciar com precisão aquilo que as pessoas já sabem, em vez de supor que eles formulam ideias inteiramente novas? Não resta dúvida de que geralmente eles conseguem fazê-lo de maneira admirável, mas atribuir a eles as ideias em si é um pouco como dizer que foram os gregos que inventaram a democracia. Em muitas sociedades tribais os membros mais velhos da comunidade passam horas, e às vezes dias, escutando as opiniões de todos os outros membros antes de chegar a uma decisão importante. Não serão eles democráticos? Da mesma forma, o princípio da equidade existe há milhões de anos e já estava em jogo quando os nossos ancestrais tinham que repartir os espólios de uma ação conjunta.

Esse princípio foi testado num jogo onde os participantes tinham que repartir certo valor em dinheiro. O jogo tinha uma rodada só. Um dos jogadores recebia a tarefa de dividir o dinheiro em duas partes — uma para si mesmo e o restante para o parceiro — e propor ao outro essa divisão. Esse jogo é conhecido como o "jogo do ultimato", uma vez que a rejeição da proposta pelo outro parceiro encerra o jogo. Se o trato for recusado por ele, os dois terminam de mãos vazias.

Se os humanos fossem otimizadores dos lucros, eles deveriam aceitar *qualquer* oferta, por menor que fosse. Por exemplo, se o primeiro jogador desse um dólar ao outro, ficando com nove dólares para si, o segundo deveria simplesmente concordar com essa divisão. Afinal de contas, um dólar é melhor do que nada. A recusa dessa proposta é irracional. No entanto, essa é a reação típica no caso de divisões como nove-para-um. Joseph Henrich fez um estudo sobre isso, comparando quinze sociedades em pequena escala, e constatou que algumas culturas são mais justas do que outras. Nessas localidades longínquas, as ofertas (feitas em moeda local, e, às vezes, usando tabaco em lugar do dinheiro) variaram de uma média de oito dólares para o primeiro jogador e dois para o segundo, até quatro dólares para o primeiro e seis para o segundo. Mesmo as propostas supergenerosas como a última foram rejeitadas nas culturas em que o oferecimento de um presente vultoso é uma maneira de fazer com que os outros se sintam inferiores. Na maior parte das culturas, no entanto, as ofertas ficaram próximas da divisão em partes iguais, geralmente com uma pequena vantagem para o primeiro jogador, como uma divisão de seis dólares para quatro dólares. Nas sociedades modernas, onde o jogo do ultimato foi estudado entre os estudantes universitários, essa foi também a oferta típica.

A justiça é entendida no mundo todo, inclusive nos lugares intocados pelo Iluminismo. Os jogadores tendem a evitar propostas muito desiguais. É compreensível que eles não queiram parecer gananciosos. Diante de ofertas injustas, a ressonância magnética do cérebro dos jogadores revela emoções negativas, como o desprezo e a fúria.[36] A beleza do jogo do ultimato, evidentemente, está no fato de que ela oferece uma saída para esses sentimentos.

Aqueles que se sentem insultados podem punir o parceiro, embora, ao fazer isso, eles penalizem também a si mesmos.

Nossa inclinação a rejeitar propostas injustas mostra que há certos objetivos que são mais importantes do que o lucro. Sabemos quando uma divisão é injusta e tentamos nos contrapor a ela. Que as divisões sejam feitas visando essencialmente às boas relações esclarece por que razão o estudo de Henrich constatou que nas sociedades com níveis mais altos de cooperação as propostas de divisão eram mais justas. Um bom exemplo são os caçadores de baleias de Lamalera, na Indonésia, que capturam esses animais praticamente sem arma nenhuma. Famílias inteiras estão ligadas em torno dessa perigosa atividade exercida por uma dúzia de homens. Esses homens encontram-se literalmente no mesmo barco, de modo que eles mantêm em mente a preocupação com a distribuição equitativa do valioso produto da caça.[37] Em contraste com isso, nas sociedades com um grau mais elevado de autossuficiência, em que cada família cuida de si mesma, as propostas injustas no jogo do ultimato são mais frequentes. Não é difícil reconhecer

A caça às baleias em Lamalera é uma empreitada perigosa que resulta em ganhos enormes — o tipo da atividade coletiva que incentiva a distribuição justa.

aqui os cenários da caça à lebre e da caça ao cervo. A justiça humana caminha de mãos dadas com a sobrevivência em comum.

A antiguidade dessa conexão ficou bastante evidente quando Sarah Brosnan e eu descobrimos que ela estava presente entre os macacos-prego. Ao testá-los em pares, Sarah havia percebido que eles ficavam zangados ao ver o companheiro receber uma recompensa melhor. De início, tratava-se apenas de uma impressão baseada na recusa desses macacos em participar das testagens. Isso não foi uma grande surpresa para nós. Mas então nos ocorreu que os economistas davam a esse tipo de reação o rótulo pomposo de "aversão à desigualdade" e que esta se transformara num tema seriamente discutido pelos acadêmicos.[38] Obviamente, o debate era sobre a presença desse comportamento na espécie humana, mas e se os macacos-prego demonstrassem a mesma aversão?

Testando dois macacos ao mesmo tempo, Sarah oferecia um seixo a um deles e então estendia a mão para que o animal pudesse devolvê-lo em troca de uma fatia de pepino. Fizemos isso alternadamente com os dois macacos, e eles fizeram a troca, alegremente, 25 vezes seguidas. Mas a atmosfera azedou quando introduzimos a desigualdade. Um dos macacos continuou a receber pepino, enquanto o outro passou a receber uvas, um dos alimentos preferidos dessa espécie. Os animais em posição de vantagem não demonstraram nenhuma perturbação, mas aqueles que continuaram a receber as fatias de pepino mostraram relutância em participar. Mais que isso, ao ver os companheiros recebendo as uvas suculentas, eles ficaram agitados, atirando longe os seixos e também as desprezíveis fatias de pepino. Um alimento que eles normalmente aceitavam com prazer tornara-se repulsivo.

Jogar fora um alimento perfeitamente aceitável somente porque outro macaco recebeu algo melhor lembra o modo como os humanos rejeitam a divisão injusta de uma soma em dinheiro ou reclamam do pagamento de um denário combinado anteriormente. De onde vêm essas reações? É provável que elas tenham evoluído a serviço da cooperação. Preocupar-se com o que os outros recebem pode parecer um comportamento mesquinho e irracional, mas, no final das contas, isso evita que os indivíduos sejam explorados. É do interesse de todos desencorajar os abusos e o parasitismo, assegurando que os proveitos de cada um sejam levados a sério. Nosso estudo foi o primeiro a mostrar que essas reações podem ser muito antigas, tão antigas quanto a política do "olho por olho, dente por dente" praticada entre os animais.

Se Sarah e eu tivéssemos usado termos como "ressentimento" ou "inveja", é bem possível que os nossos achados tivessem passado despercebidos. Mas não vimos nenhuma razão para considerar que os nossos macacos-prego não estivessem demonstrando aversão à desigualdade, e, ao afirmar isso, atraímos o enorme interesse dos filósofos, antropólogos e economistas, que ficaram atônitos diante da comparação dos humanos com os macacos. Comentários indignados foram publicados em diversos jornais de prestígio e o número de convites para falar sobre o nosso estudo aumentou subitamente. Por coincidência, nossa pesquisa foi divulgada no dia em que Richard Grasso, o diretor da Bolsa de Valores de Nova York, foi forçado a pedir demissão diante dos protestos gerados pelo seu pacote de remuneração de quase 200 milhões de dólares.[39] Os analistas não resistiram a comparar a ganância desmedida na sociedade humana com a equidade observada entre os macacos-prego, sugerindo que tínhamos algo a aprender com eles.

Voltei a pensar nessa comparação em 2008, quando o governo dos Estados Unidos propôs um gigantesco pacote de ajuda ao setor financeiro. O gasto exorbitante do dinheiro público, somado ao profundo ressentimento com os figurões do mundo executivo que tinham provocado tantas perdas, levou à fúria do público na mídia. Como descreveu uma revista de negócios, "A desconfiança do público em relação aos ricos e a percepção de que os 700 bilhões de dólares destinados ao setor de financiamento imobiliário representam uma ajuda aos grandes bancos e aos poderosos diretores executivos permanecem um campo minado e continuam sendo o principal obstáculo à aprovação de um pacote de socorro governamental".[40] Algumas pessoas consideraram que a ajuda do governo marcava o fim da economia de livre mercado, comparando o golpe desferido no capitalismo ao impacto da queda do Muro de Berlim sobre o comunismo. Mas, a meu ver, o aspecto mais interessante de tudo isso foram as reações da população, como o evidente *Schadenfreude* em relação aos executivos rebaixados de seus suntuosos escritórios com vista panorâmica para locais menos ostensivos. Quando isso ocorreu com Richard Fuld, o presidente do Lehman Brothers, o artista Geoffrey Raymond fez um retrato dele — que intitulou *The annotated Fuld* [Fuld comentado] — e convidou os empregados demitidos a deixarem registradas no retrato as suas mensagens de despedida. Não é preciso dizer que essas pessoas não demonstraram muito carinho pelo patrão multimilionário, rabiscando em seu retrato frases como "Sanguessuga!", "Ganância!" e "Espero que sua vila esteja a salvo!".

As reações foram ainda piores quando o público tomou conhecimento de que os diretores de algumas empresas tinham viajado para retiros luxuosos ao mesmo tempo que negociavam a ajuda do governo. Uma empresa havia mandado seus executivos para um spa requintado, com massagens e tudo o mais. Outra tinha organizado uma caça às perdizes na Inglaterra, onde os empregados circulavam vestindo roupas de *tweed* e bebericando vinhos de altíssima qualidade. Um executivo disse a um repórter disfarçado: "A recessão prosseguirá até 2011. Mas hoje a caça foi excelente e estamos todos bem relaxados". Um mês depois, as três grandes montadoras de Detroit foram a Washington implorar ajuda financeira e tiveram que enfrentar o protesto do público quando a imprensa noticiou que o diretor executivo de cada uma delas tinha viajado em seu próprio jato particular. Será que eles não haviam se dado conta de que a população estava farta do excesso nos altos escalões? A colunista Maureen Dowd, sutil como sempre, exclamou "Cabeças vão rolar".[41]

A despeito dos paralelos evidentes entre essa situação escandalosa e o comportamento dos primatas, é importante chamar a atenção para aquilo que *não* estava em jogo nas reações dos nossos macacos-prego, de modo a excluir tanto as explicações mais simples quanto as mais complexas. Do lado das explicações mais simples, seria possível argumentar que a visão das uvas reduz o apelo das fatias de pepino, do mesmo modo como a maioria dos homens não tocaria num copo d'água se o colocássemos ao lado de uma cerveja. Nesse caso, não seria o fato de o parceiro receber uma recompensa melhor que deixaria os macacos irritados. Eles simplesmente estariam à espera de algo melhor. Para testar essa possibilidade, acrescentamos um truque ao nosso experimento. Antes de cada testagem, mostrávamos as uvas aos macacos. Embora isso pareça cruel, eles não ficavam nem um pouco zangados com isso, e continuavam a trocar os seixos pelas fatias de pepino, felizes da vida. Somente quando as uvas eram entregues ao parceiro é que os macacos perdedores começavam a protestar. O motivo de sua contrariedade era realmente a desigualdade.[42]

Do lado das explicações mais complexas, é importante notar que os macacos não estavam seguindo uma *norma* de justiça. Uma norma aplica-se igualmente a todos os indivíduos, o que significaria, nesse caso, que os macacos não se preocupariam somente com o fato de receber menos do que os outros, mas também com o fato de receber mais. No entanto, não encontramos nenhum indício de que este tipo de preocupação estivesse presente. Em momento algum os macacos em posição de vantagem deram ao outro algumas de suas uvas, por exemplo, de modo a garantir a igualdade da distribuição. O termo "justiça", portanto, deve ser entendido aqui no seu sentido mais egocêntrico, o mesmo que está em jogo quando as crianças pequenas derramam lágrimas diante de um tratamento desigual.

Isso aplica-se aos macacos. Em contraste com isso, não é possível descartar a possibilidade de que os grandes primatas não humanos sigam uma norma de justiça. Eles parecem monitorar mais de perto as suas interações e ficam de olho nas contribuições de cada indivíduo aos objetivos comuns. Os chimpanzés, por exemplo, estão sempre separando as brigas por causa de comida, sem que eles próprios se apropriem do alimento em disputa. Certa vez, vi uma fêmea adolescente interromper uma briga entre dois filhotes por um ramo de folhas. Ela arrancou o ramo das mãos deles, o partiu em dois e então deu um pedaço para cada um. Será que seu intuito era somente fazer com que os filhotes parassem de brigar? Ou será que, ao agir dessa maneira, ela demonstrava alguma compreensão sobre o modo como os recursos devem ser distribuídos? Existe um relato sobre uma fêmea bonobo que demonstrou preocupação com o fato de receber em demasia. Enquanto era testada num laboratório cognitivo, recebeu uma grande quantidade de leite e passas. Ao sentir que o olhar de seus amigos estavam voltados para ela, começou a recusar todas as recompensas. Olhando para o experimentador, ficou apontando para os companheiros com gestos até que eles também recebessem uma parte das guloseimas. Somente então ela continuou a comer.[43]

Essa bonobo estava agindo com inteligência. Os grandes primatas pensam no futuro, e, caso ela tivesse comido à vontade, até ficar satisfeita, talvez se deparasse com as repercussões disso ao se juntar ao grupo novamente. Os privilégios são sempre usufruídos sob uma nuvem de suspeita. A história humana está repleta de episódios do tipo "Se não têm pão, que comam bolo!". Esses episódios geram ressentimentos que podem escapar ao controle e dar origem a revoltas sangrentas. Não posso deixar de enxergar sob essa ótica uma situação horripilante em que um humano foi atacado por chimpanzés. Curiosamente, ela também foi desencadeada por um bolo. Moe, a figura central desse acontecimento, era um chimpanzé bem conhecido da mídia em consequência de uma série de incidentes em sua longa carreira como animal de estimação. A última vez que ele apareceu no noticiário foi em 2008, quando fugiu de um santuário na Califórnia cercado de mata fechada. Exceto por uma ocasião em que um "macaco" foi avistado nas proximidades de um campo nudista — fato que não chegou a ser confirmado —, e apesar dos enormes esforços feitos para encontrá-lo, envolvendo helicópteros, cães farejadores e câmeras de vigilância, Moe nunca mais foi visto.

Moe foi trazido da África quando era bebê. Ele foi criado carinhosamente por um casal americano que o tratou como um filho enquanto isso foi possível. Mas os grandes primatas são fortes demais, e também astutos demais, para serem bons animais de estimação. O casal foi forçado a enviá-lo para um santuário depois que Moe atacou uma mulher e um policial. Eles iam regularmente ao santuário para visitar seu "filho". Alguns anos antes da fuga final de Moe, no dia de seu trigésimo nono aniversário, os pais lhe trouxeram uma vasta quantidade de doces. Além de um bolo de framboesa apetitoso, Moe recebeu bebidas e brinquedos novos. A festa teria sido maravilhosa se não houvesse outros chimpanzés por perto. Mas não era esse o caso: o santuário abrigava outros animais que tinham vindo de lares abusivos e de treinadores em Hollywood. Enquanto Moe se regalava com o bolo, sob o olhar dos pais adotivos, dois chimpanzés machos que estavam em outra jaula conseguiram escapar. Eles avançaram direto sobre o marido. Meu palpite é o de que eles teriam atacado Moe se este não estivesse a salvo atrás das grades. Embora esse incidente seja lembrado como um dos mais hediondos ataques a um ser humano feitos por um animal, ele não difere do modo como os chimpanzés machos atacam os membros da própria espécie. Os dois chimpanzés arrancaram a dentadas pedaços do nariz, das bochechas, das nádegas, do pé e dos testículos do homem. Ele teve a sorte de sobreviver, e isso só aconteceu porque os chimpanzés foram abatidos a tiros.[44]

Não ficou totalmente esclarecido se esse pavoroso incidente ocorreu por motivos territoriais (os chimpanzés não gostam de estranhos) ou se ele foi desencadeado pela atenção e pela profusão de guloseimas recebidas por Moe. A desigualdade desse experimento involuntário evidentemente foi muito mais longe do que aquela introduzida por nós nos estudos com os primatas. Se os macacos ficam contrariados ao ter de se contentar com pepino enquanto outros saboreiam uvas, não é difícil imaginar a reação dos chimpanzés ao verem um semelhante receber praticamente uma loja de doces. Provavelmente os donos de Moe não tinham se dado conta da extrema sensibilidade dos chimpanzés ao tratamento desigual, especialmente numa situação em que o indivíduo em posição de vantagem não é sequer um amigo.

A meu ver, os humanos buscam a paz movidos principalmente pelo objetivo de evitar essas reações negativas. Até o Monstro de Malmesbury pensava assim. O ensaísta americano H. L. Mencken manifestou a mesma opinião quando disse "Se você quer a paz, trabalhe pela justiça".[45] Isso não equivale a negar o papel dos sentimentos orientados para o outro. A regra de ouro é universalmente valorizada, e muitos de nós sentimos genuinamente que os outros merecem o mesmo tratamento que gostaríamos de receber. Essa racionalização é facilmente produzida em relação à justiça, e não resta dúvida de que isso a fortalece, mas bem lá no fundo também compreendemos o que está em jogo. Por mais nobres que sejam as razões alegadas para a equidade e a justiça, elas contam com a poderosa retaguarda do nosso interesse direto num ambiente social harmonioso e produtivo.

Outros primatas parecem adotar uma visão mais limitada, focalizada nos benefícios imediatos, mas considero prematuro concluir que inexista uma norma de justiça entre eles.[46] As pesquisas sobre a aversão à desigualdade nos animais estão apenas começando. Quando Sarah e eu repetimos nosso estudo sobre a equidade com os chimpanzés, encontramos reações semelhantes às dos macacos-prego. Exploramos também outra tendência humana bem conhecida, que é a de afrouxar as regras quando se trata dos nossos companheiros mais próximos. Com o cônjuge e também com os nossos amigos e familiares, não damos tanta atenção aos favores e às injustiças quanto fazemos com conhecidos, vizinhos e colegas. Os resultados das testagens com os chimpanzés confirmaram essa diferença. Os indivíduos que tinham pouco tempo de convivência (como era o caso de Moe e os outros chimpanzés no santuário) reagiram muito mais intensamente ao serem tratados com injustiça, enquanto os membros de uma colônia estabelecida havia trinta anos praticamente não manifestaram reação nenhuma. Esses chimpanzés, que tinham crescido lado a lado e brincado juntos na infância, mostraram-se virtualmente imunes à desigualdade. Do mesmo modo como ocorre com os humanos, a proximidade social parece tornar os grandes primatas menos sensíveis ao tratamento desigual.

Não há dúvida de que a aversão à desigualdade é uma área de pesquisa bastante promissora, especialmente porque não há nenhuma razão para se supor que ela se limite aos primatas. É muito possível que ela esteja presente em todos os animais sociais. Irene Pepperberg fez uma descrição muito divertida de uma conversação durante o jantar com dois papagaios cinzas africanos. Alex e seu colega mais jovem, Griffin, disputavam a comida que Irene dividia com eles:

Depois disso eu ia jantar, na companhia de Alex e Griffin. Eles realmente me acompanhavam no jantar, pois insistiam em partilhar a minha comida. Eles adoravam feijões verdes e brócolis. Eu tinha que me certificar de que ambos receberiam a mesma quota, caso contrário haveria reclamações ruidosas. "Feijão verde", gritava Alex, quando pensava que Griffin havia recebido um grão a mais. O mesmo ocorria com Griffin.[47]

Outra espécie na qual esse tipo de reação é esperada é a dos cães, que descendem de caçadores cooperativos habituados a dividir a presa. No Clever Dog Lab, na Universidade de Viena, Friederike Range constatou que os cachorros se recusam a levantar a pata para "apertar a mão" de uma pessoa quando um companheiro é recompensado por esse comportamento e eles não. Ao recusar-se a obedecer à ordem, os cachorros manifestam sinais de tensão, arranhando com as unhas e desviando o olhar. O problema não é a recompensa em si, uma vez que os mesmos animais se mostram perfeitamente dispostos a obedecer se *nenhum* deles receber comida. Isso sugere que também os cachorros são sensíveis à injustiça.[48]

MONKEY MONEY

Na década de 1930, quando o Centro Nacional Yerkes de Pesquisas com Primatas ainda funcionava no Orange Park, na Flórida, os cientistas decidiram apresentar aos grandes primatas o prodigioso mundo do dinheiro. Passaram a recompensá-los com fichas de pôquer que poderiam ser usadas numa "*chimpomat*", uma máquina que liberava comida mediante a inserção de moedas.[49] Os chimpanzés precisavam antes de tudo compreender que as fichas eram notas promissórias que eles deveriam primeiramente acumular, para depois trocá-las. Depois que eles aprenderam isso, os cientistas introduziram fichas com valores diferentes. Uma ficha branca valia uma uva, por exemplo, enquanto uma azul valia duas uvas. Os chimpanzés rapidamente começaram a manifestar preferência pelas fichas de maior valor.

Também os nossos macacos-prego aprenderam a usar fichas em troca de guloseimas. Num dos estudos que desenvolvemos, Sarah conseguiu inclusive fazer com que eles aprendessem um com o outro. Um macaco trocou dois tipos de fichas diferentes, adquirindo pedaços de pimentão por um deles e o cereal Froot Loops pelo outro. O pimentão ocupa um dos últimos lugares na escala de preferência dos macacos, enquanto os Froot Loops estão entre os alimentos que eles mais apreciam. Só de observar os procedimentos de troca, os macacos passavam a preferir as fichas que ofereciam o negócio mais vantajoso.

Um macaco-prego introduz o braço num buraco para escolher entre pedaços de cano com marcas diferentes, enquanto é observado por outro macaco. Os pedaços de cano podem ser trocados por comida. Um desses canos recompensa os dois macacos. O outro recompensa apenas aquele que fez a escolha. Os macacos-prego geralmente dão preferência ao pedaço de cano "pró-social".

Exploramos essas habilidades monetárias no experimento descrito alguns capítulos atrás, em que um macaco-prego escolhia entre uma ficha "egoísta", que recompensava apenas a si mesmo, e uma ficha "pró-social", que recompensava também um parceiro. Os nossos macacos mostraram uma preferência esmagadora pela opção pró-social, indicando, portanto, que eles se importam uns com os outros. Os comportamentos pró-sociais dos chimpanzés são igualmente bem conhecidos. Eles ajudam os companheiros a derrotar os rivais, oferecem consolo em situações de sofrimento, defendem uns aos outros contra os leopardos e, em situações experimentais, oferecem ajuda para necessidade específica. Os comportamentos pró-sociais têm uma longa história evolutiva.

A despeito disso, o egoísmo permanece sempre à espreita. Ao testarmos a preferência dos macacos-prego pela escolha egoísta ou pela escolha pró-social, descobrimos três maneiras de anular a tendência desses animais a agir de forma generosa com o outro. A primeira é formar pares com indivíduos que não se conhecem. Os macacos-prego são muito mais egoístas com parceiros que nunca viram antes. Esse resultado condiz com a ideia de que o pertencimento ao grupo é o berço da cooperação.

A segunda maneira, ainda mais efetiva, de reduzir as condutas pró-sociais desses macacos é deixar o parceiro fora de seu campo visual, separando os animais com o uso de um painel maciço. Ainda que o macaco que faz a escolha conheça bem o companheiro que está do outro lado e o tenha visto através de um pequeno orifício, ele se recusa a adotar um comportamento pró-social. Ao que tudo indica, a visão do parceiro é necessária para que esses primatas compartilhem a recompensa com ele. Os humanos declaram que sentem satisfação ao praticar o bem, e as técnicas de imageamento cerebral mostram que nossos centros de recompensa são ativados quando somos generosos com os outros. Os macacos também parecem extrair essa satisfação da generosidade, mas apenas quando podem ver o resultado disso, o que faz lembrar uma das mais antigas definições de empatia, que afirma que sentimos prazer em ver a felicidade de nosso semelhante.[50]

Os humanos têm grande capacidade de imaginação. Somos capazes de visualizar uma família pobre vestindo as roupas que doamos a elas ou as crianças sentadas numa escola que ajudamos a construir do outro lado do planeta. O simples fato de pensar nessas situações nos faz sentir bem. Os macacos provavelmente não são capazes de projetar os efeitos de suas ações no tempo e no espaço, de forma que o sentimento de satisfação produzido pelo comportamento de doar só os atinge quando o beneficiário se encontra bem diante dos seus olhos. As emoções que entram em jogo nos atos de generosidade dos humanos e dos macacos talvez não sejam muito diferentes, mas os macacos só as expressam sob certas circunstâncias.

O terceiro modo de anular os atos de gentileza talvez seja o mais interessante, uma vez que ele se relaciona com o problema da injustiça. Quando seus parceiros recebem uma recompensa melhor, os macacos relutam em escolher a opção pró-social. Eles se mostram perfeitamente inclinados a compartilhar, mas somente quando o parceiro se encontra visível e recebe o mesmo que eles. Se o parceiro ficar em posição de vantagem, a competição entra em jogo e interfere na generosidade.

A competição pode ser utilizada como um meio para explorar os primatas, do mesmo modo como o nosso sistema econômico faz uso da competição para nos explorar. Se quisermos manter o mesmo padrão de vida que as outras pessoas, teremos que trabalhar mais. Pepperberg estudou a competitividade entre seus papagaios. Nós a estudamos em nossos chimpanzés, e constatamos que o desempenho deles melhora quando suas recompensas são dadas a um outro animal. Por exemplo, um chimpanzé é capaz de selecionar imagens tocando numa tela cem vezes seguidas. Mas, inevitavelmente, ele acaba se distraindo, e seus erros resultam numa diminuição do número de frutas que ele recebe. Se, em vez de simplesmente sonegarmos a ele essas recompensas, começarmos a entregá-las a um companheiro que se encontre por perto, ele subitamente se mostrará muito mais interessado na tarefa. Ficará com os olhos grudados na tela e se empenhará ao máximo para impedir que suas guloseimas caiam nas mãos de outros chimpanzés. Esse é o chamado paradigma da "recompensa competitiva".

Esse tipo de competição é de grande interesse para nós, de maneira que você pode imaginar a nossa surpresa ao recebermos um e-mail em que éramos chamados de "comunistas". O remetente da mensagem prosseguia com a seguinte argumentação: Quem mais, exceto os comunistas, poderia considerar que o senso de justiça faz parte da natureza humana? Estamos acostumamos a receber os e-mails mais estranhos (só para dar um exemplo recente, recebemos uma fotografia de um peito abundantemente peludo enviada por um homem que se dizia descendente dos primatas, o que, por razões óbvias, nós não podíamos contestar), mas essa mensagem em especial parecia bastante inflamada, acusando-nos de legitimar tendências sociais que nosso correspondente claramente não aprovava, nem mesmo nos humanos. Equidade e justiça, que conversa fiada! O curioso é que a impressão que temos dos macacos é exatamente oposta. Nós os vemos como pequenos capitalistas com caudas preênseis, que pagam pelo trabalho uns dos outros, praticam o princípio do "olho por olho, dente por dente", compreendem o valor do dinheiro e sentem-se ofendidos com o tratamento desigual. Os macacos parecem saber o preço de tudo.

O que confunde algumas pessoas é que a justiça tem duas faces. Uma delas é a expectativa de receber o mesmo que o outro. Mas a outra é a relação entre o esforço e a recompensa. Da mesma forma que os humanos, os macacos são sensíveis às duas. A diferença entre essas duas faces da justiça pode ser examinada contrastando-se a Europa e os Estados Unidos, que tradicionalmente enfatizam os lados opostos da mesma moeda.[51]

Ao chegar aos Estados Unidos, minhas impressões foram contraditórias. De um lado, havia menos justiça do que eu me habituara a encontrar na Europa. Mas ao mesmo tempo, havia mais justiça. Eu via pessoas vivendo num nível de pobreza que até então só encontrara no Terceiro Mundo. Como era possível que o país mais rico do planeta deixasse isso acontecer? Essa impressão piorou ainda mais quando descobri que as crianças pobres frequentam escolas pobres e as crianças ricas, escolas ricas. As escolas públicas são financiadas em grande parte pelos impostos estaduais e locais, e, por essa razão, há diferenças enormes de um estado para outro, de uma cidade para outra e até entre um bairro e outro. Isso é completamente diferente da minha experiência no meu país natal, onde todas as crianças compartilhavam a mesma escola, independentemente de sua classe social. Como é possível que uma sociedade defenda a igualdade de oportunidades se o lugar onde uma pessoa nasce determina a qualidade da educação que ela receberá?

Ao mesmo tempo, eu percebia que as pessoas empenhadas em trabalhar seriamente, como era a minha intenção, podem chegar muito longe. Ninguém tenta detê-las. É claro que os sentimentos de inveja estão presentes, e são, de fato, um motivo de piada na vida acadêmica ("Por que razão os acadêmicos brigam tanto? Porque há tão pouca coisa a perder!"). Mas, de modo geral, quando uma pessoa tem êxito, as pessoas se sentem felizes por ela, a congratulam por isso e lhe conferem prêmios, além de um aumento de salário. O sucesso é algo de que devemos nos orgulhar. Isso é muito menos opressivo do que as culturas que consideram que "um prego que se sobressai deve tomar marteladas". Também é muito mais confortável do que a visão que vigora na Holanda, com seu lema "Aja normalmente, pois isso por si só já é louco o bastante!".

Impedir uma pessoa de progredir pendurando em seu pescoço o peso do conformismo abala a relação entre esforço e recompensa. É justo que duas pessoas ganhem a mesma coisa se o empenho, a iniciativa, a criatividade e o talento de cada uma delas são diferentes? Uma pessoa que trabalhe com mais afinco não merece ganhar mais? Esse ideal libertário de igualdade é a quintessência da sociedade americana, e alimenta as esperanças e os sonhos de todos os imigrantes.

Para a maioria dos europeus, esse ideal fica em segundo plano em comparação com a recomendação de Dolly Levi, interpretada por Barbra Streisand no filme *Hello, Dolly!*, de 1969: "O dinheiro, perdoem-me a expressão, é como o esterco. Não vale nada, a menos que seja espalhado por toda parte". Já li editoriais de jornais europeus argumentando que as personalidades da televisão jamais deveriam receber remunerações maiores do que o chefe de Estado, ou que os salários dos diretores executivos não deveriam ser reajustados por um índice mais alto que os salários dos operários. O resultado disso é que a Europa é um lugar mais agradável de se viver. Não encontramos ali uma gigantesca classe de despossuídos, praticamente analfabeta, como aquela que se vê nos Estados Unidos, vivendo de auxílio-alimentação e dependendo inteiramente das salas de emergência dos hospitais para cuidar de sua saúde. Por outro lado, a estrutura de incentivos em vigor nos países europeus é muito mais incipiente, reduzindo a motivação dos desempregados na busca de um novo trabalho e também a abertura de novos negócios. A consequência disso é, por exemplo, o êxodo dos jovens empresários franceses para Londres e outras localidades.

Os diretores executivos americanos ganham centenas de vezes mais que a média dos trabalhadores. O índice de Gini (um medidor da concentração de renda nacional)[52] dos Estados Unidos subiu a uma altura sem precedentes. A proporção da renda nas mãos do 1% mais rico da população voltou recentemente ao nível da Grande Depressão. Os Estados Unidos tornaram-se uma sociedade do tipo o-vencedor-leva-tudo, como dizia Robert Frank, com uma desigualdade de renda que ameaça seriamente seu tecido social. Quanto mais os pobres se ressentem com a distribuição desigual da riqueza, mais aumenta o temor por parte das pessoas ricas e mais elas se refugiam em comunidades cercadas de muros. Um ônus ainda maior recai sobre a saúde: a expectativa de vida nos Estados Unidos hoje em dia é menor que a de pelo menos quarenta outros países. Em princípio, isso poderia ser atribuído à imigração recente, à falta de cobertura para o tratamento de doenças e aos maus hábitos alimentares, mas, na verdade, a relação entre saúde e distribuição de renda não pode ser explicada por nenhum desses fatores. A mesma relação foi demonstrada *dentro* dos Estados Unidos: os estados menos igualitários apresentam os índices de mortalidade mais altos.[53]

Richard Wilkinson, o epidemiologista britânico que reuniu pela primeira vez essas estatísticas, resumiu-as em três palavras: "a desigualdade mata". A distribuição desigual da riqueza produz verdadeiros abismos sociais e destrói as sociedades, diminuindo a confiança mútua e elevando os níveis de violência e de ansiedade, o que acaba comprometendo o sistema imunológico tanto dos ricos quanto dos pobres. Os efeitos negativos disso se espalham pela sociedade como um todo:

> Aparentemente, a razão mais plausível por que o índice de desigualdade está ligado à saúde é o fato de que ele mostra indiretamente a escala de diferenças de classe numa sociedade. Provavelmente ele reflete as distâncias sociais e os sentimentos de superioridade e inferioridade ou de desrespeito que vêm junto com elas.[54]

Mas não me entenda mal. Ninguém em seu juízo perfeito sustentaria que os salários devem sofrer uma equiparação generalizada, e somente os conservadores mais empedernidos acreditam que não temos nenhum compromisso para com os pobres. Os dois tipos de justiça — a que busca um campo nivelado e aquela que vincula as recompensas ao esforço — são essenciais. A Europa e os Estados Unidos, embora bastante diferentes, pagam um preço exorbitante por enfatizarem um ideal de justiça em detrimento do outro. Depois de ter vivido tanto tempo nos Estados Unidos, é difícil dizer qual desses sistemas eu prefiro. Ambos têm suas vantagens e suas desvantagens. Mas, no meu modo de entender, trata-se de um falso dilema. A ideia de que os dois ideais de justiça não poderiam ser combinados é uma falácia. Os políticos e seus partidos podem comprometer-se com o lado esquerdo ou com o lado direito dessa equação, mas toda sociedade movimenta-se em zigue-zague entre esses dois extremos, em busca de um equilíbrio que lhe ofereça as melhores perspectivas e que continue condizendo com o caráter nacional. Dos três ideais da Revolução Francesa — liberdade, igualdade e fraternidade —, os americanos continuarão enfatizando o primeiro e os europeus, o segundo, mas somente o terceiro fala de inclusão, confiança e comunhão. Em termos morais, a fraternidade é provavelmente o ideal mais nobre dos três e é impossível de ser alcançado sem que se dê atenção aos outros dois.

A fraternidade é também mais fácil de entender do ponto de vista dos primatas, uma vez que a sobrevivência depende tão fortemente dos laços afetivos, das relações sociais e da coesão entre os membros do grupo. Os primatas evoluíram para formar comunidades. Ainda assim, a tendência à igualdade e a relação entre esforço e recompensa não são estranhas a eles. Quando Bias gritou de raiva porque Sammy havia deixado a comida fora de alcance, estava protestando contra a perda das recompensas pelas quais havia *trabalhado.* Não se tratava simplesmente de desigualdade. Como os trabalhadores da vinha, Bias estava levando em conta o esforço que ela tinha feito. De fato, um de nossos estudos mostrou que quanto maior o esforço para se obter uma recompensa, mais sensíveis os primatas se tornam ao ver um semelhante recebendo algo melhor. É como se eles estivessem dizendo: "Depois de todo esse trabalho, ainda assim eu não recebo o que ele recebe?!".

Essas reações são comuns entre os primatas com tendências igualitárias, mas não necessariamente se aplicam às espécies que vivem sob uma hierarquia muito estrita, como é o caso dos babuínos. Os babuínos caracterizam-se por um nível bastante baixo de tolerância social e de empatia. A descrição feita pelo primatólogo americano Benjamin Beck de uma fêmea de babuíno ajudando um macho no Brookfield Zoo, perto de Chicago, possibilitou uma reflexão interessante sobre a dominância. Os babuínos machos têm o dobro do tamanho das fêmeas e seus caninos são afiados como punhais. Por esse motivo, eles não têm a menor dúvida quanto à sua posição na hierarquia. Uma fêmea chamada Pat aprendera a apanhar uma vara numa parte da jaula inacessível ao macho, Peewee. Peewee, por sua vez, sabia como usar a vara para alcançar comida. Ele já havia usado a vara sozinho, e, nessa ocasião, dera somente algumas migalhas a Pat. Mas a primeira vez que ela apanhou espontaneamente o instrumento para ele, depois de uma longa sessão de cafuné entre os dois, foi como se Peewee tivesse se transformado num novo babuíno. Depois de recolher seu banquete, ele o dividiu ao meio com Pat, parecendo ter reconhecido a contribuição dela. No entanto, quanto mais a cooperação entre eles crescia, menor se tornava a porção de alimento destinada a Pat. No final, ela tinha que se contentar com algo em torno de 15%. Ainda assim, isso era melhor do que nada, o que talvez explique por que ela continuou trazendo a vara para Peewee. Mas esse é o tipo de divisão que os humanos rejeitam no jogo do ultimato. E não apenas os humanos: se Pat fosse uma fêmea de macaco-prego ou de chimpanzé, ela teria berrado e se enfurecido com a recompensa recebida.[55]

Não consigo deixar de refletir sobre as diferenças sutis entre posição social, igualdade *versus* desigualdade e compensações merecidas ou injustas quando leio certas passagens de *Suite française* que falam sobre as relações dos aristocratas com as pessoas comuns. A despeito de vivermos numa sociedade industrializada que tem muitas camadas sociais, os sentimentos subjacentes parecem universais entre os primatas. A sociedade moderna explora sua conexão com uma longa história de formação hierárquica em que os indivíduos nas posições inferiores não apenas temem os que se encontram no topo, mas também se ressentem contra eles. Estamos sempre prontos a fazer tremer a escala social, uma herança que remonta aos ancestrais humanos que perambulavam pela savana em pequenos grupos igualitários. Como parte de seu legado, eles nos transmitiram suas reações assimétricas à injustiça, sempre mais fortes nos indivíduos que têm menos do que naqueles que têm mais. Embora estes não sejam totalmente indiferentes à desigualdade, aqueles que realmente se exaltam, atirando longe a comida, são sempre os que ficaram com os vegetais insípidos, diante daqueles poucos felizardos que se regalam com as frutas adocicadas.

Robin Hood tinha mesmo razão. O que a humanidade deseja mais profundamente é a distribuição da riqueza.

7. Pau torto

Do pau torto da humanidade, nada de reto pode sair.[1]

IMMANUEL KANT, 1784

Sempre soubemos que o interesse pessoal insensato era ruim do ponto de vista moral; agora sabemos que ele é ruim do ponto de vista econômico.[2]

FRANKLIN D. ROOSEVELT, 1937

Quando uma revista religiosa me perguntou o que eu mudaria na espécie humana "se fosse Deus", foi difícil responder. Todo biólogo conhece a lei das consequências não intencionais, uma parente próxima da lei de Murphy. Sempre que mexemos num ecossistema, introduzindo novas espécies, criamos uma desordem. Quer se trate da introdução da perca-do-Nilo no Lago Vitória, do coelho na Austrália ou do kudzu no sudeste dos Estados Unidos,[3] não estou certo de que tenhamos, alguma vez, produzido uma mudança para melhor.

Cada organismo, incluindo os da nossa espécie, é um sistema

complexo em si mesmo. Desse modo, por que haveria de ser mais fácil evitar consequências não intencionais quando se trata da espécie humana? No seu romance utópico *Walden Two*, B. F. Skinner afirmou que os humanos seriam mais felizes e produtivos se os pais não passassem tanto tempo com os filhos e se as pessoas se abstivessem de agradecer umas às outras. Ele considerava adequado que as pessoas se sentissem gratas em relação à comunidade, mas não em relação umas às outras. Skinner propôs outros códigos de conduta peculiares, mas esses dois me deixaram especialmente estarrecido, pois atacam os pilares de toda sociedade: os laços familiares e a reciprocidade. Skinner deve ter imaginado que poderia melhorar a natureza humana. Na mesma linha de pensamento, ouvi certa vez um psicólogo propor seriamente que deveríamos treinar as crianças a se abraçarem várias vezes por dia. Afinal, os abraços não são um comportamento positivo que promove boas relações? Eles são, realmente, mas quem disse que eles produzem o mesmo efeito quando nascem da obediência a regras de conduta? Será que dessa maneira não nos arriscaríamos a transformar um gesto pleno de significado em um comportamento em que não podemos mais confiar?

Vimos nos orfanatos da Romênia o que acontece com as crianças submetidas à ideologia da fábrica de bebês da psicologia comportamentalista. Suspeito seriamente de toda intenção de "reestruturação" da natureza humana, embora, ao longo da história, essa ideia tenha sempre exercido um grande apelo. Em 1922, Leon Trotsky descreveu a possibilidade de um Novo Homem glorioso:

> Não há a menor dúvida de que o homem do futuro, o cidadão da comuna, será uma criatura extremamente interessante e atraente, e que a sua psicologia será muito diferente da nossa.[4]

O marxismo soçobrou na ilusão de que poderia produzir um novo ser humano como resultado da engenharia cultural. Ele assumiu que nascemos como uma *tabula rasa*, uma ardósia em branco, a ser preenchida pelo condicionamento, pela educação, pela lavagem cerebral ou por alguma coisa do gênero. Dessa maneira, estaríamos em condições de construir uma sociedade extraordinariamente cooperativa. Uma ilusão semelhante infestou o movimento feminista americano, que (em contraste com o *vive-la-différence* da sua contraparte europeia) pressupôs que os papéis sexuais estivessem prontos para uma total revisão. Aproximadamente na mesma época, um famoso sexólogo propôs que um menino que perdera parte de seu pênis fosse cirurgicamente castrado e criado como uma menina, prevendo que ele seria perfeitamente feliz. Esse "experimento" produziu um indivíduo profundamente confuso, que cometeu suicídio alguns anos depois.[5] Não se pode simplesmente ignorar a biologia da identidade de gênero. Da mesma forma, a nossa espécie apresenta tendências comportamentais que nenhuma cultura jamais foi capaz de suprimir. Como assinalou Immanuel Kant, a natureza humana não é mais moldável do que a raiz de árvore mais resistente.

Você já percebeu como muitas vezes a pior parte da personalidade de uma pessoa é também o que ela tem de melhor? Pode ser que você conheça um contador cujo caráter retentivo-anal o torna uma pessoa obcecada pelos detalhes e incapaz de contar (ou de entender) uma piada, mas, na verdade, é isso o que faz dele o contador perfeito. Ou talvez você tenha uma tia extravagante, que vive deixando as pessoas constrangidas por falar demais, mas que é também a alegria das festas. A mesma dualidade aplica-se à nossa espécie. Nossa agressividade não é um traço que apreciamos em nós mesmos — pelo menos não na maior parte do tempo —, mas seria uma boa ideia criar uma sociedade realmente desprovida de agressividade? Não acabaríamos nos tornando dóceis como cordeirinhos? Nossos times não se importariam de ganhar ou perder, não existiriam as pessoas empreendedoras e os *pop stars* cantariam apenas cantigas de ninar enfadonhas. Não estou dizendo que a agressividade seja algo desejável, mas ela entra em jogo em tudo o que fazemos, e não somente no assassinato e na destruição. Desse modo, a ideia de remover a agressão humana deve ser vista com cautela.

Os humanos são primatas bipolares. Temos um pouco da sensualidade e da amabilidade dos bonobos,[6] e pode ser que nos agrade a ideia de imitá-los, mas seria bom que não o fizéssemos em demasia, ou o mundo se transformaria numa gigantesca festa *hippie* de celebração ao *flower power* e ao amor livre. Talvez isso nos fizesse felizes, mas é difícil imaginar que seríamos produtivos dessa maneira. De outro lado, a nossa espécie também tem algo do chimpanzé brutal e dominador, um aspecto que possivelmente gostaríamos de suprimir, mas não completamente, pois, nesse caso, como conquistaríamos novas fronteiras e defenderíamos nossas divisas? É possível argumentar que não haveria problema algum, contanto que *toda* a humanidade se tornasse pacífica ao mesmo tempo. Mas nenhuma população é estável, a menos que esteja imune à invasão de mutantes. Eu continuaria a me preocupar com os lunáticos dispostos a formar um exército e a explorar os pontos fracos do restante da população.

Assim, por mais estranho que pareça, eu relutaria em mudar radicalmente a condição humana. Mas, se pudesse mudar uma única coisa, eu alargaria o espectro dos nossos sentimentos de empatia. Hoje, com tantos grupos diferentes se acotovelando num planeta abarrotado, o maior problema é o excesso de lealdade dos indivíduos em relação a seu país, grupo ou religião. Os humanos são capazes de desprezar profundamente todo aquele que pareça diferente ou que pense de outra forma, mesmo quando se trata de grupos vizinhos e com DNA quase idêntico, como é o caso dos israelenses e dos palestinos. As nações julgam-se superiores aos países vizinhos e as religiões acreditam ser donas da verdade. Quando a situação esquenta, elas estão prontas a entrar em confronto, ou até mesmo a aniquilar umas às outras. Recentemente, vimos duas enormes torres serem deliberadamente atingidas e derrubadas por aviões, e também testemunhamos o bombardeamento maciço da capital de um país, e nas duas ocasiões a morte de milhares de inocentes foi celebrada como um triunfo do bem contra o mal. A vida das pessoas estranhas muitas vezes é considerada sem valor. Perguntado por que motivo nunca falava do número de civis mortos na guerra do Iraque, o secretário da Defesa americano Donald Rumsfeld respondeu: "Bem, nós não contamos os corpos das pessoas de outra nacionalidade".[7]

A empatia pelas pessoas de "outra nacionalidade" é o artigo mais escasso no mundo de hoje, muito mais do que o petróleo. Seria fantástico se fôssemos capazes de criar ao menos uma quantidade módica disso. Sentimos a diferença que isso poderia fazer quando vimos, em 2004, o ministro da Justiça israelense Yosef Lapid sensibilizar-se diante das imagens de uma mulher palestina no noticiário da noite. "Quando vi na TV as imagens de uma mulher idosa engatinhando entre as ruínas de sua casa à procura de seus remédios, pensei: 'O que eu diria se fosse a minha avó?'."[8] Embora os sentimentos de Lapid tenham provocado a ira dos linhas-duras israelenses, o incidente mostrou como a empatia pode ser alargada. Por um breve momento, os sentimentos humanitários falaram mais alto, e o ministro incluiu os palestinos no círculo de pessoas merecedoras de sua preocupação.

Se eu fosse Deus, me esforçaria para que os humanos alcançassem a empatia.

O cultivo da empatia não é nem um pouco facilitado pela opinião entrincheirada — nos cursos de direito, nas escolas de negócios e também nos corredores políticos — de que somos animais essencialmente competitivos. O darwinismo social pode ser descartado como um chapéu fora de moda, um resíduo da era vitoriana, mas permanece muito vivo entre nós. Um exemplo disso foi uma coluna de David Brooks publicada no *New York Times* em 2007, que se apoiava em argumentos típicos do darwinismo social para ridicularizar os programas sociais do governo: "Tomando por base o conteúdo dos nossos genes, a natureza dos nossos neurônios e as lições da biologia evolutiva, fica bem claro que a natureza é abarrotada de competição e de conflitos de interesse".[9] Os conservadores adoram pensar dessa maneira.

Não pretendo afirmar que o ponto de vista deles não tem validade alguma, mas qualquer pessoa que busque uma base lógica sobre a qual estruturar a sociedade deveria perceber que isso é apenas uma meia verdade. Esse argumento perde completamente de vista a natureza social da nossa espécie. A empatia faz parte da nossa evolução. E não se trata de um componente recente, mas de uma capacidade inata e muito antiga. Valendo-se de sua sensibilidade automática para as expressões faciais, corporais e vocais, os humanos empatizam desde o primeiro dia de vida. Na realidade, essa capacidade não é tão complexa quanto faz crer a visão de que a empatia depende da atribuição de estados mentais aos outros e da recordação consciente das próprias experiências. Ninguém contesta a importância dessas formas mais complexas de empatia, que se desenvolvem com a idade, mas concentrar-se exclusivamente nelas é o mesmo que olhar para uma catedral esplêndida e esquecer-se de que ela é feita de tijolos e argamassa.

Martin Hoffman, que publicou muitos trabalhos sobre esse

tema, afirmou que as nossas relações com os outros são mais básicas do que pensamos: "Os humanos têm de ser biologicamente equipados para funcionar de modo eficaz numa pluralidade de situações sociais sem depender excessivamente dos processos cognitivos".[10] Embora disponham de maneiras muito inventivas de se colocar mentalmente no lugar do outro, não é assim que os indivíduos da nossa espécie funcionam durante boa parte do tempo. Quando pegamos no colo uma criança que está chorando ou trocamos um sorriso compreensivo com o nosso cônjuge, mobilizamos aquela forma cotidiana de empatia que está enraizada em nossos corpos, e não apenas em nossas mentes.

Na tentativa de revelar os elementos mais básicos da empatia, optei por incluir explicitamente os não humanos na discussão. Nem todos os cientistas concordam com isso. Alguns deles fazem como aqueles macacos que tapam a boca e os ouvidos com as mãos assim que alguém menciona a expressão "estados internos" em relação aos animais não humanos. Não há problema algum em descrever o comportamento humano com termos emocionais, acredita-se, mas esse é um hábito que deveríamos abolir quando se trata dos animais. Muitos de nós consideram isso quase impossível, pela razão simples de que os humanos tendem a "mentalizar" automaticamente.[11] A mentalização oferece um atalho em relação ao comportamento à nossa volta. Em vez de fazermos observações parciais sobre o modo como o nosso patrão reage quando chegamos atrasados (ele franze as sobrancelhas, fica com o rosto vermelho, bate na mesa, e assim por diante), integramos todas essas informações numa única avaliação (ele está enfurecido). Tendemos a acomodar nossas observações sobre o comportamento das pessoas aos objetivos, desejos, necessidades e emoções que atribuímos a elas. Isso funciona adequadamente com o nosso patrão (embora pouco melhore a situação), e aplica-se igualmente bem a um cachorro que vem pulando em nossa direção, balançando o rabo, em contraste com outro que rosna para nós com a cabeça baixa e o pelo eriçado.[12] Dizemos que o primeiro está "feliz", e o segundo, "bravo", embora muitos cientistas ridicularizem o emprego desse léxico porque ele implica a atribuição de estados mentais. Eles preferem termos como "brincalhão" ou "agressivo". Os pobres dos cachorros fazem de tudo para expressar seus sentimentos, enquanto a ciência se enreda em complicados volteios linguísticos para evitar mencioná-los.

Obviamente, não estou de acordo com essa cautela. Para o darwinista, não há nada mais lógico do que pressupor a continuidade emocional entre o homem e os outros animais. No final das contas, eu acredito que a relutância em falar sobre as emoções dos animais tem menos a ver com a ciência do que com a religião. Isso vale especialmente para aquelas religiões que nasceram isoladas dos animais que se parecem conosco. Com macacos e grandes primatas à sua volta por todo lado, nenhuma população das florestas tropicais jamais produziu uma religião que situasse os humanos fora da natureza. Da mesma forma, os países do Oriente — como a Índia, a China e o Japão, cercados de primatas nativos — criaram religiões que não estabelecem fronteiras rígidas entre os humanos e os outros animais. A reencarnação pode ocorrer de muitas formas diferentes: um homem pode retornar como um peixe e um peixe pode transformar-se num Deus. Deuses macacos, como Hanuman, são comuns. Somente as religiões judeo-cristãs colocam o homem num pedestal, afirmando ser ele a única espécie dotada de alma. Não é difícil entender como os nômades do deserto podem ter chegado a ver as coisas dessa maneira. Na ausência de animais que pudessem servir-lhes de espelho, a ideia da exclusividade da espécie humana ocorreu naturalmente a eles, que viram-se como seres criados à imagem de Deus e como a única forma de vida inteligente no planeta. Ainda hoje, estamos tão convencidos disso que procuramos outras formas de vida inteligente apontando os nossos poderosos telescópios para as galáxias distantes.

A reação dos ocidentais quando finalmente tiveram contato com animais capazes de colocar essas crenças em xeque é extremamente reveladora. Quando espécimes vivos de grandes primatas foram exibidos pela primeira vez, as pessoas mal podiam acreditar no que viam. Em 1835, um chimpanzé macho chegou ao zoológico de Londres vestindo um uniforme de marinheiro. Depois dele foi a vez de uma fêmea de orangotango, apresentada com um vestido. Ao ver a exposição, a rainha Vitória afirmou que os primatas eram "assustadores, [...] dolorosa e desagradavelmente humanos".[13] Tratava-se de um sentimento generalizado na época, e ainda hoje eu às vezes encontro pessoas que consideram os grandes primatas "repulsivos". Por que razão elas reagiriam assim a menos que esses animais lhes dissessem algo a respeito de si mesmas que elas não desejam ouvir? Quando Charles Darwin, em sua juventude, estudou os mesmos primatas no zoológico de Londres, ele chegou à mesma conclusão que a rainha, mas sem a repugnância experimentada por ela. Darwin considerou que toda pessoa convencida da superioridade humana deveria dar uma espiada nesses primatas.

Tudo isso ocorreu num passado não muito distante, bem depois que a religião ocidental tivesse difundido sua crença na posição excepcional do homem a todas as regiões do conhecimento. A filosofia herdou esse credo ao fundir-se à teologia, e as ciências sociais o receberam quando nasceram da filosofia. Afinal, a psicologia deriva seu nome de Psiquê, a deusa grega da alma. Essas raízes religiosas refletem-se na resistência inabalável à segunda mensagem da teoria da evolução. A primeira é a de que todas as plantas e animais, incluindo a espécie humana, são produto de um único processo. Essa ideia é amplamente aceita hoje em dia, inclusive fora da biologia. Mas a segunda afirma que há uma continuidade entre a nossa espécie e todas as outras formas de vida, não somente do ponto de vista corporal, mas também do ponto de vista mental. Isso permanece difícil de engolir. Mesmo aqueles que admitem que os humanos são um produto da evolução continuam a procurar pela centelha divina, pela "grande anomalia" que nos diferencia dos outros animais. Há muito tempo que a relação desse pensamento com a religião foi empurrada para o subconsciente, mas a ciência continua a procurar alguma coisa especial da qual a nossa espécie possa se orgulhar.

Quando se trata de características que *não* apreciamos em nós mesmos, a continuidade raramente é colocada em questão. Quando as pessoas matam, abandonam, estupram ou maltratam umas às outras, rapidamente pomos a culpa em nossos genes. A guerra e a agressão são amplamente reconhecidas como traços biológicos, e ninguém pensa duas vezes em encontrar paralelos no comportamento das formigas ou dos chimpanzés. É somente com relação às características consideradas nobres que a continuidade é colocada em dúvida, e a empatia é um bom exemplo disso. Ao fim de uma longa carreira, dificilmente os cientistas resistem a produzir uma sinopse do que nos distingue dos animais irracionais.[14] O psicólogo americano David Premack focalizou o raciocínio causal, a cultura e a adoção da perspectiva do outro, enquanto seu colega Jerome Kagan enfatizou a linguagem, a moralidade, e sim, a empatia. Kagan incluiu aí o comportamento de consolar o outro, como faz uma criança que abraça a mãe quando esta se machuca. Não resta dúvida de que esse é um ótimo exemplo. No entanto, ele não se restringe à nossa espécie. A meu ver, o importante aí não é saber se as diferenças propostas pelos cientistas são reais ou imaginárias. A grande questão é por que as diferenças elencadas são sempre aquelas que falam em favor da espécie humana. Afinal de contas, os humanos não são também especiais no que diz respeito à tortura, ao genocídio, à exploração, à lavagem cerebral e à destruição ambiental? Por que razão todo inventário das características que distinguem a espécie humana precisa transmitir uma sensação triunfante de otimismo?

Mas há um problema ainda mais profundo que me obriga a voltar à questão do status atribuído à empatia. Se a sensibilidade aos outros realmente se limitasse à nossa espécie, ela seria um traço recente. O problema dos traços recentes é que eles tendem a ser experimentais. Considere a coluna vertebral dos humanos. Quando nossos ancestrais começaram a andar sobre duas pernas, suas costas se endireitaram e assumiram a posição vertical, passando, dessa forma, a suportar um peso extra. Como a coluna vertebral não foi feita originalmente para isso, as dores crônicas nessa parte do corpo se tornaram a praga universal da nossa espécie.

Se a empatia fosse realmente como um topete postiço colocado ontem sobre nossas cabeças, meu temor é que ele poderia, amanhã, ser arrancado pelo vento. Vincular a empatia aos nossos lobos frontais, que atingiram seu tamanho extraordinário há poucos milhões de anos, significa negar que ela é parte integrante daquilo que somos. Eu acredito exatamente no oposto: a empatia faz parte de uma herança tão antiga quanto a própria linhagem mamífera. Ela mobiliza regiões do cérebro que existem há mais de cem milhões de anos. A capacidade de sentir empatia pelo outro emergiu num passado extremamente longínquo, com o mimetismo motor e o contágio

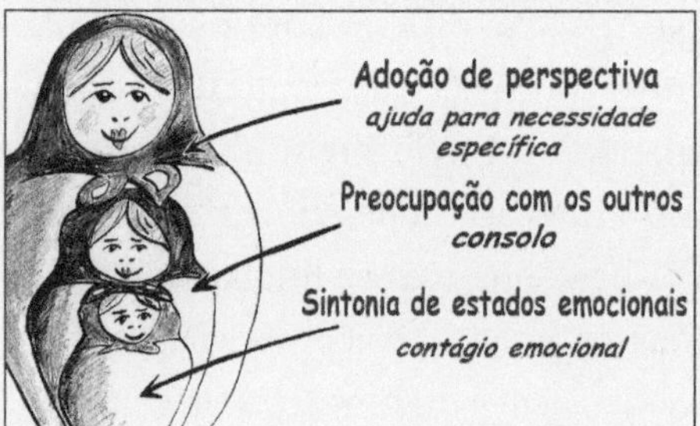

Como uma boneca russa, a empatia tem muitas camadas. Em seu núcleo interno encontra-se a inclinação ancestral a ajustar-se aos estados emocionais dos outros indivíduos. Ao redor desse núcleo, a evolução construiu capacidades cada vez mais sofisticadas, como a preocupação com os outros e a adoção de seu ponto de vista.

emocional. Depois disso, a evolução foi acrescentando camada após camada, até que nossos ancestrais se tornassem capazes não apenas de sentir o que os outros sentem, mas também de compreender os desejos e as necessidades de seus semelhantes. A empatia tem a forma de uma boneca russa. No seu núcleo interno encontra-se um processo automático partilhado por um grande número de espécies, e esse núcleo é rodeado por camadas externas que regulam a finalidade e o alcance da empatia. Nem todas as espécies possuem todas as camadas. Somente algumas são capazes de assumir a perspectiva do outro, habilidade que nós, os humanos, dominamos extremamente bem. Mas mesmo as camadas mais sofisticadas da boneca permanecem firmemente ligadas a esse núcleo primordial.

A evolução raramente descarta algo. As estruturas são transformadas, modificadas e arregimentadas para novas funções, ou são ajustadas em outras direções. Desse modo, as barbatanas frontais dos peixes transformaram-se nos membros dianteiros dos animais terrestres. Ao longo do tempo evolutivo, esses membros tornaram-se cascos, patas, asas e mãos. Transformaram-se também nas nadadeiras das espécies que voltaram para a água. É por essa razão que, para o biólogo, a boneca russa é um brinquedo tão encantador, especialmente quando ele traz consigo uma dimensão histórica. Possuo uma versão desse brinquedo cuja face externa é uma representação do ex-presidente russo Vladimir Putin. Em seu interior, descobrimos, nessa ordem, Yeltsin, Gorbachev, Brezhnev, Khrushchev, Stálin e Lenin. Encontrar um pequeno Lenin e um pequeno Stálin dentro de Putin não chega a surpreender a maioria dos analistas políticos. Mas o mesmo pode ser dito em relação aos traços biológicos. O velho continua sempre presente no novo. Isso tem uma importância fundamental no que diz respeito à história da empatia, pois significa que mesmo as nossas reações ao outro mais bem pensadas partilham mecanismos essenciais com as reações das crianças pequenas, dos outros primatas, dos elefantes, dos cachorros e dos roedores.

A antiguidade evolutiva da empatia me faz sentir muito otimista, pois faz dela um traço robusto que se desenvolverá em virtualmente todos os seres humanos. Consequentemente, a sociedade pode contar com esse traço e esforçar-se para cultivá-lo. A empatia é um universal humano. Nesse aspecto, ela é semelhante à nossa tendência de construir hierarquias sociais, que partilhamos com tantos animais e que não precisamos ensinar ou explicar às crianças. Antes que tenhamos percebido, elas se organizam espontaneamente em relação à "ordem das bicadas". O que a sociedade faz é acentuar essa tendência, como acontece na Igreja e no Exército, ou agir contra ela, como no igualitarismo praticado pelas sociedades em pequena escala. Da mesma forma, a empatia humana encontra-se tão arraigada que ela sempre encontrará maneiras de se manifestar, fornecendo-nos a matéria-prima sobre a qual poderemos trabalhar, seja nos contrapondo a ela, como fazemos ao desumanizar nossos inimigos, ou fortalecendo-a, como fazemos ao insistir que uma criança que monopoliza os brinquedos tenha mais consideração com seus amiguinhos.

Talvez não sejamos capazes de criar um Novo Homem, mas somos muito bons em modificar o antigo.

O LADO SOMBRIO

Talvez você já tenha ouvido falar de uma organização que apela para a nossa empatia para lutar contra a falta de empatia. Que o mundo necessite de uma organização como essa, conhecida como Anistia Internacional, diz muita coisa sobre o lado sombrio da nossa espécie. A autora britânica J. K. Rowling descreve uma experiência ocorrida no período em que trabalhava no centro de operações da Anistia Internacional em Londres:

> Enquanto viver eu vou me lembrar desse dia. Eu estava andando por um corredor quando de repente ouvi, por trás de uma porta fechada, um grito de dor e de horror como nunca tinha escutado antes. A porta se abriu e uma pesquisadora pôs a cabeça para fora e me pediu que fosse correndo buscar uma bebida quente para um jovem sentado ao lado dela. Ela acabara de contar a ele que, em represália às suas opiniões contra o regime de seu país, que ele expressava abertamente, sua mãe tinha sido presa e executada.[15]

Se a empatia fosse um mecanismo puramente intelectual, um produto do nosso córtex pré-frontal, a autora de *Harry Potter* não teria sentido nada de especial ao ouvir o grito do homem e nem continuaria se lembrando dele por toda a vida. Mas a empatia vai mil vezes mais fundo. Ela toca regiões do cérebro onde os gritos não apenas são registrados, mas produzem medo e aversão. Nós *sentimos* um grito, literalmente. Deveríamos ser gratos por isso, pois, de outro modo, não haveria razões para fazermos bom uso da empatia. Considerada em si mesma, a adoção da perspectiva do outro é uma capacidade neutra, que pode servir tanto a propósitos construtivos quanto a finalidades destrutivas. Os crimes contra a humanidade quase sempre se valem precisamente dessa capacidade.

A tortura requer uma compreensão do que os outros pensam ou sentem. Colocar eletrodos nos órgãos genitais de prisioneiros, pendurá-los de cabeça para baixo por longos intervalos de tempo, submetê-los à técnica do afogamento simulado ou urinar sobre sua Bíblia ou sobre seu Alcorão dependem da nossa habilidade de assumir o ponto de vista deles e identificar aquilo que os machucará ou os ofenderá acima de tudo. Se você fizer uma visita a qualquer museu medieval de tortura, com seus garrotes, suas cadeiras de pontas, seus esmaga-cabeças e esmagadores de polegar, poderá ver o que a imaginação humana foi capaz de produzir a serviço do sofrimento. Nossa espécie se dedica inclusive à tortura indireta. Violentar uma mulher na frente de seu marido não é somente um ato brutal contra ela, mas também uma forma de infligir tormento a ele. A tortura indireta explora a ligação de uma pessoa com a outra. A crueldade também se assenta na capacidade de assumir a perspectiva do outro.

A psicopatia é uma doença mental caracterizada pela desconexão permanente entre a adoção da perspectiva do outro e as formas mais nucleares da empatia. O termo "psicopata" está quase sempre associado à violência, como no caso dos *serial killers* Ted Bundy e Harold Shipman, ou dos assassinos em massa, como Joseph Stálin, Benito Mussolini e Saddam Hussein. Mas a psicopatia assume muitas formas. Ela se define por uma atitude antissocial e desprovida de lealdade a quem quer que seja, exceto a própria pessoa. Pense no namorado que abandona uma mulher depois de ter limpado sua conta bancária, mas que retorna meses mais tarde com um buquê de rosas nas mãos, em busca de uma reconciliação lacrimosa, com a intenção de mudar-se outra vez para a casa dela e iniciar todo o ciclo novamente. Ou o diretor executivo que ganha fortunas às custas dos outros, chegando ao requinte de convencer os seus crédulos funcionários a comprar ações da empresa no exato momento em que ele se livra das suas próprias ações, como fez Kenneth Lay antes da falência da Enron em 2001. Pessoas sem compaixão e sem valores morais estão em todo lugar à nossa volta, geralmente em posições de destaque. Essas cobras de paletó e gravata, como são chamadas no título de um livro,[16] podem representar uma porcentagem pequena da população, mas elas alcançam o sucesso num sistema econômico que recompensa o comportamento impiedoso.

A comparação com as cobras é bastante apropriada, pois os psicopatas parecem não dispor daquele núcleo central da boneca russa que remonta a um passado tão distante no processo evolutivo e que encontra-se presente nos mamíferos. Eles possuem todas as camadas cognitivas externas, o que lhes possibilita entender os desejos e as necessidades dos outros, e também seus pontos fracos, mas são completamente indiferentes aos efeitos de seu próprio comportamento sobre as outras pessoas. De acordo com uma certa teoria, eles sofrem de um transtorno do desenvolvimento que os coloca desde muito cedo num caminho de aprendizagem errado.[17] Se uma criança normal faz um irmão mais novo chorar, ela se perturba com o sofrimento dele. O resultado disso é um condicionamento aversivo. As crianças aprendem a não importunar os outros e a não bater neles. Como todos os animais sociais, elas descobrem que, se quiserem se divertir, não é uma boa ideia fazer o companheiro gritar de dor. Com a idade, as crianças se tornam mais delicadas com os indivíduos mais novos e mais vulneráveis, aprendendo a controlar sua força do mesmo modo como um cachorro grandalhão brinca com um cachorro menor ou um gato, ou como um urso polar de mais de quinhentos quilos brinca com um *husky*.[18] O jovem psicopata, em contraste com isso, nasce sem essa sensibilidade. Nada do que possa ocorrer no encontro com uma pessoa mais frágil, e muito menos um

Agir com delicadeza em relação aos indivíduos vulneráveis é algo que as crianças e os animais aprendem durante as situações de brincadeira, como no caso desse urso polar com um cão de trenó.

protesto lacrimoso, o fará recuar. Ao contrário, a única ideia que ele parece capaz de assimilar é a de que fazer mal aos outros é uma atitude que compensa. Não é uma maneira excelente de vencer os jogos ou apoderar-se dos brinquedos? O jovem psicopata só enxerga o que ele ganha ao derrotar os outros. O resultado disso é uma curva de aprendizagem diferente, que culmina na manipulação e na intimidação das outras pessoas sem nenhuma preocupação com a dor que isso possa causar.

Boa parte dos problemas que há no mundo é causada por pessoas cujas bonecas russas são como cascas vazias. Como se fossem seres de outro planeta, elas mostram-se intelectualmente capazes de adotar o ponto de vista dos outros sem nenhum dos sentimentos que isso desperta. Elas conseguem fingir empatia. Sempre que alcançam o poder, o que ocorre com frequência graças às suas habilidades maquiavélicas, seu desprezo pela verdade e pela moralidade permite que elas manipulem os outros para executar seus planos diabólicos. A autoridade dessas pessoas reduz a zero a capacidade de julgamento de seus subalternos, de maneira que, às vezes, uma nação inteira, como foi o caso da Alemanha no século passado, rende-se às fantasias cruéis de um psicopata carismático.[19]

O que torna esse transtorno mental tão difícil de entender é que não conseguimos imaginar como alguém é capaz de permanecer imune ao sofrimento dos outros. Mark Rowlands, no livro *The philosopher and the wolf* [O filósofo e o lobo], descreve sua experiência torturante ao tratar seu animal de estimação. Brenin, o lobo, precisava ser limpo com regularidade e tratado com antibióticos em consequência de uma infecção próxima ao ânus que lhe causava uma dor dilacerante, e, por extensão, era extremamente dolorosa também para seu dono. A empatia tem esse efeito. Ela faz com que seja extremamente penoso infligir dor aos outros, mesmo quando isso é feito por um bom motivo. Numa guinada filosófica, Rowlands faz uma reflexão sobre Tertuliano de Cartago, um teólogo dos primeiros tempos do cristianismo. Esse zeloso defensor da verdade descrevia o paraíso de uma maneira muito inusitada. Enquanto o inferno era um lugar de tortura, o paraíso seria uma sacada de onde as pessoas salvas poderiam assistir ao que se passava no inferno, saboreando o espetáculo dos outros a fritar ali. É preciso realmente estar próximo da psicopatia para imaginar o rancor eterno como um estado abençoado. Para a maioria de nós, é mais difícil ver o sofrimento dos outros do que experimentá-lo na própria pele, o que leva Rowlands a acrescentar: "Naqueles dias em que Brenin estava morrendo, eu costumava pensar que o inferno era isso — ser forçado a torturar um lobo que eu amava".[20]

Isso tudo é para diferenciar as pessoas que sentem empatia daquelas que são incapazes de fazê-lo. Mas isso não equivale a dizer que as primeiras o fazem todo o tempo. Que tipo de vida teríamos se compartilhássemos todas as formas de sofrimento no mundo? A empatia precisa tanto de um filtro que nos faça selecionar as situações às quais reagimos quanto de um dispositivo que permita ligá-la e desligá-la. Como toda reação emocional, a empatia tem um "portal", uma situação que tipicamente a desencadeia ou na qual permitimos que ela se manifeste. O principal portal da empatia é a identificação. Estamos prontos a compartilhar os sentimentos das pessoas com quem nos identificamos, e por isso o fazemos tão prontamente com os indivíduos que pertencem ao nosso círculo mais próximo. Para essas pessoas, o portal está sempre entreaberto. Fora desse círculo, as coisas são opcionais. Dependem de nos deixarmos afetar pela situação dos outros. Quando vemos um mendigo na rua, escolhemos entre olhar para ele, o que pode despertar a nossa piedade, ou desviar o olhar e mesmo atravessar a rua para evitar encará-lo. Temos ao nosso dispor toda espécie de expedientes para abrir ou fechar o portal.[21]

Quando compramos o ingresso para um filme, escolhemos

nos identificar com o personagem principal e ficamos sujeitos à empatia. Extasiamo-nos quando ele se apaixona e caímos em pranto quando ele morre prematuramente, embora se trate apenas de um personagem representado por alguém que não conhecemos pessoalmente. Por outro lado, há ocasiões em que o portal é fechado deliberadamente, como, por exemplo, quando suprimimos a nossa identificação com as pessoas que fazem parte de um grupo inimigo declarado. Fazemos isso removendo a individualidade dessas pessoas, definindo-as como uma massa anônima de espécimes inferiores e desagradáveis pertencentes a outro grupo taxonômico. Por que razão deveríamos tolerar aqueles "baratas" sujas (era assim que os hutus se referiam aos tutsis) ou aqueles "ratos" infestados de doenças (os nazistas referindo-se aos judeus)? Descrita como o quinto cavaleiro do apocalipse,[22] a desumanização tem sido um recurso historicamente empregado para justificar as atrocidades cometidas contra grupos diferentes.

Uma vez que os homens são mais territoriais e, de modo geral, mais confrontadores e violentos do que as mulheres, seria de se esperar que eles contassem com um dispositivo mais eficiente para ligar e desligar a empatia. Não há dúvida de que os homens sentem empatia, mas talvez eles a apliquem mais seletivamente. Estudos transculturais confirmam que em todos os lugares as mulheres são consideradas mais empáticas do que os homens, o que levou à hipótese de que o cérebro feminino (mas não o masculino) é pré-programado para a empatia.[23] Duvido que exista uma diferença tão absoluta entre os homens e as mulheres, mas é verdade que, ao nascer, os bebês do sexo feminino olham mais tempo para o rosto das pessoas do que os do sexo masculino, que, por sua vez, olham mais tempo para móbiles mecânicos pendurados acima deles. Ao crescer, as meninas são mais pró-sociais do que os meninos, conseguem ler melhor as expressões emocionais das pessoas e mostram maior sintonia com as vozes ao seu redor. Elas também dão mais sinais de arrependimento quando machucam alguém e são mais capazes de assumir a perspectiva do outro. Quando Carolyn Zahn-Waxler mensurou as respostas ao sofrimento das pessoas da família, verificou que as meninas olham mais para o rosto do outro e mostram-se mais preocupadas com seu estado emocional, perguntando, por exemplo: "Você está bem?". Os meninos se mostram menos atentos aos sentimentos dos outros e são mais orientados para a ação e os objetos. São também mais rudes em suas brincadeiras e têm menos inclinação para os jogos de faz de conta. Eles preferem a ação coletiva, como construir alguma coisa com os amigos.

Os homens podem demonstrar profundo desdém pela empatia. Admitir esse tipo de sentimento não é algo considerado especialmente viril, e uma das razões por que os estudos da empatia custaram tanto a progredir é, sem dúvida, o fato de que, para os acadêmicos, esse era um assunto sentimental associado ao sexo fraco. Essa visão da empatia pode ser ilustrada pela obra de Bernard de Mandeville, um filósofo e satirista holandês do século XVIII que encarava a "piedade" como um defeito de caráter:

> Embora se trate da mais branda e menos prejudicial de todas as nossas paixões, a piedade é, ainda assim, um ponto fraco da nossa natureza, como a raiva, o orgulho e o medo. As mentes mais frágeis geralmente apresentam uma fração maior desse sentimento, e é por essa razão que ninguém é mais misericordioso do que as mulheres e as crianças. É preciso reconhecer que, de todas as nossas fraquezas, essa é a mais agradável, e a que mais se assemelha a uma virtude. Sem uma dose considerável de piedade, a sociedade dificilmente poderia subsistir.[24]

A natureza tortuosa dessa afirmação é compreensível no pensamento de um cínico que forneceu ao mundo seu primeiro evangelho da ganância. Mandeville não sabia onde enquadrar as emoções compassivas, mas pelo menos foi honesto o suficiente para reconhecer que sem elas a sociedade estaria em maus lençóis.

Embora a empatia seja mais fortemente associada às mulheres do que aos homens, alguns estudos mostram um quadro bem mais complexo.[25] Eles afirmam que as diferenças de gênero em relação à empatia são "exageradas" ou mesmo "inexistentes". Essas alegações são difíceis de entender, levando em consideração a diferença bem documentada entre os meninos e as meninas. Devemos supor, então, que com o passar do tempo os sexos convergem? O meu palpite é que não, e que a confusão resulta do modo como os homens e as mulheres foram testados pelos psicólogos. Perguntados sobre as pessoas mais próximas, como os pais, o cônjuge, os filhos e os melhores amigos, a maior parte dos homens demonstra muita empatia. O mesmo se aplica a pessoas não conhecidas. Os homens se mostram propensos a empatizar sob essas circunstâncias, e, muitas vezes, não conseguem conter as lágrimas em filmes românticos ou trágicos. Com seu portal aberto, os homens podem ser tão empáticos quanto as mulheres.

Mas quando a competição entra em jogo, como nas situações em que os homens cuidam de seus interesses ou de sua carreira, as coisas mudam radicalmente de figura. Subitamente, não há mais lugar para os sentimentos ternos. Os homens podem ser brutais com seus competidores potenciais. Todo aquele que atravessar seu caminho deverá ser derrotado. Às vezes esse caráter brutal do comportamento masculino escapa sem querer. Um exemplo disso ocorreu quando Jesse Jackson, por muito tempo o macho alfa dos afro-americanos, expressou seus sentimentos em relação ao "novato" Barack Obama, em 2008. Numa gravação realizada furtivamente num programa de televisão, Jackson declarou, a respeito de Obama, que gostaria de "cortar suas bolas". Em outras ocasiões as coisas passam literalmente para o plano físico, como na reação manifestada por Steve Ballmer, o presidente da Microsoft, ao saber que um de seus engenheiros do alto escalão estava indo trabalhar para seus competidores no Google. Dizem que Balmer apanhou uma cadeira e a atirou violentamente do outro lado da sala, quebrando uma mesa. Em seguida a essa demonstração típica de um chimpanzé, lançou-se em invectivas furiosas descrevendo como ele iria matar "aqueles malditos *Google boys*".[26]

Muitos homens adoram assistir a filmes de ação. Essa experiência seria desastrosa se eles se solidarizassem com os adversários de seus heróis, que geralmente são crivados de balas, explodidos em pedaços, atirados em tanques cheios de tubarões ou empurrados dos aviões em pleno voo. Nada disso incomoda os espectadores, que pagam para assistir ao massacre. Às vezes, o próprio herói é capturado, acorrentado e torturado com carvões em brasa, levando a plateia a se contorcer. Mas como se trata apenas de um filme, ele sempre consegue escapar e se vingar. Quanto mais sórdida for a vingança, mais sabor ela terá.

Entre os primatas, os machos às vezes agem de forma parecida. Robert Sapolsky descobriu a duras penas como é perigoso alvejar um babuíno com tranquilizantes quando seus rivais encontram-se nas proximidades. Assim que o animal atingido começa a cambalear, ele é cercado pelos outros, que veem uma boa oportunidade para apanhá-lo. Em contraste com as fêmeas, os babuínos machos estão sempre prontos a aproveitar-se das fraquezas do outro. É por essa razão que os machos ocultam seus pontos vulneráveis. Já vi chimpanzés fazerem demonstrações de intimidação especialmente vigorosas quando estavam doentes ou machucados. Mesmo que estivessem lambendo suas feridas e sentindo-se miseráveis, eles começavam de repente a exibir sua força muscular, ao menos durante alguns minutos, assim que seus principais rivais apareciam. Não é difícil imaginar um grupo de ancestrais humanos em que os homens se esforçassem ao máximo para esconder qualquer claudicação e qualquer sinal de redução da visão ou de perda de estamina, por medo de que isso pudesse dar ideias a seus rivais. É por essa razão que o Kremlin utilizava artefatos que permitissem aos seus líderes doentes manter-se de pé, numa simulação de boa saúde. É também por esse motivo que as empresas hesitam em divulgar os problemas de saúde de seus dirigentes, como no caso de Steve Jobs, da Apple. Na sociedade moderna, costumamos dizer que os homens resistem muito mais do que as mulheres a ir ao médico porque foram socializados para agir como durões, mas talvez esse comportamento tenha razões muito mais profundas. Talvez os machos se sintam permanentemente cercados por indivíduos que torcem para que eles fraquejem.

O contrário ocorre quando os homens estão em companhia das pessoas em quem confiam, como suas esposas ou namoradas e também seus melhores amigos. Nessas situações, eles podem demonstrar vulnerabilidade, e isso permite que a solidariedade se manifeste. Há muitas situações assim entre os homens do mesmo "time", seja nos esportes ou na vida militar. Certa vez, observei uma situação sugestiva de que isso pode ocorrer também entre os chimpanzés. Um macho de idade avançada se associara a um jovem, mais musculoso e com mais energia. O velho havia ajudado seu amigo a chegar ao topo. A despeito disso, um dia esse novo líder mordeu seu parceiro na disputa por uma fêmea. Não foi um gesto muito inteligente da sua parte, uma vez que sua posição na hierarquia dependia do apoio do velho. Depois do ocorrido, o jovem dedicou-se a longas sessões de cafuné no velho, tentando reparar a situação. Mas o velho espertalhão — provavelmente o chimpanzé mais astuto que já conheci — não resistia a fazer o outro se lembrar do quanto o havia machucado. Ele passou dias e dias mancando de dar pena sempre que se encontrava no campo de visão do jovem líder, embora caminhasse normalmente no restante do tempo. Se a solidariedade não desempenhasse nenhum papel nas relações entre os machos, por que ele se daria ao trabalho de armar uma cena como essa?

Desse modo, é possível que, no caso dos homens, a sensibilidade ao outro seja condicional. Ela ocorre facilmente quando se trata dos amigos e dos familiares. Mas para as pessoas fora do círculo mais próximo, e especialmente para os indivíduos que se comportam como rivais, o portal permanece fechado, e o dispositivo que regula a empatia, desligado. As evidências obtidas pela neurociência reforçam essa hipótese, pelo menos em relação aos humanos. Utilizando técnicas de mapeamento cerebral, a pesquisadora alemã Tania Singer realizou experimentos em que homens e mulheres observavam-se uns aos outros enquanto eram submetidos à dor. Os dois sexos sentiram comiseração pelas outras pessoas. As áreas ligadas à dor eram ativadas quando os outros participantes recebiam choques moderados nas mãos. Era como se eles próprios sentissem a dor. Mas isso só acontecia se o parceiro tivesse se mostrado uma pessoa agradável numa partida amigável jogada pouco antes disso. A situação mudava drasticamente se o parceiro não tivesse jogado limpo. Nesse caso, os sujeitos se sentiam trapaceados, o que diminuía a empatia deles diante da dor infligida ao outro. As mulheres continuavam a sentir certo grau de empatia, mas nos homens, não havia sinal desse sentimento. Pelo contrário, quando os homens viam o jogador desleal levando choques, seus centros de prazer é que eram ativados. Eles passavam da empatia ao senso de justiça, e pareciam saborear a punição do outro. No final das contas, pode ser que exista um paraíso tertuliano, pelo menos para os homens, onde eles se comprazem em assistir a seus inimigos ardendo em brasas.

A despeito disso, os homens parecem incapazes de desligar completamente a empatia, reduzindo-a a zero. Um dos livros mais esclarecedores que li nos últimos anos é *On killing*, do tenente-coronel Dave Grossman, que serviu no Exército dos Estados Unidos.

Inspirado pelo *Guerra e paz* de Liev Tolstói, Grossman estava interessado em saber por que os soldados matam e o que sentem ao fazê-lo. Matar alguém de verdade é uma experiência completamente diferente de assistir a um filme sobre isso, e os dados apresentados por Grossman revelam algo que poucos teriam suspeitado: a maioria dos homens não tem o instinto de matar.

O curioso é que, por mais bem armados que estejam, a maior parte dos soldados nunca chega a matar alguém. Durante a Segunda Guerra Mundial, apenas um em cada cinco soldados americanos atirou realmente contra o inimigo. Os demais deram mostras de bravura de muitas outras maneiras, enfrentando grandes perigos, desembarcando em praias, salvando companheiros debaixo do fogo inimigo, buscando munição para os outros, e assim por diante, mas sem jamais disparar suas armas. Um soldado relatou que "os comandantes das esquadras e dos pelotões tinham que ficar percorrendo a linha de fogo de cima a baixo, desferindo chutes nos soldados para obrigá-los a atirar. Quanto a nós, achávamos que era melhor deixar que apenas três ou quatro homens na esquadra atirassem". Da mesma forma, estima-se que durante a Guerra do Vietnam os soldados americanos desfecharam mais de cinquenta tiros para cada soldado inimigo morto. A maioria das balas deve ter sido disparada para o ar.

Isso faz lembrar o famoso experimento de Stanley Milgram em que as pessoas eram instruídas a dar choques nos outros participantes. O índice de obediência ao experimentador foi surpreendente, mas as pessoas começaram a trapacear assim que ele se distanciou. Elas continuaram agindo como se estivessem administrando os mesmos choques, mas na verdade davam choques muito mais leves. Grossman comparou isso ao que ocorre nas tribos da Nova Guiné, onde os homens se mostram exímios atiradores durante a caça, mas, quando vão para a guerra, removem as penas de suas flechas, tornando-as inúteis. Sabendo que seus inimigos tomarão a mesma medida, eles preferem lutar com armas sem precisão.

Matar ou ferir os outros é algo que nos parece tão monstruoso que as guerras muitas vezes revelam-se uma conspiração coletiva pela derrota, um artifício de incompetência, um jogo de demonstrações, mais do que uma confrontação hostil de verdade. Nem sempre isso se concretiza, hoje em dia, uma vez que as guerras podem ser travadas à distância como se fossem jogos de computador, eliminando boa parte dessas inibições naturais. Mas matar de verdade, a curta distância, não produz nenhum sentimento de glória e nenhum prazer, e é algo que os soldados, muitas vezes, tentam evitar a todo custo. Apenas uma pequena parcela dos homens — 1% ou 2 %, talvez — é responsável pela maioria das mortes durante uma guerra. Talvez se trate da mesma categoria de pessoas discutida antes, aquela que é imune ao sofrimento dos outros. Mas a maior parte dos soldados descreve uma profunda aversão ao ato de matar. Eles vomitam ao ver os inimigos mortos, e terminam assombrados por essas lembranças. Os traumas de guerra vitalícios já eram conhecidos pelos gregos antigos, como aparece nas peças de Sófocles sobre a "loucura divina",[27] que hoje chamamos de transtorno do estresse pós-traumático. Décadas depois de uma guerra, os veteranos continuam incapazes de conter as lágrimas quando perguntados sobre as mortes que testemunharam. Essas imagens desencadeiam sentimentos de tristeza e de repulsa naturais à nossa espécie. Isso explica também por que é tão difícil o emprego de força letal a curta distância: "O soldado comum manifesta enorme resistência a ferir com baioneta um outro homem, e a intensidade dessa reação só perde para a resistência a ser, ele mesmo, perfurado por uma baioneta".

Assim, quem quiser usar as atrocidades da guerra como argumento contra a empatia humana necessita pensar duas vezes. A guerra e o sentimento de empatia não se excluem mutuamente, e é preciso considerar a dificuldade que a maioria dos homens sente de puxar o gatilho. Por que essa dificuldade existiria, se não fosse pela empatia dos seres humanos com os seus semelhantes? A guerra é um fenômeno psicologicamente complexo, que resulta mais da nossa tendência a funcionar segundo uma hierarquia e a seguir ordens do que da agressão e da falta de compaixão. É evidente que somos capazes de fazer guerras, e que matamos pelo nosso país, mas isso conflita profundamente com a nossa humanidade. Até mesmo o general William Sherman, que defendeu a política da "guerra total", não tinha nada de bom a dizer sobre ela:

> Estou cansado e enjoado da guerra. Sua glória não passa de um brilho de luar. Somente aqueles que nunca deram um tiro, nem ouviram os gemidos e os gritos dos feridos, é que clamam por sangue, vingança e desolação. A guerra é o inferno.[28]

A SEGUNDA MÃO INVISÍVEL

Uma das primeiras discussões sobre o papel da empatia na vida humana foi feita por Mêncio, um seguidor de Confúcio, mais de dois milênios atrás. Mêncio acreditava que a empatia faz parte da natureza humana, e afirmou que as pessoas são dotadas de um sentimento natural de empatia e não suportam ver o sofrimento dos outros.

Numa das histórias escritas por Mêncio, o rei vê um boi ser conduzido na frente de seu palácio. Ele pergunta o que está acontecendo e lhe dizem que o boi está a caminho do sacrifício, para que seu sangue seja utilizado numa cerimônia. O rei não consegue suportar a aparência amedrontada do boi, que o faz pensar que o animal tem consciência de que está prestes a ser abatido. Ele então ordena que o animal seja poupado, mas, não desejando cancelar a cerimônia, propõe que se sacrifique um carneiro em lugar do boi.

Mêncio não se deixou impressionar pelo comportamento misericordioso do rei, dizendo-lhe que, embora ele se mostrasse interessado no destino do animal, ele estava igualmente preocupado com seus próprios sentimentos delicados:

> Vossa majestade viu o boi e não viu o carneiro. O homem superior se deixa afetar pelos animais, a tal ponto que, tendo os visto vivos, não suporta vê-los mortos. Tendo escutado seus gritos na hora da morte, não suporta comer sua carne. Assim, ele se mantém à distância do seu matadouro e da sua cozinha.[29]

Importamo-nos mais com aquilo que vemos diretamente do que com as coisas que permanecem fora do alcance de nossa visão. É claro que somos capazes de sentir empatia pelos outros ao ouvir, ler ou pensar sobre eles, mas, nesse caso, nosso sentimento de comiseração não tem a mesma força e nem a mesma urgência. Quando ficamos sabendo que um amigo próximo adoeceu e está sofrendo no hospital, solidarizamo-nos com ele. Mas nossa preocupação se torna dez vezes maior quando realmente ficamos ao lado de sua cama e percebemos sua palidez e sua dificuldade de respirar.

Mêncio nos fez refletir sobre a origem da empatia e sobre a sua dependência das conexões corporais. Essas conexões explicam também a nossa dificuldade de empatizar com as pessoas estranhas. A empatia apoia-se na proximidade, na similaridade e na familiaridade, o que faz muito sentido, uma vez que ela evoluiu para favorecer a cooperação entre os membros do grupo. Juntamente com o nosso interesse na harmonia social, que requer uma distribuição equitativa dos recursos, a empatia levou a espécie humana a formar sociedades em pequena escala, que enfatizam a igualdade e a solidariedade. Hoje em dia, a maioria de nós vive em sociedades muito maiores, onde essa ênfase é mais difícil de se manter, mas o nosso funcionamento psicológico permanece o mesmo. Nos sentimos confortáveis quando a igualdade e a solidariedade são alcançadas.

Uma sociedade que se baseie puramente em motivações egoístas e nas forças de mercado pode produzir riquezas, mas não é capaz de assegurar a união e a confiança mútua que fazem com que a vida valha a pena. É por essa razão que as pesquisas que medem os índices de felicidade em diferentes países não encontram os coeficientes mais altos nos países mais ricos, e sim naqueles com o nível mais alto de confiança entre os cidadãos.[30] Inversamente, o clima de absoluta falta de confiança que impera no mundo dos negócios hoje em dia é prenúncio de graves problemas futuros e já causou grandes sofrimentos ao enorme número de pessoas que perderam suas economias. Em 2008, o sistema financeiro mundial desmoronou sob o peso de empréstimos predatórios, falsos relatórios de lucros, esquemas de pirâmides e apostas imprudentes com o dinheiro dos outros. Um dos arquitetos do sistema, o ex-presidente do Banco Central americano, Alan Greenspan, declarou que não tinha nenhuma ideia de que isso pudesse acontecer. Interrogado pela câmara dos representantes dos Estados Unidos, ele admitiu que sua visão era falha: "É exatamente isso o que me deixou chocado, porque eu passei os últimos quarenta anos com evidências bastante consideráveis de que [o livre mercado] estava funcionando excepcionalmente bem".[31]

O equívoco de Greenspan e de outros "economistas da oferta" foi pressupor que, embora o livre mercado não seja, em si mesmo, um empreendimento ético, ele levaria a sociedade a funcionar de uma forma que garantisse, tanto quanto possível, os interesses de cada um. Milton Friedman, o semideus desses economistas, não afirmara que a responsabilidade social é inconciliável com a liberdade? E Adam Smith, uma autoridade ainda maior, não legara a eles a metáfora da "mão invisível", que prevê que até as motivações mais egoístas levam por fim ao mais favorável dos resultados? O livre mercado sabe o que é melhor para nós. Se o padeiro precisa de lucro e seus clientes precisam de pão, então *voilà*! As duas partes têm a ganhar com a transação. A moralidade não tem nenhum papel a desempenhar nessa história.

Infelizmente, essas referências à obra de Adam Smith são seletivas. Elas deixam de lado uma parte essencial do seu pensamento, que se aproxima muito mais da posição que defendi ao longo de todo este livro: se confiarmos na ganância como a força impulsora da sociedade, ela acabará por corroer pouco a pouco o tecido social. Smith encarava a sociedade como uma imensa máquina, comparando a virtude à graxa que mantém polidas as suas engrenagens, e a imoralidade à ferrugem que as faz ranger.[32] Como uma máquina, a sociedade não pode funcionar harmoniosamente a menos que cada cidadão tenha um forte senso de comunidade. Smith falou repetidamente da honestidade, da moralidade, da solidariedade e da justiça, que ele via como companheiras indispensáveis da mão invisível do mercado.

De fato, a sociedade depende de uma segunda mão invisível, uma mão que seja estendida na direção dos outros. O sentimento de que não podemos ser indiferentes ao outro se quisermos construir uma comunidade que mereça esse nome é a outra força que sustenta as nossas interações. O fato de que essa força seja tão antiga do ponto de vista evolutivo torna ainda mais surpreendente que ela seja frequentemente ignorada. As escolas de negócios por acaso mencionam a ética e os deveres para com a comunidade em outro contexto que não seja o da promoção dos negócios? Elas dedicam a mesma atenção aos *stakeholders* (as partes interessadas) e aos *shareholders* (os acionistas)? E por que razão a "ciência lúgubre"* atrai um número tão pequeno de estudantes do sexo feminino e nunca produziu uma ganhadora do prêmio Nobel? Será que isso se deve ao fato de que as mulheres não se identificam com essa caricatura do ser racional que só pensa na otimização dos lucros? Onde ficam as relações humanas nisso tudo?[33]

Ao insistir que a nossa espécie faça uso do instinto de rebanho que manteve as sociedades unidas por milhões de anos, não estamos pedindo nada que lhe seja estranho. Não se trata de seguir um ao outro cegamente, e sim de nos mantermos unidos, em vez de nos dispersarmos em todas as direções. Todo indivíduo está ligado a um todo maior do que ele. Aqueles que adoram dizer que essa ligação é construída e não faz parte da biologia humana não contam com o apoio das descobertas recentes sobre o comportamento e o funcionamento cerebral. Essa ligação é algo que vem das nossas profundezas, e, como Mandeville se viu forçado a reconhecer, nenhuma sociedade pode prescindir dela.

Para começar, há ocasiões em que podemos oferecer a ajuda de que os outros necessitam, na forma de bancos alimentares, de assistência em situações de calamidade, de programas de atenção ao idoso e às crianças pobres etc. A julgar pelas redes de serviços que dependem de trabalho voluntário, as sociedades ocidentais estão em ótima forma e dispõem de um estoque abundante de compaixão. A solidariedade entra em jogo também em relação ao bem comum, que inclui o sistema de saúde, a educação, a infraestrutura, o sistema de transportes, a defesa nacional, a proteção contra a natureza, e assim por diante. Nesse caso, o papel da empatia é mais indireto, uma vez que ninguém desejaria que pilares tão essenciais da sociedade dependessem exclusivamente do sentimento de satisfação que extraímos de nossa gentileza para com o outro.

* No original, *dismal science*, epíteto da economia atribuído ao historiador inglês Thomas Carlyle. (N. T.)

O sustentáculo mais sólido para o bem comum é o autointeresse esclarecido, ou seja, a consciência de que todos ficaremos em melhor situação se trabalharmos juntos. Se o benefício de nossas contribuições não for colhido hoje, ele o será, ao menos potencialmente, no futuro, e se esse benefício não se der no plano pessoal, ele se manifestará na melhoria das condições à nossa volta. A empatia promove a ligação entre os indivíduos e fornece a cada um deles uma "participação" no bem-estar dos outros, encurtando a distância entre os benefícios diretos — "que vantagem isso me traz?" — e os benefícios coletivos, cuja compreensão não é tão imediata. A empatia tem o poder de abrir os nossos olhos para esses benefícios coletivos, conferindo valor emocional a eles. Vejamos dois exemplos concretos disso.

Quando o furação Katrina atingiu o estado de Louisiana em 2005, a televisão mostrou cenas de profundo desespero. As dimensões desse desastre foram agravadas pela incompetência flagrante das agências que deveriam ocupar-se de suas consequências e pela fria indiferença dos políticos nos escalões mais altos. O restante do país assistiu à tragédia com um misto de horror, pena e preocupação. A preocupação não era isenta de autointeresse, pois obviamente a maneira como se responde a uma situação de calamidade revela algo sobre o modo como outros desastres poderão ser tratados no futuro, e isso inclui um desastre que nos atinja pessoalmente. A mediocridade da reação oficial teve um impacto duplo. De um lado, ela produziu uma espantosa manifestação de generosidade do resto da população e, de outro, levou a uma mudança na percepção do público sobre a responsabilidade do governo. Até o Katrina, os líderes do país tinham tido êxito com sua filosofia do "cada um por si". Como Barack Obama declarou três anos depois: "Somos mais compassivos que um governo que deixa os soldados veteranos dormir nas ruas e um número enorme de famílias escorregar para a pobreza, e que fica parado, sem fazer nada, enquanto uma grande cidade americana se afoga diante de nossos olhos".[34]

Outro exemplo do papel desempenhado pela empatia no debate sobre as políticas públicas é o do abolicionismo. Também nesse caso, o impulso não resultou do simples ato de se imaginar como a escravidão era ruim, mas da observação direta de sua crueldade. Abraham Lincoln viu-se atormentado por sentimentos negativos depois de testemunhar o sofrimento dos escravos, como explicou numa carta a um amigo que vivia no estado de Kentucky, e que era proprietário de escravos:

> Em 1841, estivemos juntos numa tediosa viagem num barco a vapor, de Louisville a St. Louis. Recordo-me vivamente, e pode ser que você também se lembre, que de Louisville até a foz do rio Ohio havia a bordo dez ou doze escravos acorrentados. Aquela visão tornou-se um sofrimento permanente para mim, e vejo cenas semelhantes toda vez que coloco os pés num lugar que faz fronteira com um estado escravista. Isso sempre me faz sentir desolado.[35]

Como se sabe, tais sentimentos não eram experimentados apenas por Lincoln, e motivaram muitas outras pessoas a lutar contra a escravidão. Uma das armas mais poderosas do movimento abolicionista eram os desenhos dos navios negreiros transportando a sua carga humana, que eram reproduzidos e divulgados com o intuito de gerar empatia e indignação. O papel da compaixão na sociedade não se limita a oferecer tempo e dinheiro para mitigar os problemas enfrentados pelos outros, mas envolve também a luta por uma agenda política que reconheça a dignidade de todas as pessoas. Um plano de ação desse tipo não beneficia apenas os indivíduos que necessitam dele mais diretamente, mas também o conjunto maior. Não se pode esperar altos níveis de confiança numa sociedade que tem uma desigualdade de renda gigantesca, um nível de insegurança elevado e uma classe de despossuídos sem nenhum direito. É bom lembrar que a confiança é o que os cidadãos mais valorizam numa sociedade.

Obviamente, o meio para se alcançar esse objetivo não pode ser facilmente inferido da observação das comunidades animais e nem mesmo das sociedades em pequena escala. O mundo em que vivemos é infinitamente maior e mais complexo. Precisaremos recorrer à nossa capacidade intelectual altamente desenvolvida para descobrir como equilibrar os interesses individuais e coletivos numa escala como essa. Mas dispomos de um instrumento capaz de enriquecer grandemente o nosso modo de pensar e que foi selecionado ao longo de milhões de anos, o que significa que foi testado repetidas vezes em relação ao seu valor de sobrevivência. Trata-se da nossa capacidade de fazer laços com as outras pessoas, de compreendê-las e de nos colocar no lugar delas, como fizeram os americanos diante das vítimas do Katrina e como fez Lincoln ao ver-se frente a frente com os escravos acorrentados.

Recorrer a essa capacidade inata só pode trazer benefícios a qualquer sociedade.

Notas

PREFÁCIO [pp. 9-10]

1. Discurso de paraninfo aos formandos de 2006 na Northwestern University, Northwestern News Service, 22 de junho de 2006.

1. BIOLOGIA, ESQUERDA E DIREITA [pp. 11-45]

1. Federalist Paper nº 51 (Rossiter, 1961, p. 322) [As referências entre parêntese são fornecidas na íntegra ao final do volume].

2. Adam Smith, *The theory of moral sentiments* (1759, p. 9).

3. Pronunciamento feito por Newt Gingrich à Conferência de Ação Política Conservadora em 2 de março de 2007: "Como é possível que, diante do caos ocorrido em Nova Orleans, não tenham sido feitas investigações profundas sobre o governo federal, o governo do estado e a prefeitura da cidade, e também sobre a falta de cidadania na 9ª Divisão, onde 22 mil pessoas se mostraram tão ignorantes e tão despreparadas que literalmente não puderam sair do caminho de um furacão".

4. Charles Darwin (1871, pp. 71-2).

5. Esse argumento foi desenvolvido integralmente em *Primates and philosophers: how morality evolved* (De Waal, 2006).

6. John B. Watson (1878-1958) e B. F. Skinner (1904-90), interessados no

comportamento animal e nas suas relações com o comportamento humano, fundaram a influente psicologia comportamentalista.

7. Sobre as ideias de Watson, que não podem ser consideradas atípicas na sua época, e a figura de Harry Harlow, ver a esclarecedora análise de Deborah Blum, em *Love at Goon Park* (2002).

8. Embora o termo "boxímanes" possa parecer politicamente incorreto, ele é usado para fazer referência tanto aos homens quanto às mulheres dessa população. Elizabeth Marshall Thomas (2006, p. 47) explica que é por esse termo que esse povo se nomeia, atualmente. O termo "San", usado pelos antropólogos, é aparentemente uma expressão depreciadora derivada da palavra Nama para "bandidos".

9. Há menos de dois milhões de anos o *Homo erectus* ainda apresentava adaptações que sugeriam que ele dormia nas árvores, por razões de segurança (Lordkipanidze et al., 2007).

10. Kimberley Hockings e seus colaboradores (2006) documentaram episódios de travessia de estradas por chimpanzés selvagens que vivem cercados por populações humanas.

11. Jean-Jacques Rousseau, autor da famosa afirmação de que "O homem nasce livre", explicou que "a primeira lei do homem é a de zelar pela sua própria conservação, seus primeiros cuidados são aqueles que deve a si mesmo, e, assim que alcança a idade da razão, sendo o único juiz dos meios adequados para conservar-se, torna-se, por isso, senhor de si" (*The social contract*, 1762, pp. 49-50). Rousseau descreveu nossos ancestrais adormecidos sob uma árvore frutífera na floresta, de barriga cheia e com a mente livre de perturbações. Não parece ter ocorrido a Rousseau o quanto essa existência despreocupada é ilusória. Ele teve cinco filhos com uma criada com quem mantinha uma relação não marital, mas despachou cada um deles para um orfanato.

12. Winston Churchill (1932).

13. Essa hipótese foi sugerida pelo arqueólogo israelense Ofer Bar-Yosef (1986). Ele argumenta que a cidade de Jericó não tinha inimigos conhecidos. Além disso, ela fica numa planície localizada nas proximidades de uma bacia hidrográfica, o que provavelmente a tornava sujeita a volumosas enchentes de água e lama. Por fim, Bar-Yosef afirma que a acumulação de entulho junto às muralhas tornava possível escalá-las, o que deveria ter sido evitado caso elas se prestassem a finalidades militares.

14. Um estudo do DNA sugere que a nossa espécie esteve ameaçada de extinção, chegando a ficar reduzida ao total de 2 mil pessoas antes que essa situação fosse revertida e conseguíssemos sair do fundo do poço (Behar et al., 2008). "Grupos muito reduzidos desses primeiros ancestrais humanos desenvolveram-se isoladamente uns dos outros durante quase a metade da nossa história como espécie",

de acordo com Doron Behar, especialista em genética das populações do Centro Médico Rambam, em Haifa, Israel (Breitbart.com, 25 de abril de 2008).

15. Douglas Fry (2006) faz uma análise crítica da literatura antropológica sobre a guerra, definida como "combate armado entre entidades políticas", e contesta o "pressuposto da guerra" defendido por Winston Churchill e outros. Enquanto as evidências arqueológicas do homicídio são abundantes (e o homicídio é comum entre as comunidades de caçadores-coletores existentes hoje em dia, como os boxímanes), indicações consistentes da existência de guerras remontam no máximo a 15 mil anos.Ver também o artigo de John Horgan "Has science found a way to end all wars?" [Teria a ciência encontrado um meio para pôr fim a todas as guerras?] (*Discover*, março de 2008).

16. Os bonobos e os chimpanzés são os nossos parentes mais próximos. Partilhamos com eles um ancestral comum que, segundo estimativas, teria vivido há 5 ou 6 milhões de anos. Os bonobos, também conhecidos como os primatas do "faça amor, não faça a guerra", têm a reputação de ser excepcionalmente pacíficos (De Waal, 1997). Observações de "mistura sexual" na fronteira entre os territórios foram feitas pela primeira vez por cientistas japoneses, liderados por Takayoshi Kano, que dedicou sua vida ao trabalho de campo na República Democrática do Congo (Kano, 1992). Nenhum ataque fatal entre os bonobos, seja no seu habitat natural ou em cativeiro, jamais foi testemunhado, ao passo que dúzias desses ataques foram documentados entre os chimpanzés (por exemplo, De Waal, 1986; Wrangham e Peterson, 1996). Observações recentes de que os bonobos caçam e matam macacos foram interpretadas como incompatíveis com essa imagem pacífica, mas a situação de predação e a situação de luta não são equivalentes. A predação é motivada pela fome, e não pelos impulsos agressivos, e está assentada sobre circuitos diferentes do cérebro, o que explica a razão por que os animais herbívoros podem se mostrar bastante agressivos. Ver também o artigo "Bonobos, left & right" [Bonobos, esquerda & direita] de De Waal, em *eSkeptic* (8 de agosto de 2007).

17. Polly Wiessner (comunicação pessoal). Em relação ao modo como a guerra entre os povos primitivos é refreada pelos laços entre as comunidades, ver Lars Rodseth e seus colaboradores (1991) e Wiessner (2001).

18. Elizabeth Marshall Thomas (2006, p. 213).

2. O OUTRO DARWINISMO [pp. 46-71]

1. Charles Darwin, em carta a um famoso geólogo, queixou-se de um comentário sobre as façanhas de Napoleão intitulado "National and individual capacity vindicated by the Law of Nature" [A ganância nacional e individual

justificadas pela Lei da Natureza], publicado no *Manchester Guardian* (Carta #2782, 4 de maio de 1860, <www.darwinproject.ac.uk>).

2. Debate entre candidatos presidenciais republicanos na Ronald Reagan Presidential Library, Simi Valley, Califórnia, em 3 de maio de 2007.

3. Herbert Spencer (1864, p. 414).

4. A respeito da lei da competição, diz Andrew Carnegie (1889): "Se a lei pode às vezes mostrar-se implacável para com o indivíduo, ela é benéfica do ponto de vista da raça [humana], uma vez que garante a sobrevivência dos mais aptos em todas as áreas".

5. Citado em *Social darwinism in American thought*, de Richard Hofstadter (1944, p. 45).

6. Sobre a questão da compaixão (ou da falta dela) na sociedade americana, ver *Misery and company* (1997), de Candace Clark. Aproximadamente um terço da população norte-americana acredita que os ricos não devem nada aos pobres (Pew Research Center, 2004). No entanto, a Bíblia não poderia ser mais clara a respeito da compaixão, instando-nos a agir como "o refúgio para o fraco, o refúgio para o indigente na sua angústia, o abrigo contra a chuva e a sombra contra o calor" (Isaías 25,4, trad. da *Bíblia de Jerusalém*). Felizmente, muitos grupos religiosos são mais fiéis aos valores da Bíblia do que aos do darwinismo social, organizando distribuições de sopa nas áreas pobres dos centros das cidades ou oferecendo assistência humanitária às vítimas de desastres naturais.

7. Os darwinistas sociais fazem uma equivalência equivocada entre sua ideologia e a teoria evolucionista. Como se isso não bastasse, os oponentes do darwinismo social não pensam duas vezes antes de lançar acusações contra a teoria evolucionista. Essa confusão permanece viva hoje em dia, como fica evidente na afirmação feita por Ben Stein, um ator americano: "O darwinismo, talvez misturado ao imperialismo, nos legou o darwinismo docial, uma forma de racismo tão perversa a ponto de encorajar o Holocausto contra os judeus e o assassinato em massa de muitos outros grupos com o propósito de acelerar o processo evolutivo" (<www.expelledthemovie.com>, acesso em: 31 de outubro de 2007).

8. Sobre os americanos como um povo autosselecionado em relação a um certo tipo de personalidade, ver *American mania* (2005), de Peter Whybrow.

9. Alexis de Tocqueville (*Democracy in America*, 1835, p. 284).

10. Numa passagem típica de *Atlas shrugged* [Ed. brasileira: *Quem é John Galt?*] (1957, p. 1059), o personagem principal da novela, John Galt, diz o seguinte: "Aceite o fato de que a conquista da sua felicidade é o único propósito moral da sua vida, e que a *felicidade*... é a comprovação da sua integridade moral, dado que é ao mesmo tempo a prova e o resultado de sua lealdade ao êxito de seus valores".

11. Jessica Flack e seus colaboradores (2005).

12. Steve Skvara, de sessenta anos de idade, era um dos milhões de americanos que ao longo da década anterior havia perdido seu seguro-saúde ou tinha sido levado à falência pelos custos dos planos de saúde. Com a franqueza de sua pergunta, ele tornou-se uma celebridade instantânea no AFL-CIO Presidential Candidates Forum em Chicago (7 de agosto de 2007).

13. Os Estados Unidos gastam mais com os cuidados de saúde por habitante do que todas as outras nações, mas recebem menos em troca. Em termos de qualidade geral, o sistema de saúde dos Estados Unidos ocupa a 37ª posição mundial (Organização Mundial da Saúde, 2007), e em relação ao indicador de saúde mais decisivo — a média da expectativa de vida — ocupam apenas a 42ª posição (Centro Nacional de Estatísticas de Saúde, 2004). Ver também Sharon Begley, "The myth of 'Best in the World'" (*Newsweek*, 31 de março de 2008).

14. Citação de "Capitalism and freedom" (1962, p. 133)

15. Michael Miller, no *Business First of Columbus* (29 de março de 2002).

16. Bethany McLean e Peter Elkind em *Smartest guys in the room* (2003).

17. A filósofa Mary Midgley (1979) comparou ironicamente as advertências de Dawkins contra a sua própria metáfora ao pai-nosso dos mafiosos. Eu mesmo (De Waal, 1996) me opus à extensão abusiva dessa metáfora, como na passagem em que Dawkins diz "Tratemos então de ensinar a generosidade e o altruísmo, porque nascemos egoístas", equiparando o egoísmo dos genes ao egoísmo psicológico. Foi bom ver essa afirmação ser corrigida por Dawkins na Edição do 30º Aniversário de *The selfish gene* (2006, p. ix).

18. O governador Sonny Perdue organizou uma vigília de orações em Atlanta no dia 13 de novembro de 2007.

19. Dawkins e eu somos etólogos, isto é, zoólogos especializados no estudo do comportamento animal. Além disso, Dawkins é um discípulo do pai da etologia, o holandês Niko Tinbergen, que se mudou para Oxford em 1947. Tinbergen sofreu a influência das mesmas tradições que formaram os meus professores na Holanda.

20. Os biólogos fazem uma distinção entre (1) a razão por que um comportamento se desenvolveu numa espécie ao longo do processo evolutivo e (2) o modo como esse comportamento é produzido pelos indivíduos no "aqui e agora". No primeiro caso, falamos em "causa última" para a existência de um comportamento. No segundo, referimo-nos à "causa próxima" que leva à sua produção. A distinção entre causa próxima e causa última é uma das diferenciações mais rigorosas do pensamento evolutivo, mas é também, sem sombra de dúvida, a mais desrespeitada. Os biólogos quase sempre se dedicam exclusivamente ao nível da causa última, deixando de lado o nível da causa próxima, ao passo que os psicólogos fazem o contrário. Sendo eu um biólogo com interesses

psicológicos, adoto uma perspectiva da causa próxima (focada na emoção, na motivação e na cognição) orientada por um quadro de referência evolucionista. A ideia por trás da "autonomia motivacional" é de que as motivações que levam a um comportamento não são limitadas pela causa última da existência desse comportamento. Ainda que determinado comportamento tenha evoluído por razões egoístas, estas não precisam fazer parte daquilo que motiva um indivíduo a colocá-lo em prática, do mesmo modo como uma aranha não precisa estar determinada a apanhar moscas no momento em que está tecendo sua teia.

21. Em seu documentário para a televisão, Richard Dawkins debateu-se com a mesma questão falando sobre os "genes egoístas que erram o tiro". Ele quis dizer que a amabilidade humana é aplicada sob um leque de circunstâncias muito mais amplo do que aquele para o qual ela se desenvolveu originalmente, o que é uma outra maneira de dizer que ela goza de autonomia motivacional. Como Matt Ridley (1996, p. 249) afirmou em seu *The origins of virtue*: "Nossas mentes foram construídas por genes egoístas, mas foram construídas para ser confiáveis, cooperativas e funcionar socialmente".

22. Os indícios de altruísmo de alto custo entre os animais baseiam-se principalmente em relatos de episódios esparsos, o que também ocorre em relação à nossa própria espécie. Dispomos apenas das ocasionais notícias de jornal, como é o caso dos três exemplos que descrevo a seguir:

- Wesley Autrey, um operário da construção civil de cinquenta anos de idade, salvou um homem que havia caído na frente de um trem no metrô de Nova York. Como não teve tempo de puxá-lo para um lugar seguro, o sr. Autrey pulou entre os trilhos e pressionou o outro homem para baixo deitando-se sobre ele até que os cinco vagões tivessem passado. Mais tarde, ele minimizou a importância de seu gesto heroico com a seguinte declaração: "Eu não sinto que tenha feito algo espetacular" (*New York Times*, 3 de janeiro de 2007).
- Em Roseville, na Califórnia, um labrador negro chamado Jet pulou à frente de seu amigo Kevin Haskell, de seis anos de idade, que estava sendo ameaçado por uma cascavel. O cachorro foi mordido pela cobra. A família do menino gastou 4 mil dólares em atendimentos veterinários e transfusões de sangue para salvar seu animal de estimação (KCRA, 6 de abril de 2004). Para outro caso de altruísmo de alto custo envolvendo um cachorro, ver a extraordinária sequência de um animal arrastando um companheiro ferido para fora de uma autoestrada movimentada no Chile: <www.youtube.com/watch?v=DgjyhKN_35g>.
- Na costa da Ilha do Norte, na Nova Zelândia, Rob Howes e mais três nadadores foram reunidos e protegidos por um grupo de golfinhos. Os

golfinhos nadavam em torno deles, num círculo apertado, forçando-os a permanecerem juntos. Quando Howes tentou escapar do círculo, os dois golfinhos maiores o fizeram voltar para junto dos outros, no instante exato em que ele percebeu a aproximação de um tubarão branco de quase três metros de comprimento. Os nadadores permaneceram encerrados no círculo por quarenta minutos antes que os golfinhos os deixassem sair (New Zealand Press Association, 22 de novembro de 2004).

23. Michael Ghiselin (1974, p. 247).

24. Robert Wright (1994, p. 344).

25. Esquete "The merchant banker", *Monty Python Flying Circus*, 1972.

26. No meu livro sobre os dramas políticos no Zoológico de Arnhem focalizei o poder e a agressão, extraindo paralelos entre eles e os escritos de Nicolau Maquiavel. Mas mesmo no contexto daquela competição tão acirrada por uma posição na hierarquia, pude perceber a forte necessidade dos grandes primatas não humanos de manter boas relações entre si, de fazer as pazes após os conflitos e de tranquilizar os indivíduos aflitos, o que me levou a pensar na empatia e na cooperação. O assassinato de Luit me fez ver o abismo em que caem esses animais quando o gerenciamento de conflitos fracassa.

27. Toda sociedade humana necessita alcançar seu equilíbrio entre três polos: (1) a competição pelos recursos, (2) a coesão social e a solidariedade, e (3) um ambiente sustentável. Embora existam tensões entre todos esses polos, este livro concentra-se exclusivamente na tensão entre o primeiro e o segundo.

3. CONVERSAS ENTRE CORPOS [pp. 72-123]

1. Thomas Hobbes (*Leviathan*, 1651, p. 43): "O arrebatamento súbito é a paixão que provoca aqueles trejeitos a que se chama riso. O riso é provocado ou por um ato repentino de nossa parte, e que nos diverte, ou pela visão de alguma coisa deformada em outra pessoa, em comparação com a qual nos vemos subitamente aplaudindo a nós mesmos". Visão semelhante foi formulada por Richard Alexander (1986).

2. Em seu livro *Laughter: a scientific investigation*, publicado em 2000, Robert Provine descreve o *kuru*, uma doença degenerativa encontrada entre os canibais das regiões montanhosas da Nova Guiné. O *kuru* se caracteriza pelo riso excessivo (o que inclui rir dos próprios tropeções e quedas), embora se trate de uma doença que leva invariavelmente à morte.

3. Numa análise quadro a quadro das interações entre os orangotangos, Marina Davila Ross descobriu uma imitação facial involuntária. Se um animal fizesse uma "cara de brincadeira" — mesmo na ausência de cócegas, de brincadeiras de luta e de pulos — levava menos de um segundo para que seu parceiro imitasse a sua expressão (Davila Ross et al., 2007).

4. Definição de Oliver Walusinski e Bertrand Deputte (2004). Charles Darwin já descrevia o bocejo como um reflexo universal: "Ver um cachorro, um cavalo e um homem bocejarem me faz sentir nitidamente que todos os animais são construídos sobre uma mesma estrutura" (Darwin, Caderno de anotações M, 1838). A nossa pesquisa com os chimpanzés está sendo conduzida por Matthew Campbell e Devyn Carter. Como outras formas elementares de empatia, no entanto, bocejar por contágio não é algo que se limita aos primatas: os bocejos humanos levam os cachorros a bocejarem (Joly-Mascheroni et al., 2008).

5. Estritamente falando, não *copiamos* os bocejos, pois o bocejo é um reflexo involuntário. Tudo o que se pode dizer é que o bocejo numa pessoa *provoca* bocejos em outra. Steve Platek, numa entrevista, fez a seguinte afirmação: "Quanto mais empático você for, mais provável será que você se identifique com a pessoa que boceja e boceje você mesmo" (Rebecca Skloot, *New York Times*, 11 de dezembro de 2005).

6. Esse incidente aconteceu em abril de 2007, no zoológico de Emmen, na Holanda. Outro episódio de "histeria em massa" ocorreu quando seis pinguins recém-chegados introduziram um hábito estranho numa colônia no zoológico de São Francisco. Todos os pinguins ficaram nadando em círculos durante semanas. Eles começavam pela manhã e continuavam até o final da tarde, quando saíam da piscina cambaleando de exaustão. "Perdemos totalmente o controle da situação", queixou-se o tratador dos pinguins (Associated Press, 16 de janeiro de 2003).

7. Esse salvamento espetacular recebeu uma trilha sonora e foi publicado na internet: <www.youtube.com/watch?v=i6vSvOw-4U4>.

8. Atingida pela cegueira, a cadela fora removida da sua parelha, mas permitiram que ela voltasse a puxar o trenó quando ela parou de se alimentar (*Canadian Press*, 19 de novembro de 2007). A história de Isobel me faz lembrar o relato de Darwin (1871, p. 77) sobre "um pelicano velho e completamente cego, que era muito gordo". Darwin especulou que outros pássaros poderiam estar alimentando o pelicano, mas eu me pergunto se não seria possível que este, como Isobel, conseguisse pousar com os outros, apoiando-se nas pistas auditivas e nas sensações provocadas pelo fluxo de ar nas formações compactas que caracterizam os bandos de pelicanos. Mas ainda restaria saber como um pássaro cego conseguiria apanhar os peixes.

9. Jane Goodall (1990, p. 116).

10. Crianças de onze anos de idade com transtorno do espectro autista bocejam tanto quanto as outras crianças da mesma idade, mas não apresentam uma frequência maior desse comportamento quando assistem a filmes mostrando bocejos. Nas crianças com desenvolvimento normal o aumento na frequência de bocejos é acentuado (Senju et al., 2007).

11. Obviamente, os neurônios-espelho podem desempenhar um papel na imitação dos movimentos da boca e na imitação facial (por exemplo, Ferrari et al., 2003), mas isso não resolve o problema da correspondência, que exige um conhecimento prévio de qual parte do corpo de outro indivíduo corresponde à mesma parte em seu próprio corpo.

12. Louis Herman (2002) descreveu a imitação dos golfinhos, e Bruce Moore (1992) fez o mesmo para um papagaio cinza africano. O pássaro não apenas imitava os sons mas também os movimentos corporais do experimentador. Ele dizia "Ciao" enquanto dava adeus com a pata ou com uma asa, e dizia "Olhe a minha língua", colocando a língua para fora, exatamente como Moore havia mostrado a ele. Desse modo, esse pássaro havia resolvido o problema da correspondência com uma espécie totalmente diferente da sua.

13. Comunicado à imprensa da Casa Branca (2 de setembro de 2004), citando George W. Bush: "Alguns caras olham para mim e enxergam um certo gingado, o que no Texas nós chamamos de 'andar'".

14. Citado em *Emotional contagion*, de Elaine Hatfield, John Cacioppo e Richard Rapson (1994, p. 83). Esse livro fornece uma excelente visão geral sobre a imitação e o contágio emocional e é a fonte de alguns dos meus exemplos.

15. Anne Russon (1996) descreve os orangotangos que viviam num santuário imitando as ações de seus tratadores, como pendurar redes e lavar pratos. Eles também imitavam atividades indesejáveis (isto é, não recompensadas), como tirar gasolina de um tambor com um sifão.

16. Os grandes primatas sempre foram alvo de comparações injustas com as crianças, como nas situações experimentais em que eles enfrentam uma barreira entre as espécies (por exemplo, Tomasello, 1999; Povinelli, 2000; Hermann et al., 2007). Já é tempo de darmos um passo na direção de testagens envolvendo a relação dos grandes primatas entre si, que têm maior validade ecológica e produziram avanços notáveis nos últimos anos (De Waal, 2001; Boesch, 2007; De Waal et al., 2008).

17. A definição clássica de *imitação* é aprender a fazer uma ação ao vê-la sendo feita (Thorndike, 1898). Essa definição cobre o significado comum do termo — incluindo a reconstituição da cena em que o dedo fica preso na cerca que descrevi no texto —, mas definições mais estreitas ganharam popularidade. A chamada imitação verdadeira requer não apenas a cópia da técnica empregada pelo outro para alcançar determinado objetivo, mas também o reconheci-

mento desse objetivo (Whiten e Ham, 1992). No entanto, prefiro o significado mais amplo e mais antigo do termo, pela simples razão de que acredito que existe uma continuidade entre as diferentes formas de imitação, tanto do ponto de vista evolutivo quanto do ponto de vista neurológico.

18. Professor de psicologia e primatologia na St. Andrews University, Whiten desenvolveu o paradigma das duas ações para testar a imitação entre os grandes primatas. Ele se associou ao nosso Living Links Center, em Atlanta, para aplicar esse paradigma nos chimpanzés que vivem em grupo. Os resultados fortaleceram significativamente a tese de que os grandes primatas imitam um ao outro (por exemplo, Bonnie et al., 2006; Horner and Whiten, 2007; Horner et al., 2006; Whiten et al., 2005) e estão ligados ao debate corrente acerca da "cultura" animal (por exemplo, De Waal, 2001; Mc-Grew, 2004; Whiten, 2005).

19. Um chimpanzé jovem, relativamente pequeno, tem a força muscular de vários homens adultos juntos. Os chimpanzés adultos são totalmente impossíveis de controlar por humanos desarmados e há casos conhecidos de chimpanzés que mataram pessoas.

20. Lydia Hopper demonstrou 225 vezes a liberação de alimento de uma caixa controlada por linhas de pesca transparentes antes de dar aos chimpanzés a chance de manipular a mesma caixa sem as linhas. Eles não tinham a menor ideia do que deveriam fazer (Hopper et al., 2007).

21. Afirmar que os processos mentais "dependem do corpo" é uma maneira sucinta de dizer que eles dependem das representações neuronais do corpo em nosso cérebro e das sensações proprioceptivas associadas a elas. Os exemplos descritos se referem à percepção (Proffitt, 2006) e ao reconhecimento pelos pianistas de suas próprias interpretações (Repp e Knoblich, 2004).

22.Vídeo feito por Sarah Marshall-Pescini e Andrew Whiten (2008). A expressão "atalho para a imitação" significa que nem toda imitação requer uma compreensão real dos objetivos, métodos e recompensas do outro. A imitação motora inconsciente passa ao largo dessas avaliações cognitivas, produzindo uma aprendizagem rápida baseada na proximidade corporal com o modelo (cf. Bonding-and Identification-based Observational Learning, ou BIOL; De Waal, 2001).

23. Katty Payne (1998, p. 63) em *Silent thunder.*

24. Conforme descrito por Andrew Meltzoff e Keith Moore (1995). Também os animais do gênero *Macaca* reconhecem quando estão sendo imitados (Paukner et al., 2005), e os grandes primatas chegam mesmo a testar o imitador, como fazem as crianças (Haun e Call, 2008).

25. As contas de restaurante na Holanda incluem as taxas de serviço, razão pela qual as gorjetas são baixas. No entanto, as garçonetes instruídas pelos cien-

tistas a repetir os pedidos dos clientes recebem gorjetas mais altas (Van Baaren et al., 2003).

26. As tendências humanas de imitar são de fato conhecidas como "efeito camaleão" (Chartrand e Bargh, 1999).

27. Joe Marshall e Jito Sugardjito (1986, p. 155).

28. Thomas Geissmann e Mathias Orgeldinger (2000). A citação foi extraída de uma entrevista ao *Spiegel Online* (6 de fevereiro de 2006). Uma convergência vocal semelhante ocorre entre os machos de golfinhos nariz-de-garrafa que formam uma aliança. Quanto mais forte o vínculo entre eles, mais as vocalizações dos machos se assemelham (Wells, 2003).

29. O termo foi usado pela primeira vez pelo psicólogo alemão Robert Vischer. Na formulação de Lipps, a *Einfühlung* nos permite obter conhecimento sobre o outro "eu" (*das andere Ich*) ou sobre o "eu"estranho (*das fremde Ich*). Ver também Schlossberger (2005) e Gallese (2005). A língua alemã é rica em variações sobre esses termos, como "sentir-se dentro de", "sentir com" e "sofrer com os outros" — cada um desses processos denotado por uma palavra específica —, e também em relação aos termos opostos, como *Schadenfreude* (literalmente dano-alegria), isto é, a experiência de contentamento com a dor de outra pessoa.

30. Ulf Dimberg e seus colaboradores (2000). Uma pesquisa recente de Stephanie Preston e Brent Stansfield (2008) mostra que o vazamento de informação facial inclui até o nível semântico, conceitual.

31. Definido como "a tendência de imitar e sincronizar automaticamente as expressões faciais, as vocalizações, as posturas e os movimentos aos de outra pessoa e, consequentemente, convergir emocionalmente com ela" (Hatfield et al., 1994, p. 5).

32. Estudos sobre o contágio do choro descrevem uma resposta mais forte nos bebês do sexo feminino do que nos bebês do sexo masculino. Alguns experimentos exploraram uma variedade de outros sons. Os bebês humanos respondem mais fortemente a gritos de verdade produzidos por outros bebês do que a gravações dos seus próprios gritos, gritos de crianças mais velhas, gritos de chimpanzés ou gritos gerados em computador (Sagi e Hoffman, 1976; Martin e Clark, 1982).

33. Da peça de Tom Stoppard (2002), *The coast of utopia* [O litoral da utopia].

34. Joseph e Daniel Batson (1980) tentaram determinar se os ratos cujas ações resultam em choques nos seus companheiros se preocupam com estes últimos, e concluíram que não. Isso não equivale a refutar que eles sejam emocionalmente afetados pelo sofrimento dos outros.

35. Jeffrey Mogil, na National Public Radio (5 de julho de 2006). O estudo com os camundongos empáticos foi publicado por Dale Langford et al. (2006).

36. O geriatra David Dosa (2007) publicou "A day in the life of Oscar the cat", em que afirma o seguinte: "Sua mera presença junto ao leito é vista pelos médicos e enfermeiros como um indicador quase absoluto da morte iminente, o que permite que os membros da equipe avisem as famílias a tempo. Oscar já permaneceu junto de pacientes que, não fosse pela presença dele, teriam morrido sozinhos" (p. 329).

37. Tendo em vista que o altruísmo de autoproteção reduz o estímulo negativo provocado pelo estado em que o outro se encontra, podemos dizer que ele está baseado na empatia. O termo altruísmo está sendo empregado aqui em seu sentido biológico: o comportamento altruísta é aquele que beneficia o outro às expensas do eu, independentemente da intenção de que o comportamento em questão tenha esse efeito sobre o outro (capítulo 2).

38. Citação de Robert Miller (1967, p. 131).

39. A ética da pesquisa com animais está sujeita a debates intermináveis e quase sempre ásperos. Uma vez que a minha atividade de pesquisa não tem o objetivo de resolver problemas médicos urgentes, considero injustificável a utilização de procedimentos invasivos. As duas regras práticas adotadas em meus estudos são: (1) trabalhar somente com primatas que vivem em grupo, e (2) usar procedimentos relativamente livres de estresse, ou seja, procedimentos que eu poderia empregar também com voluntários humanos.

40. O projeto com os macacos foi conduzido e publicado por Filippo Aureli e seus colaboradores (1999). Um estudo da frequência cardíaca em gansos, desenvolvido por Claudia Wascher e colaboradores (2008), descobriu que as aves ficavam emocionalmente agitadas só de observar o companheiro em situação de conflito com os outros. Esse resultado sugere a existência de contágio emocional entre os pássaros.

41. Uma exceção notável foi o psicólogo William McDougall (1908, p. 93), que reconheceu a empatia em animais gregários, oferecendo-nos uma caracterização da empatia bastante perspicaz, descrevendo-a como "o cimento que une todas as sociedades animais, que confere harmonia às ações de todos os membros de um grupo e que possibilita que eles colham alguns dos principais benefícios da vida social".

42. A empatia depende de uma propriedade do sistema nervoso, que (1) ativa os seus próprios substratos neuronais para a emoção e a ação ao perceber as emoções e as ações em outros, e (2) usa esses estados ativados no interior do eu para ter acesso ao outro e compreendê-lo. Essa ideia remonta aos escritos de Lipps (1903) sobre o *innere Nachahmung* (isto é, a imitação interior). Stephanie e eu reformulamos essa ideia como o mecanismo de percepção-ação envolvido na empatia (Preston e De Waal, 2002). Mesmo quando se limitam a imaginar a situação dos outros, os humanos ativam automaticamente esses substratos neu-

ronais. Dessa forma, quando se pede aos sujeitos que se coloquem no lugar do outro, a sua ativação cerebral é semelhante à que ocorre quando eles recordam situações parecidas já experimentadas por eles (Preston et al., 2007).

43. Em "Echoes", do álbum *Meddle* (1971), Roger Waters, um dos integrantes do grupo, comentou numa entrevista: "A letra fala de um tema recorrente para mim, o das pessoas estranhas que passam na rua e se reconhecem umas nas outras, e isso desperta nelas a empatia e a conexão com a raça humana" (*USA Today*, 6 de agosto de 1999).

44. "Prevejo que os neurônios-espelho desempenharão na psicologia um papel tão importante quanto aquele que o DNA desempenhou na biologia. Eles fornecerão um sistema de referências unificador e ajudarão a explicar inúmeras habilidades mentais que até hoje permaneceram misteriosas e inacessíveis à experimentação" (Edge.org, 1º de junho de 2000). A maneira exata como esses neurônios levam à imitação e à empatia ainda não se encontra esclarecida. A esse respeito, ver Vittorio Gallese e seus colaboradores (2004) e Marco Iaconobi (2005). Os neurônios-espelho foram descobertos também nas aves, de maneira que é possível hipotetizar que o mecanismo de percepção-ação remonta ao ancestral reptiliano compartilhado pelos mamíferos e pelas aves (Prather et al., 2008).

45. Comentários sobre Preston e De Waal (2002).

46. Também no experimento com macacos mencionado anteriormente, a familiaridade entre os indivíduos tornou as respostas empáticas mais intensas (Miller et al., 1959; Masserman et al., 1964).

47. Sobre a tendência a empatizar apenas com os membros do intragrupo, ver Stefan Stürmer e colaboradores (2005).

48. Jane Goodall (1986, p. 532).

49. Os macacos Rhesus evitam as fotografias que mostram os indivíduos da sua espécie em posturas amedrontadas. Estas despertam respostas mais intensas do que estímulos aversivos condicionados (Miller et al., 1959).

50. Para as fotografias emocionalmente congruentes (ou seja, aquelas em que o rosto e o corpo expressam a mesma emoção) o tempo de reação foi em média de 774 milissegundos, ao passo que para as imagens emocionalmente incongruentes (aquelas em que o rosto e o corpo expressam emoções opostas) o tempo de reação foi de 840 milissegundos. Nos dois casos, o tempo de reação permaneceu abaixo de um segundo (Meeren et al., 2005).

51. Beatrice de Gelder (2006) compara a Teoria do Corpo em Primeiro Lugar (também conhecida como a teoria James-Lange) com a Teoria da Emoção em Primeiro Lugar. Esta última depende de dois níveis intimamente integrados: um processo rápido, semelhante a um reflexo, não muito diferente do mecanismo percepção-ação, e uma avaliação mais lenta, cognitiva, dos estímulos no contexto.

52. O rosto é a base da identidade individual. A nossa identificação depende de quem é a pessoa com que estamos lidando, e, por sua vez, afeta as nossas reações.

53. Essa expressão feliz foi retirada do trabalho de Jonathan Cole (2001), que é também a fonte do exemplo dos pacientes com mal de Parkinson.

54. Maurice Merleau-Ponty (1964, p. 146).

55. A mulher anônima que teve o rosto transplantado declarou: "Estou de volta ao planeta dos humanos. Dos que têm um rosto, um sorriso, expressões faciais que lhes permitem comunicar-se" ("La femme aus deux visages", *Le Monde*, 7 de junho de 2007).

4. NO LUGAR DO OUTRO [pp. 124-69]

1. Adam Smith (1759, p. 317).

2. Martin Hoffman (1981, p. 133).

3. Kohts, cujo nome completo era Nadezhda Nikolaevna Ladygina-Kohts, nasceu em 1889 e morreu em 1963. Casou-se com Aleksandr Fiodorovich Kohts, o diretor fundador do State Darwin Museum de Moscou.

4. Em 2007, o Museu Darwin de Moscou comemorou seu centésimo aniversário exibindo as fotografias históricas da pesquisa de Kohts que os funcionários haviam me mostrado. Além dos registros de seu trabalho com Yoni e outros primatas, há também uma fotografia em que ela aparece apanhando o objeto oferecido por uma cacatua. Numa outra imagem, Kohts foi retratada segurando uma bandeja para que uma arara fizesse a escolha entre os três recipientes oferecidos a ela. Os testes conduzidos por Kohts eram visivelmente avançados para sua época e ela quase sempre aparece sorrindo nas fotografias, o que sugere o quanto ela gostava de seu trabalho. Ela desenvolveu experimentos sobre o uso de instrumentos pelos grandes primatas ao mesmo tempo que Wolfgang Köhler, e talvez tenha sido a inventora da técnica do emparelhamento com o modelo (*matching-to-sample*) ainda hoje universalmente aplicada nas pesquisas sobre cognição visual. Entre os sete livros publicados por Kohts, o único que foi traduzido para o inglês é *Infant chimpanzee and human child* (2002), publicado originalmente em russo em 1935.

5. Ladygina-Kohts (1935, p. 121).

6. Lauren Wispé (1991, p. 68).

7. Diz a lenda que Lincoln fez parar sua carruagem para socorrer um porco que, atolado na lama, guinchava sem parar. Lincoln o puxou para fora do

atoleiro, sujando sua roupa ao fazê-lo. Existe até um livro infantil sobre esse episódio, *Abe Lincoln and the muddy pig* (Krensky, 2002).

8. Esse experimento sobre as limitações da solidariedade humana tornou-se um clássico. Ele foi conduzido por John Darley e Daniel Batson (1973).

9. O consolo é tão comum nos grandes primatas não humanos (De Waal e van Roosmalen, 1979) que contamos hoje com pelo menos doze estudos com dados quantitativos detalhados. Recentemente, Orlaith Fraser e seus colaboradores (2008) confirmaram que o consolo reduz o estresse nos indivíduos que o recebem. A análise em larga escala mencionada no texto está sendo conduzida por M. Teresa Romero com o nosso banco de dados, que reúne informações sobre mais de 200 mil eventos sociais espontâneos entre os chimpanzés.

10. Citação de Robert Yerkes (1925, p. 131). Yerkes ficou tão admirado com a preocupação que Prince Chim, um jovem chimpanzé, demonstrava por seu companheiro Panzee, em estado terminal, que admitiu: "Se eu falasse sobre o comportamento altruísta e solidário de Prince Chim em relação a Panzee, suspeitariam que estou idealizando um primata não humano" (p. 246).

11. Peter Bos (comunicação pessoal).

12. O estudo realizado na Bélgica foi conduzido por Anemieke Cools e seus colaboradores (2008).

13. Ainda não existem evidências de que o comportamento de consolo (manifestação de apoio a um indivíduo em sofrimento) ocorre entre os lobos, mas há registros de episódios de reconciliação (reunião dos oponentes após uma briga) entre esses animais. Esses registros foram feitos por Giada Cordoni e Elisabetta Palagi (2008).

14. Anthony Swofford (2003, p. 303).

15. Fotografia tirada por Al Chang em 1950, na qual inspirei meu desenho.

16. Entrevista de Paul Rosenblatt a Kate Murphy (*New York Times*, 19 de setembro de 2006).

17. "Escola põe em prática regulamento que proíbe o contato corporal" (Associated Press, 18 de junho de 2007).

18. Durante dez anos, estudei dois grupos numerosos de macacos Rhesus no Vilas Park Zoo em Madison, Wisconsin. A reprodução dos Rhesus é sazonal. A cada primavera, cerca de 25 bebês nasciam praticamente ao mesmo tempo. Isso criava uma massa numerosa de filhotes da mesma idade, que se mostravam em grande sintonia uns com os outros, em relação às brincadeiras, ao sono e também quanto às suas manifestações de aflição (De Waal, 1989).

19. A natureza está repleta de tendências inatas que ajudam os membros de uma espécie a adquirir habilidades fundamentais. Por exemplo, os macacos-prego nascem com uma tendência irrefreável de bater os pequenos objetos que não conseguem abrir, e são capazes de fazer isso por horas a fio. Os gatos

foram dotados de uma tendência igualmente incontrolável de fixar os olhos em todo objeto em movimento que seja suficientemente pequeno para que eles possam lhe dar o bote. Combinadas à experiência e à aprendizagem, essas tendências vão sendo gradativamente incorporadas em habilidades como quebrar nozes com pedras, que os macacos-prego fazem em seu habitat natural (Ottoni e Mannu, 2001) ou espreitar as presas antes de atacá-las, como fazem os gatos. A pré-preocupação é outra tendência inata que promove a aprendizagem de novas habilidades.

20. Como uma boneca russa, a empatia tem muitas camadas. O contágio emocional e o mecanismo de percepção-ação, que são mais antigos, constituem a parte nuclear da empatia. Em torno dela, capacidades cada vez mais complexas desenvolveram-se gradativamente (De Waal, 2003; capítulo 7).

21. Emil Menzel (1974, pp. 134-5).

22. O trabalho de Emil Menzel (por exemplo, Menzel, 1974; Menzel e Johnson, 1976) e a ideia de Nicholas Humphrey (1978) de que os animais são "psicólogos naturais" (isto é, são capazes de ajustar-se à mente do outro) antecederam ou coincidiram com o influente trabalho sobre a "teoria da mente" publicado por David Premack e Guy Woodruff (1978) alguns anos depois que Menzel começou a trabalhar com Premack na Universidade da Pensilvânia. A teoria da mente se refere à capacidade de reconhecer os estados mentais de outros indivíduos.

23. Situações experimentais como essa, em que a crença de Maxi quanto ao lugar onde o objeto se encontra está incorreta, são conhecidas como "tarefas de crença falsa". Mas essa tarefa mostra-se tão dependente da linguagem que as habilidades linguísticas da criança afetam significativamente o seu resultado. Quando se reduz o papel da linguagem, as crianças mais novas mostram sinais de compreensão das crenças, o que sugere que processos mais simples do que aqueles assumidos até o momento podem estar em jogo na leitura da mente (Perner e Ruffman, 2005).

24. De uma entrevista com Thomas Bugnyar em *The Economist* (13 de maio de 2004). Ver Bugnyar e Bernd Heinrich (2005). Outras evidências de que os pássaros são capazes de adotar a perspectiva do outro foram apresentadas por Joanna Dally e seus colaboradores (2006).

25. O primeiro arranhão experimental nas alegações de que somente os humanos possuem uma teoria da mente veio de um estudo com os nossos chimpanzés no Centro Yerkes de Primatas, conduzido por Brian Hare e seus colaboradores (2001). Esse estudo mostrou que os grandes primatas não humanos em posição hierárquica inferior levam em conta o conhecimento de um competidor dominante antes de se aproximar da comida. Outros estudos bem-sucedidos com grandes primatas foram analisados por Michael Tomasello e Josep Call

(2006), mas há também evidências de adoção da perspectiva do outro em pássaros (acima), cães (Virányi et al., 2005) e macacos (Kuroshima et al., 2003; Flombaum e Santos, 2005).

26. A clássica descrição de Adam Smith (1759, p. 10) referia-se à simpatia. A adoção de perspectiva fria, por outro lado, pode estar mais próxima daquilo que comumente se conhece por teoria da mente, embora a palavra "teoria" implique erroneamente o pensamento abstrato e a extrapolação do eu para o outro por intermédio do raciocínio, dos quais não existem evidências (de Gelder, 1987; Hobson, 1991). É mais provável que a adoção da perspectiva do outro derive das conexões corporais inconscientes discutidas no capítulo 3.

27. Notícia publicada em *The Sydney Morning Herald* (14 de fevereiro de 2008).

28. O incidente com o chimpanzé e a corda, que ocorreu no Furuvik Park, em Gavle, foi relatado por Ing-Marie Persson, a curadora de primatas do zoológico.

29. Emil nasceu em 1929. A entrevista ocorreu em 2000. Alguns anos depois, um de seus antigos alunos escreveu-me o seguinte: "Atualmente sou professor de psicologia do desenvolvimento. Certa vez, a caminho da estufa onde mantínhamos a nossa colônia de saguis, tive de atravessar um corredor onde os chimpanzés de Emil perambulavam à solta. Eu estava um pouco temeroso de passar entre eles. O mais jovem, Kenton, aproximou-se de mim e delicadamente segurou a minha mão, conduzindo-me pelo corredor até que eu tivesse ultrapassado todos os chimpanzés. Assim, pude fazer uma observação em primeira mão da capacidade dos chimpanzés para a empatia!" (Alison Nash, comunicação pessoal).

30. A palestra ocorreu no Wesleyan College e o arrogante presidente da sessão era Richard Herrnstein (1930-94), um dos mais notáveis skinnerianos daquela época. Herrnstein considerava que os pombos poderiam facilmente substituir os chimpanzés, uma opinião semelhante à de B. F. Skinner: "Pigeon, rat, monkey, which is which? It doesn't matter" (Bailey, 1986).

31. A fuga dos chimpanzés foi publicada como "Spontaneous invention of ladders in a group of young chimpanzees" por Menzel (1972). Em *Chimpanzee politics*, descrevo uma fuga muito semelhante envolvendo a cooperação de um grupo de indivíduos (De Waal, 1982).

32. "Officer breast-feeds quake orphans" (CNN International, 22 de maio de 2008).

33. Fóssil de 1 milhão e 800 mil anos descoberto por David Lordkipanidze e seus colegas (2007).

34. Jane Goodall (1986, p. 357).

35. A história mais famosa, registrada em vídeo, é a do salvamento de uma

criança no zoológico Brookfield, em Chicago. Em 16 de agosto de 1996, Binti Jua, uma gorila de oito anos de idade, salvou um menino de três anos que caíra de uma altura de mais de cinco metros dentro da jaula dos primatas. O gorila sentou-se num tronco à beira d'água com o menino no colo e afagou-o delicadamente com as costas da mão antes de deixá-lo. Esse gesto de solidariedade provocou muita comoção, fazendo com que Binti se tornasse uma celebridade da noite para o dia (Binti foi eleita pela *Time* uma das "Melhores pessoas" de 1996). O número de histórias como essa continua a aumentar. Tenho tentado não repetir as histórias já relatadas anteriormente, como em *Good natured* [Afável] (1996) e *Bonobo* (1997). Um panorama geral desses episódios de empatia foi publicado por Sanjida O'Connell (1995).

36. A relação entre Sheila e Sara foi descrita por Amy Fultz (comunicação pessoal), que trabalha no Chimp Haven, nas proximidades de Shreveport, Louisiana. Amy descreveu também o comportamento de outra chimpanzé que não media esforços para trazer alimento para uma amiga que estava incapacitada em consequência de uma doença renal. Para outras informações sobre a Chimp Haven (organização que venho apoiando há algum tempo) e como ajudá-los, ver <www.chimphaven.org>.

37. A sugestão de que os animais nunca enfrentam sérios riscos em benefício uns dos outros foi feita por Jeremy Kagan (2000). Exemplos de grandes primatas pulando na água para salvar um outro foram extraídos de Jane Goodall (1990, p. 213) e Roger Fouts (1997, p. 180), incluindo o salvamento por Washoe de uma fêmea que ela conhecera poucas horas antes. O afogamento da mãe e de seu filhote ocorreu no zoológico de Dublin (*Belfast News Letters*, 31 de outubro de 2000).

38. O comportamento de ajuda pode ter evoluído no contexto do parentesco e da reciprocidade, mas há poucos indícios de que os chimpanzés realmente levem em conta a retribuição de favores (capítulo 6). Mesmo para os humanos, que *são* capazes desse tipo de antecipação, é questionável que uma pessoa entre num prédio em chamas ou pule na água para salvar alguém movido por um cálculo quanto à retribuição de favores. O impulso é provavelmente emocional. Novamente, as razões que levam um indivíduo a comportar-se de determinada maneira não precisam coincidir com as razões para o desenvolvimento evolutivo desse comportamento, que podem realmente ter como base o autointeresse (capítulo 2).

39. Christophe Boesch (comunicação pessoal) documentou os ataques dos chimpanzés pelos seus predadores na Costa do Marfim. Os chimpanzés se unem contra os ataques dos leopardos, correndo sérios riscos em benefício um do outro.

40. As crianças conseguem se sair bem nas tarefas tradicionais da teoria da

mente em torno dos quatro anos de idade. Mas elas reconhecem os sentimentos, necessidades e desejos dos outros muito antes disso, geralmente aos dois ou três anos (Wellman et al., 2000). A dificuldade que crianças mais velhas apresentam com a história da Chapeuzinho Vermelho parece resultar da identificação emocional, que interfere na atribuição de crenças (Bradmetz e Schneider, 1999).

41. Os costumes e tradições dos primatas, que são estudados pela chamada "primatologia cultural", são o tema de *The ape and the sushi master* (de Waal, 2001). Para mais detalhes sobre o *social scratching* entre os chimpanzés de Mahale, ver Michio Nakamura e seus colaboradores (2000).

42. Existem poucas indicações de que os macacos compreendem as crenças ou o conhecimento dos outros, mas isso não os impede de reconhecer a atenção, as intenções e as necessidades de seus semelhantes. Conduzido por Yuko Hattori, nosso experimento envolvendo a divisão do alimento testou as respostas dos macacos aos parceiros que haviam acabado de comer e aos parceiros que não haviam comido nada, e incluiu uma situação controle em que o parceiro ficava atrás de um painel que não permitia que os macacos enxergassem se ele havia se alimentado ou não.

43. As escolhas pró-sociais dos macacos-prego desapareciam se o parceiro fosse um estranho ou permanecesse fora do seu campo de visão (De Waal et al., 2008; capítulo 6). Preferências pró-sociais semelhantes foram demonstradas em macacos por Judith Burkart e seus colaboradores (2007) e também por Venkat Lakshminarayanan e Laurie Santos (2008).

44. Esse é o título de um artigo científico publicado por Joan Silk e seus colaboradores (2005). Um resultado semelhante foi relatado por Keith Jensen e seus colaboradores (2006). Entretanto, é quase impossível interpretar achados negativos como esses (De Waal, 2009). Um problema frequente é que os animais muitas vezes não compreendem a tarefa. Por exemplo, quando eles são colocados a uma distância grande demais, que os impede de perceber o que acontece aos parceiros, suas escolhas podem parecer socialmente indiferentes, embora fosse mais adequado descrevê-las como estatisticamente aleatórias.

45. Felix Warkenen e seus colaboradores (2007) realizaram o experimento com recompensas e também sem elas. Uma vez que a presença ou a ausência de recompensas não produziram efeitos diferentes, considerou-se que o comportamento de ajuda dos chimpanzés não parece guiado pela expectativa de compensações.

46. Citação de Dolf Zillmann e Joanne Cantor (1977, p. 161). Ver também Lanzetta e Englis (1989).

47. Essa questão foi explorada empiricamente pelo trabalho admirável de Daniel Batson (1991, 1997) acerca da oposição "orientação para o eu / orientação para o outro" subjacente ao altruísmo humano. O debate sobre esse tema é in-

terminável, no entanto, em razão da impossibilidade de se separar o eu das suas relações com os outros, especialmente em relação à empatia (por exemplo, Hornstein, 1991; Krebs, 1991; Cialdini et al., 1997).

5. O ELEFANTE NA SALA [pp. 170-223]

1. Ladygina-Kohts (1935, p. 160).

2. Citação de *Natural History* (vol. 3, Loeb Classical Library, 1940).

3. Em 1970, Gordon Gallup Jr. publicou seu primeiro estudo sobre o autorreconhecimento no espelho. Uma década mais tarde, especulou sobre a correlação entre essa capacidade e outros "marcadores de uma teoria da mente", incluindo a atribuição de estados mentais e a empatia. Gallup (1983) levantou a hipótese de que o comportamento social dos cetáceos e dos elefantes é inteligente o bastante para que eles sejam candidatos ao autorreconhecimento no espelho.

4. Nos meus tempos de estudante, trabalhei com dois chimpanzés machos jovens. Um colega e eu queríamos saber por que esses primatas ficavam sexualmente excitados com todas as mulheres que viam (como as secretárias e as alunas), e, principalmente, como eles conseguiam distinguir os homens e as mulheres. Então, nós nos vestimos de mulher e começamos a falar num tom de voz mais agudo. Mas os chimpanzés não ficaram confusos, e nem por um momento se deixaram enganar pensando que fôssemos mulheres.

5. Essa hipótese foi formulada a partir da visão de Gordon Gallup sobre a filogenia e da perspectiva de Doris Bischof-Köhler sobre a ontogenia humana, que vinculam as respostas no espelho à cognição social. Minha contribuição é propor a combinação dessas duas perspectivas numa mesma hipótese.

6. A coemergência do uso de pronomes pessoais, do jogo de faz de conta e do autorreconhecimento no espelho durante o desenvolvimento foi demonstrada por Michael Lewis e Douglas Ramsay (2004). Doris Bischof-Köhler conduziu os experimentos mais detalhados sobre a coemergência do autorreconhecimento no espelho e da empatia em crianças, sugerindo uma relação bastante estreita entre elas. Os "empatizadores" passam no teste da marca diante do espelho, enquanto os "não empatizadores" não passam. Essa relação persiste uma vez aplicados os fatores de correção para a idade (Bischof-Köhler, 1988, 1991) e foi relatada também por Johnson (1992) e Zahn-Waxler et al. (1992).

7. Estudos de neuroimagem sobre o papel do eu na empatia estão em andamento, seguindo as ideias de Jean Decety (Decety e Chaminade, 2003). O nível avançado de empatia provavelmente baseia-se no mecanismo de percepção-ação, combinado a uma crescente diferenciação entre eu e outro (Preston e

De Waal, 2002; De Waal, 2008). Nos humanos, o córtex parietal inferior direito, na junção temporoparietal, ajuda a distinguir as ações produzidas pelo eu das ações produzidas pelo outro (Decety e Grèzes, 2006).

8. Daniel Goleman em *Social Intelligence* (2006, p. 54).

9. Embora a biologia moderna rejeite a teoria da recapitulação de Ernst Haeckel, permanece válida a ideia de que um traço anatômico que evoluiu antes de outro geralmente também se desenvolve mais cedo no embrião, e de que a ancestralidade partilhada entre as espécies quase sempre se reflete nos primeiros estágios do desenvolvimento embriológico. A hipótese da coemergência entre autorreconhecimento no espelho e a cognição social faz um paralelo entre ontogenia e filogenia sem implicar uma conexão obrigatória entre as duas. Ver também Gerhard Medicus (1992).

10. Numa entrevista, Paul Manger apresentou o seguinte argumento: "Se você colocar um animal numa caixa, mesmo que se trate de um rato de laboratório ou de um gerbo, a primeira coisa que ele fará é escalar a caixa para sair de dentro dela. Se você não colocar uma tampa no seu aquário de peixes ornamentais, eles acabarão pulando para fora do aquário, na tentativa de alargar o ambiente onde vivem. Mas um golfinho nunca faz isso. Nos parques marinhos, os golfinhos são separados por divisórias que ficam aproximadamente meio metro acima da água, apenas" (Reuters, 18 de agosto de 2006). Manger não considerou a possibilidade de que permanecer num ambiente conhecido ao invés de pular para um ambiente que ele não conhece pode ser um sinal de inteligência da parte de um animal.

11. O autorreconhecimento no espelho não é um truque realizado por animais amestrados, mas uma capacidade espontânea que alguns animais apresentam e outros não. O treinamento desse comportamento (cf. Epstein et al., 1981) invalida o propósito do experimento e só consegue fazer com que um indivíduo "passe" no teste no mesmo sentido trivial em que se diz que uma máquina também é capaz de fazê-lo. Além disso, quando outra equipe de pesquisadores tentou replicar o estudo com os pombos, esses animais fracassaram de forma retumbante, resultando num artigo que trazia a palavra "Pinóquio" no título (Thompson e Contie, 1994).

12. O cérebro humano pesa aproximadamente 1,3 quilo, o do golfinho-nariz-de-garrafa, 1,8 quilo, o do chimpanzé, quatrocentos gramas e o do elefante asiático, cinco quilos. Proporcionalmente ao tamanho do corpo, o cérebro humano é maior que o de todos os outros animais e o cérebro dos cetáceos é maior que o cérebro dos primatas não humanos (Marino, 1998). Algumas análises dão mais relevo a certas partes do cérebro, mas, nesse caso, a supremacia humana fica menos evidente. Contrariamente à crença geral, o córtex frontal humano

não é maior que o dos grandes primatas não humanos, proporcionalmente ao tamanho do resto do cérebro (Semendeferi et al., 2002).

13. O artigo de Manger (2006) provocou uma refutação coletiva por parte de muitos especialistas em golfinhos de diferentes partes do planeta, em um artigo intitulado "Cetaceans have complex brains for complex cognition", de Lori Marino et al. (2007).

14. Desenho baseado em J. B. Siebenaler e David Caldwell (1956).

15. Outros exemplos foram fornecidos por Melba Caldwell e David Caldwell (1966) e por Richard Connor e Kenneth Norris (1982).

16."Seal saves drowning dog" (BBC News, 19 de junho de 2002).

17. Incidente relatado por Peter Fimrite no *The San Francisco Chronicle* (14 de dezembro de 2005). Embora a notícia traga também uma ressalva condescendente ("Especialistas em baleias afirmam que é agradável pensar que a baleia estava agradecendo às pessoas que a salvaram, mas ninguém sabe realmente o que se passava na sua mente"), é importante assinalar que nas espécies capazes de um nível complexo de reciprocidade, a gratidão é uma emoção esperada (Trivers, 1971; Bonnie e De Waal, 2004).

18. "What makes us human", realizada em abril de 2008 em Los Angeles.

19. Citação de "Are human brains unique?", de Michael Gazzaniga (*Edge*, 10 de abril de 2007). O autor responde à sua própria pergunta do seguinte modo: "Algo como uma mudança de fase ocorreu quando nos tornamos humanos. Simplesmente não existe uma coisa que, sozinha, possa dar conta de explicar as nossas habilidades espetaculares". A vagueza dessa resposta equivale a um reconhecimento de que o cérebro humano, na verdade, *não* é tão especial assim.

20. Do poema "The blind men and the elephant" [Os cegos e o elefante], de John Godfrey Saxe, publicado em 1873.

21. O incidente ocorreu em 10 de outubro de 2003 e foi registrado e fotografado por Iain Douglas-Hamilton e seus colaboradores (2006).

22. Exemplo extraído de *Elephant memories*, de Cynthia Moss (1988, p. 73). O episódio em que o macho borrifa água no companheiro encontra-se descrito em *African elephants, a celebration of majesty*, de Daryl e Sharna Balfour (1998), e a cena no buraco de lama foi exibida no programa *Reflections on elephants* (1994), do canal *National Geographic.* Para uma revisão crítica sobre os comportamentos relacionados à empatia nos elefantes africanos, ver Lucy Bates e seus colaboradores (2008).

23. Um desenho ilustra o arranjo do experimento com elefantes conduzido por Daniel Povinelli (1989).

24. Esther Nimchinsky e seus colaboradores (1999) compararam os cérebros de 28 espécies de primatas e encontraram células fusiformes apenas no homem e nos quatro grandes primatas não humanos. Eles examinaram somen-

te um espécime de bonobo, encontrando em seu cérebro a densidade e a distribuição de células fusiformes mais parecidas com a do cérebro humano, o que é um fato muito interessante, levando-se em conta a hipótese de que os bonobos sejam a espécie mais empática entre os grandes primatas não humanos (De Waal, 1997).

25. William Seeley et al. (2006) estudaram pacientes humanos com demência frontotemporal e verificaram a perda de três quartos de todas as células fusiformes no córtex cingulado anterior.

26. Todos os mamíferos capazes de autorreconhecimento no espelho têm células fusiformes e vice-versa. Mas exceções ainda poderão ser descobertas, e a função exata dessas células permanece um mistério. A respeito das células fusiformes em não primatas, ver Atiya Hakeem e colaboradores (2009).

27. Dorothy Cheney e Robert Seyfarth (2008, p. 156) sugerem a presença de um estado de alerta emocional entre os babuínos, mas sem a adoção da perspectiva do outro.

28. Joyce Poole em *Coming of age with elephants* (1996, p. 163).

29. Estudo realizado por Anne Engh e seus colaboradores (2005), discutido em "Baboons in mourning seek comfort among friends" (ScienceDaily.com, 31 de janeiro de 2006).

30. Eugène Marais, um naturalista sul-africano, publicou *My friends the baboons* em 1939.

31. John Allman (comunicação pessoal). Mesmo que os macacos-prego tenham capacidade para o consolo, a pesquisa nem sempre consegue demonstrá-lo, uma vez que comparamos os dados observados em seguida aos conflitos com os nossos dados de base. Mas Peter Verbeek encontrou evidências de que os macacos-prego que são vítimas de agressão buscam o contato com os outros e são tratados de maneira excepcionalmente amistosa (Verbeek e de Waal, 1997).

32. Desenho baseado numa fotografia publicada em *Social organization of Hamadryas baboons*, de Hans Kummer (1968, p. 60).

33. Anindya Sinha (comunicação pessoal).

34. Exemplo extraído de Barbara Smuts (1985, p. 112), que acrescenta que o grunhido do macho foi particularmente surpreendente, uma vez que o filhote não havia manifestado sinais de sofrimento: "Achiles se comportou como se ele considerasse que escorregar na areia era uma experiência merecedora do mesmo tipo de apoio que ele normalmente daria se o filhote de uma fêmea amiga gritasse ou vocalizasse em sofrimento".

35. Citação de *A primate's memoir*, de Robert Sapolsky (2001, p. 240).

36. Os babuínos costumavam ser empregados como pastores de cabras, muitas vezes montando um dos maiores animais do rebanho, como descreve Walter von Hoesch (1961). Cheney e Seyfarth (2008, p. 43) citam um ex-fa-

zendeiro, de acordo com quem os babuínos não precisam de nenhum treinamento especial para se tornar especialistas nas relações entre as cabras e os seus filhotes.

37. Filippo Aureli e Colleen Schaffner (comunicação pessoal), a respeito dos macacos-aranha selvagens. As primeiras descrições desse comportamento e de suas implicações foram publicadas por Ray Carpenter (1934). Ver também a tentativa de Daniel Povinelli e John Cant (1995) de relacionar a locomoção nas árvores à noção de "eu".

38. Uma revisão crítica sobre os experimentos com espelhos em primatas foi feita por James Anderson e Gordon Gallup (1999).

39. A necessária consciência que todos os animais têm de si é discutida por Emanuela Cenami Spada e seus colaboradores (1995) e também por Mark Bekoff e Paul Sherman (2003). Mesmo os animais que não se reconhecem no espelho quase sempre compreendem que eles são a fonte geradora do próprio comportamento (Jorgensen et al., 1995; Toda e Watanabe, 2008).

40. Em vez de dividir as espécies entre aquelas que se reconhecem no espelho e aquelas que não se reconhecem, parece mais interessante considerar que há níveis intermediários de compreensão. Alguns animais, como os periquitos australianos e os peixes-beta, nunca param de cortejar ou de brigar com sua imagem no espelho, ao passo que a maior parte dos cachorros e gatos deixam de se interessar pelo espelho depois de algum tempo. Os macacos-prego vão além disso, uma vez que eles percebem de imediato que seu reflexo é diferente de um macaco de verdade (De Waal et al., 2005). Uma perspectiva gradualista da compreensão do espelho caracteriza também os estudos feitos com crianças pequenas (Rochat, 2003).

41. Nas palavras divertidas de Brandon Keim: "Primeiro vem o conhecimento de si, depois vem o crime: é como a história do Jardim do Éden, mas dessa vez com os pássaros!" (*Wired*, 19 de agosto de 2008). Obviamente, os corvídeos são capazes de utilizar a compreensão da perspectiva do outro para outra finalidades que não envolvam a trapaça, como oferecer ajuda ou consolo, e de fato existem algumas evidências de que isso acontece (Seed et al., 2007). Ver também os experimentos com esses pássaros fascinantes feitos por Nathan Emery e Nicky Clayton (2001, 2004). A pergunta óbvia sobre a existência ou não de células fusiformes (encontradas nos mamíferos capazes de autorreconhecimento no espelho) nas pegas-rabudas e em outros corvídeos talvez não seja relevante: a arquitetura do cérebro dos pássaros é tão diferente que capacidades semelhantes às dos mamíferos provavelmente surgiram como resultado da evolução convergente e, desse modo, não partilham necessariamente do mesmo substrato neural.

42. Exemplos fornecidos por Susan Stanich (comunicação pessoal).

43. Citação de um manuscrito inédito escrito por Emil Menzel em 1974. O autor oferece descrições extraordinariamente detalhadas do modo como os chimpanzés deduzem a natureza e a localização dos objetos escondidos a partir do comportamento dos chimpanzés que detêm essas informações. Ele conclui que os chimpanzés "têm um sistema de comunicação bidirecional muito eficiente, que não teria muito a ganhar com os gestos de indicar com as mãos".

44. Esse exemplo é um argumento contra as explicações calcadas na modelagem do comportamento ou no treinamento, uma vez que Liza nunca foi ensinada por alguém a cuspir para obter recompensas.

45. De *Chimpanzee politics* (De Waal, 1982, p. 27).

46. Joaquin Veà e Jordi Sabater-Pi (1998, p. 289).

47. Para Michael Tomasello, o apontar declarativo é um aspecto tipicamente humano do desenvolvimento da linguagem: "Os grandes primatas não se sentem motivados a partilhar informações e atitudes com os outros, e nem compreendem quando os outros tentam se comunicar com eles por esses motivos" (Tomasello et al., 2007, p. 718). Os exemplos que ofereço no texto — apontar para os pesquisadores escondidos, mostrar os vermes asquerosos para os outros membros do grupo — contradizem essa visão, sugerindo que o comportamento de oferecer informação não está totalmente ausente entre os grandes primatas não humanos. Mas é verdade que eles se mostram menos inclinados do que os humanos a apresentar esse tipo de comportamento.

6. JUSTIÇA SEJA FEITA [pp. 224-83]

1. Citação de *De Cive*, de Thomas Hobbes (1651, p. 36).

2. Irène Némirovsky (2006, p. 35).

3. O político australiano Nigel Scullion foi detido num clube de *strip-tease* na Rússia (*Skynews*, 12 de dezembro de 2007).

4. O igualitarismo requer grandes esforços, como mostram os estudos de Christopher Boehm (1993). A tendência primordial dos humanos é a estratificação social, mas em muitas sociedades em pequena escala os "mecanismos niveladores" são ativamente empregados pelas pessoas de modo a impedir que os machos ambiciosos assumam o controle. Esse tipo de organização política pode ter caracterizado grande parte da pré-história humana.

5. Em "Totem e Tabu", Freud (1913) descreveu a "horda primal de Darwin", em que um pai ciumento e violento expulsava os filhos homens assim que eles cresciam e mantinha para si todas as mulheres.

6. Pesquisa realizada por Brian Knutson e seus colaboradores (2008). A

citação é de Kevin McCabe na reportagem "Men's brains link sex and money" (CNN Internacional, 12 de abril de 2008).

7. Do livro de Robert Frank, *Passions within reason* (1998, p. XI). Frank foi um dos primeiros autores a propor a ideia de que as teorias econômicas tradicionais, centradas na noção de autointeresse, não dão conta de explicar muitos aspectos da atividade econômica humana.

8. Brian Skyrms (2004).

9. "The descent of men", de Maurice Isserman (*New York Times*, 10 de agosto de 2008).

10. O jogo de "enfiar o dedo no olho" é descrito por Susan Perry e coautores (2003). Ver também Perry (2008).

11. Experimento descrito por Toh-Kyeong e coautores (2003). Sobre os trabalhos que põem em questão os modelos econômicos calcados na ideia de "escolha racional", ver *Moral sentiments and material interests* (2005), coeditado por Herbert Ginti, *Moral markets* (2008), de Paul Zak, *The mind of the market* (2008), de Michael Shermer, e também Pauline Rosenau (2006).

12. Ursula Bellugi e seus colaboradores (2000). A resposta da criança citada nessa passagem foi extraída da reportagem "The gregarious brain", de David Dobbs, *New York Times Magazine*, 8 de julho de 2007.

13. Ivan Chase (1988).

14. Citação de "A riqueza das nações", de Adam Smith (1776).

15. *The conquest of bread*, de Petr Kropotkin (1906, p. 190).

16. Gerald Wilkinson (1988).

17. A possível relação entre a contribuição de um chimpanzé na caçada e seu acesso à carne num momento posterior foi sugerida por Christophe e Hedwige Boesch (2000).

18. É extraordinário o quanto a hierarquia de dominância perde sua importância quando os grandes primatas começam a compartilhar a comida. Esse fato, que foi observado por pesquisadores de campo, encontra-se bem documentado nos registros feitos em cativeiro (De Waal, 1989). Os primatólogos empregam a expressão "respeito à propriedade" para descrever esse fenômeno. Uma vez que um adulto, independentemente da sua posição hierárquica, tenha se apossado de um determinado bem, os outros renunciam a seus direitos sobre ele.

19. O nosso estudo sobre a troca de comida por cafuné envolveu um enorme banco de dados computadorizados com as observações dos episódios espontâneos desse serviço. Análises sequenciais mostraram que os chimpanzés são capazes de fazer trocas recíprocas baseadas em suas lembranças (De Waal, 1997).

20. Em *Chimpanzee politics* (1982), propus que os grandes primatas negociam uma vasta gama de serviços, que inclui não apenas o cafuné e as alianças

em situações de conflito, mas também a comida e o sexo. Ronald Noë e Peter Hammerstein (1994) formularam a teoria do mercado biológico, que propõe que o valor das mercadorias e dos parceiros varia conforme sua disponibilidade. Essa teoria se aplica sempre que os indivíduos envolvidos numa troca têm a possibilidade de escolher os parceiros com quem negociar. O mercado de bebês entre as fêmeas de babuínos é um exemplo entre vários outros (Henzi e Barrett, 2002).

21. Em relação à caça e à divisão de seu produto entre os macacos-prego, ver Susan Perry e Lisa Rose (1994) e Rose (1997).

22. A adoção de Roosje e a eterna gratidão de sua mãe adotiva, Kuif, foram descritas em detalhes em *Our inner ape* (De Waal, 2005, p. 202). [Edição brasileira: *Eu Primata. Porque somos como somos.* São Paulo, Companhia das Letras, 2007.]

23. Stephen Amati e seus colaboradores (2008) descrevem as lesões que as armadilhas causam nos chimpanzés, que podem levar até mesmo à perda de membros. Um chimpanzé macho removeu um laço de *nylon* preso à mão de uma fêmea examinando-o cuidadosamente antes de rompê-lo com os dentes.

24. Políticas orientadas para o futuro e trocas sexuais antecipatórias foram documentadas por De Waal (1982), Nishida et al. (1992) e Hockings et al. (2007). A citação de Kimberly Hockings é da *ScienceDaily* (14 de setembro de 2007).

25. Nicola Koyama e seus colaboradores (2006).

26. Ernst Fehr e Urs Fischbacher (2003) iniciam seu artigo sobre o altruísmo com as seguintes palavras: "A sociedade humana representa uma grande anomalia no mundo animal". Eles explicam essa afirmação argumentando que os humanos cooperam com indivíduos com os quais não têm nenhum laço de parentesco, ao passo que os animais restringem a cooperação aos parentes próximos, como afirma também Robert Boyd (2006, p. 1555): "O comportamento dos outros primatas é fácil de entender. A seleção natural só favorece o comportamento pró-social — que representa custo para o indivíduo — quando existe uma probabilidade muito grande de os indivíduos que se beneficiarão dele partilharem os genes associados a esse comportamento".

27. Kevin Langergraber e seus colaboradores (2007, p. 7788) contestaram a visão de que os primatas só ajudam os indivíduos que são seus parentes, concluindo, em relação aos chimpanzés selvagens, que "na maioria das díades muito entrosadas e cooperativas os machos não tinham relações de parentesco ou eram parentes muito distantes". Também no zoológico de Arnhem os chimpanzés machos não aparentados formavam parcerias muito estreitas, expondo-se a sérios riscos em benefício um do outro (De Waal, 1982). Os bonobos, que são os outros parentes mais próximos da espécie humana, caracterizam-se pelo alto nível de solidariedade entre as fêmeas, o que resulta numa dominância coletiva sobre os

machos. Dado que as fêmeas são o sexo migratório, elas não têm laços genéticos próximos no interior de qualquer comunidade de bonobos, razão pela qual se diz que elas formam uma "segunda irmandade" (De Waal, 1997). Esse é outro exemplo de cooperação em larga escala entre indivíduos não aparentados.

28. A retribuição e o acerto de contas entre os primatas foram estatisticamente demonstrados pela primeira vez por De Waal e Luttrell (1988) e encontram-se descritos mais detalhadamente em *Good natured* (De Waal, 1996).

29. Robert Trivers (2004, p. 964).

30. A literatura emergente sobre a reciprocidade forte postula que os humanos tendem a adotar comportamentos pró-sociais e também a punir os indivíduos não cooperadores. Embora esses comportamentos estejam de fato bem documentados (Herbert Gintis e coeditores, 2005), há controvérsias quanto à hipótese de que a reciprocidade forte tenha evoluído para regular as relações com os forasteiros anônimos, uma categoria que geralmente não é levada em conta nos modelos evolucionistas. Com efeito, parece mais fácil entender a reciprocidade forte como uma tendência que surgiu inicialmente no interior das comunidades, sendo mais tarde generalizada para as pessoas de fora (Burnham e Johnson, 2005).

31. Bob Dylan, "License to kill", 1983 ["man is opposed to fair play/ he wants it all and he wants it his way"].

32. Enquanto grande parte do população dependia de ajuda alimentar para sobreviver, nove das treze esposas do rei foram fazer compras no exterior (BBC News, 21 de agosto de 2008).

33. A parábola dos trabalhadores na vinha (Mateus 20,1-16) não versa exatamente sobre as recompensas monetárias, e sim sobre a entrada no Reino dos Céus. Mas a parábola funciona em razão da nossa sensibilidade à questão da justiça que está presente nela.

34. As considerações egoístas por trás do desejo de justiça foram investigadas por Jason Dana e seus colaboradores (2004) em experimentos que utilizaram o Jogo do Ditador.

35. Elisabetta Visalberghi e James Anderson (2008, p. 283): "O apreço à justiça aplicada aos outros é um princípio moral bastante recente, pelo menos nas culturas ocidentais, e fundamenta-se no ponto de vista teórico — formulado pelos filósofos do Iluminismo francês — de que as pessoas são iguais".

36. Inventado por Werner Güth, o jogo do ultimato foi usado num influente estudo realizado por Daniel Kahneman e seus colaboradores (1986). Alan Sanfey e seus colegas (2003) fizeram ressonâncias magnéticas do cérebro de jogadores que recebiam ofertas baixas de seus parceiros e constataram que as áreas cerebrais associadas às emoções negativas são ativadas.

37. O pequeno número de baleias que esses caçadores apanham durante

o ano destina-se à sua própria subsistência. Eles se aproximam da baleia num pequeno barco a remo. O arpoeiro, então, salta sobre as costas do animal, para atravessá-lo com sua arma. Eles seguem a baleia durante horas, muitas vezes perdendo-a, ou conseguindo matá-la de exaustão ou em consequência da perda de sangue causada pelo ferimento (Alvard, 2004).

38. Ernst Fehr e Klaus Schmidt (1999).

39. "The coup de Grasso", reportagem de James Surowieck, *New Yorker*, 5 de outubro de 2003.

40. Citação da reportagem de Mike Sunnucks no *Phoenix Business Journal* (30 de setembro de 2008). Numa entrevista a Nathan Gardels no site The Huffington Post (16 de setembro de 2008), Joseph Stiglitz, um economista ganhador do prêmio Nobel, afirmou: "Para o fundamentalismo de mercado, a queda de Wall Street equivale ao que foi a queda do muro de Berlim para o comunismo, e diz ao mundo que esse modelo de organização econômica não funciona".

41. Maureen Dowd, "After W., Le Deluge", *New York Times*, 19 de outubro de 2008.

42. O estudo original com os macacos-prego conduzido por Sarah Brosnan e eu foi publicado em 2003, seguido por outro estudo realizado por Megan van Wolkenten e colaboradores (2007), com um número maior de animais e controles mais rigorosos. Os resultados encontrados em nosso primeiro estudo foram confirmados parcialmente em experimentos conduzidos por Grace Fletcher (2008) e por Julie Neiworth e seus colaboradores (2009). Brosnan (2008) oferece uma explicação evolutiva das respostas dos primatas às situações de desigualdade.

43. Esse incidente, que descrevi em *Bonobo* (De Waal, 1997, p. 41), foi relatado por Sue Savage-Rumbaugh, que acredita que os bonobos se mostram mais felizes nas situações em que todos recebem a mesma coisa. Pode ser que essa espécie apresente realmente um nível mais elevado de aversão à desigualdade do que outros grandes primatas não humanos (Bräuer et al., 2009).

44. Descrito em "The animal within", de Amy Argetsinger, *Washington Post*, 24 de maio de 2005. A castração das vítimas não é incomum entre os chimpanzés machos selvagens, como se observou no incidente ocorrido no zoológico de Arnhem mencionado no capítulo 2.

45. Citação atribuída ao ensaísta americano H. L. Mencken (1880-1956), popularmente conhecido como o "Sábio de Baltimore", e também ao papa Paulo VI (1897-1978).

46. Uma versão do jogo do ultimato foi empregada num estudo com chimpanzés realizado por Keith Jensen e seus colaboradores (2007). Mas, uma vez que os chimpanzés aceitaram todas as ofertas (inclusive as de valor zero), é bem possível que eles não tenham chegado a compreender as contingências do jogo (Brosnan, 2008).

47. Citação do livro *Alex & Me*, de Irene Pepperberg (2008, p. 153).

48. Estudo realizado por Friederike Range et al. (2009). Vilmos Csányi (2005, p. 69) descreve a necessidade de se tratar os cachorros com igualdade: "Os cães fiscalizam cada bocadinho de comida e cada carícia, exigindo sempre a sua cota. Se o dono não dá atenção a isso, eles ficam seriamente deprimidos ou tornam-se agressivos em relação ao indivíduo favorecido".

49. Experimentos com permuta de fichas realizados por John Wolfe (1936).

50. Referência à citação de Adam Smith no começo do capítulo 1. O estudo sobre a escolha pró-social em oposição à escolha egoísta foi conduzido por De Waal et al. (2008). William Harbaugh e seus colaboradores (2007) mostraram que o comportamento caridoso ativa os centros de recompensa no cérebro humano.

51. Joel Handler (2004). A debandada dos empresários foi descrita por Peter Gumbel em "The French Exodus", *Time*, 5 de abril de 2007.

52. O coeficiente de Gini mede a distribuição de renda numa escala que varia entre 0% (o maior índice de igualdade) e 100% (o maior índice de desigualdade). Com um índice de Gini de 45%, os Estados Unidos ocupam a posição intermediária entre o Uruguai e Camarões, segundo o *CIA World Factbook*. A distribuição de renda é maior até mesmo na Índia (37%) e na Indonésia (36%). Na maioria dos países europeus o índice situa-se entre 25% e 35%. Os efeitos prejudiciais da desigualdade de renda sobre a economia foram demonstrados por Larry Bartels (2008).

53. Utah e New Hampshire (onde a desigualdade de renda é menor) são mais saudáveis do que Louisiana e Mississippi (onde a desigualdade de renda é maior). S. V. Subramanian e Ichiro Kawachi (2003) exploraram a hipótese de que esse efeito pudesse ser explicado pela composição racial nesses estados, mas verificaram que a relação persiste mesmo quando a variável raça é levada em conta.

54. Citação de Wilkinson (2006, p. 712). Mas é possível que as emoções subjacentes sejam mais primordiais do que ele sugeriu, pois um experimento realizado por Fatemeh Heidary e seus colaboradores (2008) encontrou efeitos negativos semelhantes na saúde dos coelhos. Durante oito semanas, dois grupos de coelhos foram submetidos à privação de alimento (ingerindo somente um terço de sua dieta normal), o primeiro deles em situação de isolamento, e o segundo num ambiente em que os animais podiam ver, ouvir e cheirar outros coelhos bem alimentados. O segundo grupo mostrou um número significativo de casos de atrofia cardíaca relacionada ao estresse.

55. Benjamin Beck (1973).

7. PAU TORTO [pp. 284-317]

1. Tradução da célebre frase de Kant em alemão: "Aus so krummem Holze, aus woraus der Mensch gemacht ist, kann nichts ganz Gerades gezimmert weren". A expressão "pau torto" (*crooked timber*) figura no título de um livro de Isaiah Berlin (*Estudos sobre a humanidade*) e é também o nome de um blog popular na internet (Crookedtimber.org).

2. Referência à Grande Depressão feita por Franklin Delano Roosevelt em seu Segundo Discurso Inaugural (20 de janeiro de 1937).

3. O kudzu é considerado o flagelo do sul, pois sufoca toda vegetação que seja mais baixa do que ele. Essa trepadeira japonesa foi introduzida na década de 1930, com o objetivo de controlar a erosão. O kudzu cresce aproximadamente trinta centímetros por dia e encontra-se atualmente fora de controle.

4. Citação de Leon Trotsky (1922). Ver também Steven Pinker (2002) em relação à crença do comunismo na flexibilidade da natureza humana.

5. O livro de John Colapinto, *As nature made him* (2000), narra a história de um menino que teve o pênis parcialmente destruído por uma circuncisão malfeita, tornando-se um caso teste para um sexólogo que acreditava que a identidade sexual é construída pelo ambiente. O garoto teve os testículos removidos cirurgicamente e recebeu injeções de hormônios femininos, passando, então, a ser criado como uma menina. Mas nada disso foi capaz de desfazer os efeitos pré-natais dos hormônios em seu cérebro. A criança andava como um menino e recusava-se violentamente a utilizar roupas e brinquedos de menina. Ele cometeu suicídio aos 38 anos de idade. Hoje, a determinação biológica da identidade de gênero é amplamente reconhecida.

6. Uma discussão das semelhanças entre o homem e os dois primatas que são os seus parentes mais próximos, o bonobo e o chimpanzé, é apresentada em meu *Eu primata. Porque somos como somos.* São Paulo, Companhia das Letras, 2007.

7. A destruição do World Trade Center de Nova York, em 2001, foi celebrada em todo o mundo islâmico. O bombardeamento de Bagdá foi entusiasticamente apoiado nos Estados Unidos e chegou a ser comparado a uma sinfonia pelo major-brigadeiro da reserva Donald Shepperd: "Não quero ser superficial em relação a isso, mas trata-se realmente de uma sinfonia que necessita ser orquestrada por um regente" (CNN News, 21 de março de 2003). A declaração de Rumsfeld sobre os mortos no Iraque foi feita ao canal Fox News (2 de novembro de 2003).

8. O ministro da Justiça declarou que as imagens do ataque israelense a Gaza o fizeram lembrar da situação de sua família na Segunda Guerra Mundial.

Alguns membros da família de Lapid foram mortos no Holocausto ("Gaza political storm hits Israel", BBC News, 23 de maio de 2004).

9. David Brooks, "Human nature redux", *New York Times*, 17 de fevereiro de 2007.

10. Hoffman (1981, p. 79).

11. Os estados mentais intencionais (por exemplo, os desejos, as necessidades, as crenças, os objetivos e as motivações) dos outros são construtos não observáveis deduzidos do comportamento observado. A mentalização nos ajuda a compreender o comportamento à nossa volta (Allen et al., 2008).

12. Patricia McConnell (2005) interpreta o comportamento dos cães em termos emocionais.

13. Matt Riddley (2001) descreve as primeiras exibições de grandes primatas no zoológico de Londres.

14. David Premack (2007) e Jeremy Kagan (2004).

15. J. K. Rowling (2008).

16. Título de um livro sobre a psicopatia no mundo dos negócios, escrito por Paul Babiak e Robert Hare (2006).

17. James Blair (1995).

18. Muitos animais se colocam em situação de desvantagem quando brincam com filhotes ou com parceiros mais fracos. Um gorila macho, que poderia matar um filhote com o simples gesto de apoiar a mão sobre seu peito, controla sua força gigantesca durante as brincadeiras turbulentas. Um episódio raro de brincadeira entre um urso polar e um *husky* siberiano preso por uma corrente foi documentado na baía de Hudson, no Canadá, pelo fotógrafo alemão Norbert Rosing.

19. Robert Waite, *The psychopatic god: Adolph Hitler* (1977). Hitler foi também diagnosticado como um caso de esquizofrenia paranoide (Coolidge et al., 2007).

20. Mark Rowlands (2008, p. 181). Um estudo sobre a personalidade de Tertuliano, considerado um dos Pais da Igreja, concluiu que ele era realmente quase um psicopata (Nisters, 1950).

21. Esses expedientes dependem dos mecanismos de "avaliação" dos sinais que modulam a resposta empática. Os sinais mais importantes são a familiaridade e a similaridade entre o sujeito e o objeto (Preston e De Waal, 2002). Ver também Frederique de Vignemont e Tania Singer (2006).

22. Ashley Montagu e Floyd Watson (1983).

23. Os estudos sobre o autismo realizados pelo britânico Simon Baron-Cohen (2003) afirmam que o cérebro feminino é mais voltado para a empatia e o cérebro masculino, para a sistematização. Ver Carolyne Zahn-Wexler et al. (1992, 1996) em relação às diferenças sexuais na infância e Alan Feingold (1994) para

evidências transculturais de que as mulheres são mais ternas e protetoras do que os homens.

24. Citação de "An enquiry into the origin of moral virtue" (*Fable of the bees*, 2ª ed.) de Bernard de Mandeville. A obra de Mandeville (1670-1733) talvez represente o paralelo histórico mais próximo da tentativa de Ayn Rand de celebrar o egoísmo como um bem moral. O subtítulo da fábula satírica de Mandeville diz tudo: "Vícios privados, benefícios públicos". Alegando que a ganância alimenta a prosperidade, ele elevou os motivos egoístas e seu resultado econômico acima de outros valores humanos.

25. Os trabalhos de Nancy Eisenberg (2000) e de Sara Jaffee e Janet Shibley Hyde (2000) contestam as diferenças de gênero em relação à empatia.

26. "Ballmer 'vowed to kill Google'", Ina Fried (CNET News, 5 de setembro de 2005).

27. Ajax, o grande guerreiro, entregou-se a uma depressão suicida após a Guerra de Troia. Sófocles assinalou, sobre a insanidade de Ajax, "Agora ele nutre pensamentos solitários...". O Exército americano usa o teatro grego como ferramenta no trabalho de orientação psicológica de pacientes com transtorno do estresse pós-traumático (MNSC.com, 14 de agosto de 2008).

28. A citação de Sherman e outras citações sobre a guerra e o ato de matar foram extraídas de *On killing* (1995), de David Grossman.

29. Citação de *The works of Mencius* (Livro I, Primeira Parte, Capítulo VII).

30. Paul Zak (2005) mostra que o nível de felicidade declarado pelas pessoas se correlaciona positivamente com seu nível de confiança generalizada.

31. Citado por Jim Puzzanghera, *Los Angeles Times*, 24 de outubro de 2008.

32. Jonathan Wight (2003).

33. Sobre a presença das mulheres no campo da economia, ver John Kay, "A little empathy would be good for Economics", *Financial Times*, 12 de junho de 2003. O termo *stakeholder* (que abrange os empregados, os clientes, os banqueiros, os fornecedores e a comunidade local de uma empresa) é cada vez mais utilizado como um contraponto a *shareholder* ou *stockholder*, como na teoria dos *stakeholders* de Edward Freeman (1984).

34. Citação do discurso de Barack Obama ao aceitar a sua nomeação como candidato à presidência, na Convenção Nacional dos Democratas em Denver, Colorado (28 de agosto de 2008).

35. Numa carta a Joshua Speed (24 de agosto de 1855).

Referências bibliográficas

1. BIOLOGIA, ESQUERDA E DIREITA

BAR-YOSEF, O. "The walls of Jericho: an alternative interpretation". *Current Anthropology* 27 (1986), pp. 157-62.

BEHAR, D. et al. "The dawn of human matrilineal diversity". *American Journal of Human Genetics* 82 (2008), pp. 1130-40.

BLUM, D. *Love at Goon Park: Harry Harlow and the science of affection.* Nova York, Perseus, 2002.

CHURCHIL, W. S. *Thoughts and adventures.* Nova York, Norton, 1991 [1932].

DARWIN, C. *The descent of man, and selection in relation to sex.* Princeton, NJ, Princeton University Press, 1981 [1871].

DE WAAL, F. B. M. "The brutal elimination of a rival among captive male chimpanzees". *Ethology & Sociobiology* 7 (1986), pp. 237-51.

_____. *Bonobo: the forgotten ape.* With photographs by Frans Lanting. Berkeley, CA, University of California Press, 1997.

_____. *Primates and philosophers: how morality evolved.* Princeton, NJ, Princeton University Press, 2006.

FRY, D. P. *The human potencial for peace: an anthropological challenge to assumptions about war and violence.* Nova York, Oxford University Press, 2006.

HAIDT, J. "The emotional dog and its rational tail: a social intuitionist approach to moral judgement". *Psychological Review* 108 (2001), pp. 814-34.

HELLIWELL, J. F. "How's life? Combining individual and national variables to explain subjective well-being". *Economic Modeling* 20 (2003), pp. 331-60.

HOCKINGS, K. J.; ANDERSON, J. R.; MATSUZAWA, T. "Road crossing in chimpanzees: a risky business". *Current Biology* 16 (2006), pp. 668-70.

HUME, D. *A treatise of human nature.* Harmondsworth, UK, Penguin, 1985 [1739].

KANO, T. *The last ape: pygmy chimpanzee behavior and ecology.* Stanford, CA, Stanford University Press, 1992.

LEMOV, R. *World as a laboratory: experiments with mice, mazes, and men.* Nova York, Hill & Wang, 2005.

LORDKIPANIDZE, D. et al. "Postcranial evidence from early Homo from Dmanisi, Georgia". *Nature* 449 (2007), pp. 305-10.

MARSHALL THOMAS, E. *The old way: a story of the first people.* Nova York, Sarah Crichton, 2006.

MARTIKAINEN, P.; VALKONEN, T. "Mortality after the death of a spouse: rates and causes of death in a large Finnish cohort". *American Journal of Public Health* 86 (1996) pp. 1087-93.

NIEDENTHAL, P. M. "Embodying emotion". *Science* 316 (2007), pp. 1002-5.

POOLE, J. *Coming of age with elephants: a memoir.* Nova York, Hyperion, 1996.

RODSETH, L.; WRANGHAM, R. W.; HARRIGAN, A. M.; SMUTS, B. B. "The human community as a primate society". *Current Anthropology* 32 (1991), pp. 221-54.

ROSSITER, C. *The federalist papers.* Nova York, New American Library, 1961.

ROUSSEAU, J-J. *The social contract.* Londres, Penguin, 1968 [1762].

ROY, M. M.; CHRISTENFELD, N. J. S. "Do dogs resemble their owners?". *Psychological Science* 15 (2004), pp. 361-3.

SAFFIRE, W. "The bonding market". *New York Times Magazine*, 24 de junho de 1990.

SMITH, A. *A theory of moral sentiments.* Nova York, Modern Library, 1937 [1759].

______. *An inquiry into the nature and causes of the wealth of nations.* Indianápolis, IN, Liberty Classics, 1982 [1776].

THIERRY, B.; ANDERSON, J. R. "Adoption in anthropoid primates". *International Journal of Primatology* 7 (1986), pp. 191-216.

VAN SCHAIK, C. P.; VAN NOORDWIJK, M. A. "Evolutionary effect of the absence of felids on the social organization of the macaques on the island of Simeulue". *Folia primatologica* 44 (1985), pp. 138-47.

WIESSNER, P. "Taking the risk out of risky transactions: a forager's dilemma". Em: SALTER, F. (ed.). *Risky business.* Oxford, UK, Berghahn, 2001, pp. 21-43.

WRANGHAM, R. W.; PETERSON, D. *Demonic males: apes and the evolution of human aggression*. Boston, Houghton Mifflin, 1996.

ZAJONC, R. B.; ADELMAN, P. K.; MURPHY, S. T.; NIEDENTHAL, P. M. "Convergence in the physical appearance of spouses: an implication of the vascular theory of emotional efference". *Motivation & Emotion* 11 (1987), pp. 335-46.

2. O OUTRO DARWINISMO

CARNEGIE, A. "Wealth". *North American Review* 148 (1889), pp. 655-7.

CLARK, C. *Misery and company: sympathy in everyday life*. Chicago, University of Chicago Press, 1997.

DAWKINS, R. *The selfish gene*. Oxford, UK, Oxford University Press, 1976. [Edição brasileira: *O gene egoísta*. São Paulo, Companhia das Letras, 2007.]

DE TOCQUEVILLE, A. *Democracy in America*, vol. 1. Nova York, Anchor, 1969. [Edição brasileira: *Democracia na América*, vol. 1 [1835]. São Paulo, Martins, 2005.]

DE WAAL, F. B. M. *Good natured: the origins of right and wrong in humans and other animals*. Cambridge, MA, Harvard University Press, 1996.

_____. "Anthropomorfism and anthropodenial: consistency in our thinking about humans and other animals". *Philosophical Topics* 27 (1999), pp. 255-80.

_____. *Chimpanzee politics* [1982]. Baltimore, MD, Johns Hopkins University Press, 2007.

FLACK, J. C.; KRAKAUER, D. C.; DE WAAL, F. B. M. "Robustness mechanisms in primate societies: a perturbation study". *Proceedings of the Royal Society London* B 272 (2005), pp. 1091-9.

GHISELIN, M. *The economy of nature and the evolution of sex*. Berkeley, University of California Press, 1974.

HOFSTADTER, R. *Social darwinism in American thought* [1944]. Boston, Beacon, 1992.

KROPOTKIN, P. *Mutual aid: a factor in evolution* [1902]. Nova York, New York University Press, 1972.

LOTT, T. *Herding cats: a life in politics*. Nova York, Harper, 2005.

MAYR, E. "Cause and effect in biology". *Science* 134 (1961), pp. 1501-6.

MCLEAN, B.; ELKIND, P. *Smartest guys in the room: the amazing rise and scandalous fall of Enron*. Nova York, Portfolio, 2003.

MESTON, C. M.; BUSS, D. M. "Why humans have sex". *Archives of Sexual Behavior* 36 (2007), pp. 477-507.

MIDGLEY, M. "Gene-juggling". *Philosophy* 54 (1979), 439-58.
RAND, A. *Atlas shrugged* [1957]. Nova York, Dutton, 1992.
RIDLEY, M. *The origins of virtue.* Nova York, Penguin, 1996.
SILK, J. B.; ALBERTS, S. C.; ALTMANN, J. "Social bonds of female baboons enhance infant survival". *Science* 302 (2003), pp. 1231-4.
SMUTS, B. B. *Sex and friendship in baboons.* Nova York, Aldine, 1985.
SOLOMON, R. C. "Free enterprise, sympathy, and virtue". Em: ZAK, P. J. (ed.). *Moral markets: the critical role of values in the economy.* Princeton, NJ, Princeton University Press, 2007, pp. 16-41.
SPENCER, H. *Social statics.* Nova York, Appleton, 1864.
TINBERGEN, N. "On aims and methods of ethology". *Zeitschrift für Tierpsychologie* 20 (1963), pp. 410-33.
TODES, D. *Darwin without Malthus: the struggle for existence in russian evolutionary thought.* Nova York, Oxford University Press, 1989.
WHYBROW, P. C. *American mania: when more is not enough.* Nova York, Norton, 2005.
WRIGHT, R. *The moral animal.* Nova York, Pantheon, 1994. [Edição brasileira: *O animal moral.* São Paulo, Campus, 2005.]

3. CONVERSAS ENTRE CORPOS

ALEXANDER, R. D. "Ostracism and indirect reciprocity: the reproductive significance of humor". *Ethology & Sociobiology* 7 (1986), 253-70.
ANDERSON, J. R.; MYOWA-YAMAKOSHI, M.; MATSUZAWA, T. "Contagious yawning in chimpanzees". *Proceedings of the Royal Society of London* B 217 (2004), pp. S468-S470.
AURELI, F.; PRESTON, S. D.; DE WAAL, F. B. M. "Heart rate responses to social interactions in free-moving rhesus macaques: a pilot study". *Journal of Comparative Psychology* 113 (1999), pp. 59-65.
BARD, K. A. "Neonatal imitation in chimpanzees tested with two paradigms". *Animal Cognition* 10 (2007), pp. 233-42.
BATSON, C. D. *The altruism question: toward a social-psychological answer.* Hillsdale, NJ, Erlbaum, 1991.
BOESCH, C. "What makes us human (*Homo sapiens*)? The challenge of cognitive cross-species comparison". *Journal of Comparative Psychology* 121 (2007), pp. 227-40.
BONNIE, K. E.; HORNER, V.; WHITEN, A.; DE WAAL, F. B. M. "Spread of arbitrary

conventions among chimpanzees: a controlled experiment". *Proceedings of the Royal Society of London* B, 274 (2006), pp. 367-72.

CHARTRAND, T. L.; BARGH, J. A. "The chameleon effect: the perception-behavior link and social interaction". *Journal of Personality & Social Psychology* 76 (1999), pp. 893-910.

CHURCH, R. M. "Emotional reactions of rats to the pain of others". *Journal of Comparative Physiological Psychology* 52 (1959), pp. 132-4.

COLE, J. "Empathy needs a face". *Journal of Consciousness Studies* 8 (2001), pp. 51-68.

DARWIN, C. *The descent of man, and selection in relation to sex* [1871]. Princeton, NJ, Princeton University Press, 1981.

DAVILA ROSS, M.; MENZLER, S.; ZIMMERMANN, E. "Rapid facial mimicry in orangutan play". *Biology Letters* 4 (2007), pp. 27-30.

DE GELDER, B. "Towards the neurobiology of emotional body language". *Nature Review of Neuroscience* 7 (2003), pp. 242-9.

DE WAAL, F. B. M. *Good natured: the origins of right and wrong in humans and other animals.* Cambridge, MA, Harvard University Press, 1996.

_____. *The ape and the sushi master.* Nova York, Basic Books, 2001.

_____; BOESCH, C.; HORNER, V.; WHITEN, A. "Comparing children and apes not so simple". *Science* 319 (2008), p. 569.

DIMBERG, U.; THUNBERG, M.; ELMEHED, K. "Unconscious facial reactions to emotional facial expressions". *Psychological Science* 11 (2000), pp. 86-9.

DOSA, D. M. "A day in the life of Oscar the cat". *New England Journal of Medicine* 357 (2007), pp. 328-9.

EISENBERG, N. "Empathy and sympathy". Em: LEWIS, M.; HAVILAND-JONES, J. M. (eds.). *Handbook of emotion.* 2ª ed. Nova York, Guilford, 2000, pp. 677-91.

FERRARI, P. F.; FOGASSI, L.; GALLESE, V.; RIZZOLATTI, G. "Mirror neurons responding to the observation of ingestive and communicative mouth actions in the monkey ventral premotor cortex". *European Journal of Neuroscience* 17 (2003), pp. 1703-14.

_____; VISALBERGHI, E.; PAULKNER, A.; FOGASSI, L.; RUGGIERO, A.; SUOMI, S. J. "Neonatal imitation in rhesus macaques". *PLOS Biology* 4 (2006), pp. 1501-8.

GALLESE, V. "'Being like me': self-other identity, mirror neurons, and empathy". Em: HURLEY, S.; CHATER, N. (eds.). *Perspectives on imitation.* Cambridge, MA, MIT Press, 2005, pp. 101-8.

_____; KEYSERS, C.; RIZZOLATTI, G. "A unifying view of the basis of social cognition". *Trends in Cognitive Science* 8 (2004), pp. 396-403.

GEISSMANN, T.; ORGELDINGER, M. "The relationship between duet songs and pair bonds in siamangs, *Hylobates syndactylus*". *Animal Behaviour* 60 (2000), pp. 805-9.

GOODALL, J. *Through a window*. Boston, Houghton Mifflin, 1990.

HATFIELD, E.; CACIOPPO, J. T.; RAPSON, R. L. *Emotional contagion*. Cambridge, UK, Cambridge University Press, 1994.

HAUN, D. B. M.; CALL, J. "Imitation recognition in great apes". *Current Biology* 18 (2008), pp. 288-90.

HERMAN, L. H. "Vocal, social, and self-imitation by bottlenosed dolphins". Em: DAUTENHAHN, K.; NEHANIV, C. L. (eds.). *Imitation in animals and artifacts*. Cambridge, MA, MIT Press, 2002, pp. 63-108.

HERRMANN, E.; CALL, J.; HERNÀNDEZ-LLOREDA, M. V.; HARE, B.; TOMASELLO, M. "Humans have evolved specialized skills of social cognition: the cultural intelligence hypothesis". *Science* 317 (2007), pp. 1360-6.

HOBBES, T. *Leviathan*. Cambridge, UK, Cambridge University Press, 1991 [1651]. [Edição brasileira: *Leviatã* [1651]. São Paulo, Martins, 2003.]

HOFFMAN, M. L. "Sex differences in empathy and related behaviors". *Psychological Bulletin* 84 (1978), pp. 712-22.

HOPPER, L.; SPITERI, A.; LAMBETH, S. P.; SCHAPIRO, S. J., HORNER, V.; WHITEN, A. "Experimental studies of traditions and underlying transmission processes in chimpanzees". *Animal Behaviour* 73 (2007), pp. 1021-32.

HORNER, V.; WHITEN, A. "Learning from others' mistakes? Limits on understanding a trap-tube task by young chimpanzees and children". *Journal of Comparative Psychology* 121 (2007), pp. 12-21.

_____; _____; FLYNN, E.; DE WAAL, F. B. M. "Faithful replication of foraging techniques along cultural transmission chains by chimpanzees and children". *Proceedings National Academy of Sciences*, USA 103 (2006), pp. 13878-83.

IACOBONI, M. "Neural mechanisms of imitation". *Current Opinion in Neurobiology* 15 (2005), pp. 632-7.

JOLY-MASCHERONI, R. M.; SENJU, A.; SHEPHERD, A. J. "Dogs catch human yawns". *Biology Letters* 4 (2008), pp. 446-8.

LANGFORD, D. J. et al. "Social modulation of pain as evidence for empathy in mice". *Science* 312 (2006), pp. 1967-70.

LIPPS, T. "Einfühlung, innere Nachahmung und Organempfindung". *Archiv für die gesammte Psychologie*, vol. I, parte 2. Leipzig, Engelman, 1903.

LUCKE, J. F.; BATSON, C. D. "Response supression to a distressed conspecific: are laboratory rats altruistic?". *Journal of Experimental Social Psychology* 16 (1980), pp. 214-27.

MACLEAN, P. D. "Brain evolution relating to family, play, and the separation call". *Archives of General Psychiatry* 42 (1985), pp. 405-17.

MARSHALL-PESCINI, S.; WHITEN, A. "Social learning of nut-cracking behavior in East African sanctuary-living chimpanzees (*Pan troglodytes schweinfurthii*)". *Journal of Comparative Psychology* 122 (2008), pp. 186-94.

MARSHALL, J. T.; SUGARDJITO, J. "Gibbon systematics". Em: SWINDLER, D. R.; ERWIN, J. (eds.). *Comparative primate biology*. Nova York, Liss, 1986, pp. 137-85, vol. 1.

MARTIN, G. B.; CLARK, R. D. "Distress crying in neonates: species and peer specificity". *Developmental Psychology* 18 (1982), pp. 3-9.

MASSERMAN, J.; WECHKIN, M. S.; TERRYS, W. "Altruistic behavior in rhesus monkeys". *American Journal of Psychiatry* 121 (1964), pp. 584-5.

MCDOUGALL, W. *An introduction to social psychology* [1908]. Londres, Methuen, 1923.

MCGREW, W. C. *The cultured chimpanzee: reflections on cultural primatology*. Cambridge, UK, Cambridge University Press, 2004.

MEANEY, C. A. "In perfect unison". Em: BEKOFF, M. (ed.). *The smile of a dolphin: remarkable accounts of animal emotions*. Nova York, Discovery Books, 2000, p. 50.

MEEREN, H. K. M.; VAN HEIJNSBERGEN, C. C. R. J.; DE GELDER, B. "Rapid perceptual integration of facial expression and emotional body language". *Proceedings of the National Academy of Sciences*, USA 102 (2005), pp. 16518-23.

MELTZOFF, A. N.; MOORE, M. K. "A theory of the role of imitation in the emergence of self". Em: ROCHAT, P. (ed.). *The self in infancy: theory and research*. Amsterdam, Elsevier, 1995, pp. 73-93.

MERLEAU-PONTY, M. *The primacy of perception*. Evanston, IL, Northwestern University Press, 1964. [Edição brasileira: *O primado da percepção e suas consequências filosóficas*. São Paulo, Papirus, 1990.]

MILLER, R. E. "Experimental approaches to the physiological and behavioral concomitants of affective communication in rhesus monkeys". Em: ALTMANN, S. A. (ed.). *Social communication among primates*. Chicago, University of Chicago Press, 1967, pp. 125-34.

_____; MURPHY, J. V.; MIRSKY, I. A. "Relevance of facial expression and posture as cues in communication of affect between monkeys". *AMA Archives of General Psychiatry* 1 (1959), pp. 480-8.

MOORE, B. R. "Avian movement imitation and a new form of mimicry: tracing the evolution of a complex form of learning". *Behaviour* 122 (1992), pp. 231-63.

PANKSEPP, J. *Affective neuroscience*. Nova York, Oxford University Press, 1998.

PAUKNER, A.; ANDERSON, J. R.; BORELLI, E.; VISALBERGHI, E.; FERRARI, P. F. "Macaques recognize when they are being imitated". *Biology Letters* 1 (2005), pp. 219-22.

PAYNE, K. *Silent thunder: in the presence of elephants.* Nova York, Penguin, 1998.

PLATEK, S. M.; MOHAMED, F. B.; GALLUP, G. G. "Contagious yawning and the brain". *Cognitive Brain Research* 23 (2005), pp. 448-52.

POVINELLI, D. J. *Folk physics for apes.* Oxford, UK, Oxford University Press, 2000.

PRATHER, J. F.; PETERS, S.; NOWICKI, S.; MOONEY, R. "Precise auditory-vocal mirroring in neurons for learned vocal communication". *Nature* 451 (2008), pp. 305-10.

PRESTON, S. D.; DE WAAL, F. B. M. "Empathy: its ultimate and proximate bases". *Behavioral & Brain Sciences* 25 (2002), pp. 1-72.

_____; STANFIELD, R. B. "I know how you feel: task-irrelevant facial expressions are spontaneously processed at a semantic level". *Cognitive, Affective, & Behavioral Neuroscience* 8 (2008), pp. 54-64.

_____; BECHARA, A.; GRABOWSKI, T. J.; DAMASIO, H.; DAMASIO, A. R. "The neural substrates of cognitive empathy". *Social Neuroscience* 2 (2007), pp. 254-75.

PROFFITT, D. R. "Embodied perception and the economy of action". *Perspectives on Psychological Science* 1 (2006), pp. 110-22.

PROVINE, R. *Laughter: a scientific investigation.* Nova York, Viking, 2000.

REPP, B. H.; KNOBLICH, G. "Perceiving action identity: how pianists recognize their own performances". *Psychological Science* 15 (2004), pp. 604-9.

RUSSON, A. E. "Imitation in everyday use: matching and rehearsal in the spontaneous imitation of rehabilitant orangutans (*Pongo pygmaeus*)". Em: RUSSON, A. E.; BARD, K. A.; PARKER, S. T. (eds.). *Reaching into thought: the minds of the great apes.* Cambridge, UK, Cambridge University Press, 1996, pp. 152-76.

SAGI, A.; HOFFMAN, M. L. "Empathic distress in the newborn". *Developmental Psychology* 12 (1976), pp. 175-6.

SCHLOSSBERGER, M. *Die Erfahrung des Anderen: Gefühle im menschlichen Miteinander.* Berlim, Akademie Verlag, 2005.

SENJU, A.; MAEDA, M.; KIKUCHI, Y.; HASEGAWA, T.; TOJO, Y.; OSANAI, H. "Absence of contagious yawning in children with autism spectrum disorder". *Biology Letters* 3 (2007), pp. 706-8.

SINGER, T.; SEYMOUR, B.; O'DOHERTY, J. P.; STEPHAN, K. E.; DOLAN, R. J.; FRITH, C. D. "Empathic neural responses are modulated by the perceived fairness of others". *Nature* 439 (2006), pp. 466-9.

SISK, J. P. "Saving the world". *First Things* 33 (1993), pp. 9-14.

SMITH, A. *A theory of moral sentiments* [1759]. Edição de D. D.RAPHAEL e A. L. MACFIE. Oxford, UK, Clarendon Press, 1976.

SONNBY-BORGSTRÖM, M. "Automatic mimicry reactions as related to differences in emotional empathy". *Scandinavian Journal of Psychology* 43 (2002), pp. 433-43.

STÜRMER, S.; SNYDER, M.; OMOTO, A. M. "Prosocial emotions and helping: the moderating role of group membership". *Journal of Personality & Social Psychology* 88 (2005), pp. 532-46.

TAYLOR, S. *The tending instinct.* Nova York, Times Books, 2002.

THELEN, E.; SCHONER, G.; SCHEIER, C.; SMITH, L. B. "The dynamics of embodiment: a field theory of infant perseverative reaching". *Behavioral & Brain Sciences* 24 (2001), pp. 1-86.

THORNDIKE, E. L. "Animal intelligence: an experimental study of the associative process in animals". *Psychological Review & Monography* 2 (1898), pp. 551-3.

TOMASELLO, M. *The cultural origins of human cognition.* Cambridge, MA, Harvard University Press, 1999.

VAN BAAREN, R. B.; HOLLAND, R. W.; STEENAERT, B.; VAN KNIPPENBERG, A. "Mimicry for money: behavioral consequences of imitation". *Journal of Experimental Social Psychology* 39 (2003), pp. 393-8.

VAN HOOFF, J. A. R. A. M. "A comparative approach to the phylogeny of laughter and smiling". Em: HINDE, R. (ed.). *Non-verbal communication.* Cambridge, UK, Cambridge University Press, 1972, pp. 209-41.

VAN SCHAIK, C. P. *Among orangutans: red apes and the rise of human culture.* Cambridge, MA, Belknap, 2004.

WALUSINSKI, O.; DEPUTTE, B. L. "Le bâillement: phylogenèse, éthologie, nosogénie". *Revue Neurologique* 160 (2004), pp. 1011-21.

WASCHER, C. A. F.; SCHEIBER, I. B. R.; KOTRSCHAL, K. "Heart rate modulation in bystanding geese watching social and non-social events". *Proceedings of the Royal Society of London* B 275 (2008), pp. 1653-9.

WELLS, R. S. "Dolphin social complexity: lessons from long-term study and life history". Em: DE WAAL, F. B. M.; TYACK, P. L. (eds.). *Animal social complexity.* Cambridge, MA, Harvard University Press, 2003, pp. 32-56.

WHITEN, A.; HAM, R. "On the nature of evolution of imitation in the animal kingdom: reappraisal of a century of research". Em SLATER, J. B. et al. (eds.). *Advances in the study of behavior.* Nova York, Academic Press, 1992, pp. 239-283, vol. 21.

WHITEN, A. et al. "Cultures in chimpanzees". *Nature* 399 (1999), pp. 682-5.

WHITEN, A.; HORNER, V.; DE WAAL, F. B. M. "Conformity to cultural norms of tool use in chimpanzees". *Nature* 437 (2005), pp. 737-40.

ZAHN-WAXLER, C.; RADKE-YARROW, M.; WAGNER, E.; CHAPMAN, M. "Development of concern for others". *Developmental Psychology* 28 (1992), pp. 126-36.

4. NO LUGAR DO OUTRO

BAILEY, M. B. "Every animal is the smartest: intelligence and the ecological niche". Em: HOAGE, R.; GOLDMAN, L. (eds.). *Animal intelligence*. Washington, DC, Smithsonian Institution Press, 1986, pp. 105-13.

BATSON, C. D. *The altruism question: toward a social-psychological answer*. Hillsdale, NJ, Erlbaum, 1991.

_____. et al. "Is empathy-induced helping due to self-other merging?". *Journal of Personality & Social Psychology* 73 (1997), pp. 495-509.

BRADMETZ, J.; SCHNEIDER, R. "Is Little Red Riding Hood afraid of her grandmother? Cognitive versus emotional responses to a false belief". *British Journal of Developmental Psychology* 17 (1999), pp. 501-14.

BUGNYAR, T.; HEINRICH, B. "Ravens, *Corvus corax*, differenciate between knowledgeable and ignorant competitors". *Proceedings of the Royal Society of London* B 272 (2005), pp. 1641-6.

BURKART, J. M.; FEHR, E.; EFFERSON, C.; VAN SCHAIK, C. P. "Other-regarding preferences in a non-human primate: common marmosets provision food altruistically". *Proceedings of the National Academy of Sciences*, USA 104 (2007), pp. 19762-6.

CIALDINI, R. B.; BROWN, S. L.; LEWIS, B. P.; LUCE, C. L.; NEUBERG, S. L. "Reinterpreting the empathy-altruism relationship: when one into one equals oneness". *Journal of Personality & Social Psychology* 73 (1997), pp. 481-94.

COOLS, A.; VAN HOUT, A. J. M.; NELISSEN, M. H. J. "Canine reconciliation and third-party-initiated postconflict affiliation: do peacemaking social mechanisms in dogs rival those of higher primates?" *Ethology* 114 (2008), pp. 53-63.

CORDONI, G.; PALAGI, E. "Reconciliation in wolves (*Canis lupus*): new evidence for a comparative perspective". *Ethology* 114 (2008), pp. 298-308.

DALLY, J. M.; EMERY, N. J.; CLAYTON, N. S. "Food-caching western scrub-jays keep track of who was watching when". *Science* 312 (2006), pp. 1662-5.

DARLEY, J. M.; BATSON, C. D. "From Jerusalem to Jericho: a study of situational and dispositional variables in helping behavior". *Journal of Personality & Social Psychology* 27 (1973), pp. 100-8.

DE GELDER, B. "On having a theory of mind". *Cognition* 27 (1987), pp. 285-90.

DE WAAL, F. B. M. *Chimpanzee politics: power and sex among apes* [1982]. Baltimore, MD, Johns Hopkins University Press, 2007.

_____. *Peacemaking among primates*. Cambridge, MA, Harvard University Press, 1989.

_____. *Good natured: the origins of right and wrong in humans and other animals*. Cambridge, MA, Harvard University Press, 1996.

_____. *Bonobo: the forgotten ape*. Com fotos de Frans Lanting. Berkeley, CA, University of California Press, 1997.

_____. *The ape and the sushi master*. Nova York, Basic Books, 2001.

_____. "On the possibility of animal empathy". Em: MANSTEAD, T.; FRIDJA, N.; FISCHER, A. (eds.). *Feelings & emotions: the Amsterdam Symposium*. Cambridge, UK, Cambridge University Press, 2003, pp. 379-99.

_____. "Putting the altruism back into altruism: the evolution of empathy". *Annual Review of Psychology* 59 (2008), pp. 279-300.

_____. "The need for a bottom-up account of chimpanzee cognition". Em: LONSDORF, E. V.; ROSS, S. R.; MATSUZAWA, T. (eds.). *The mind of the chimpanzee: ecological and experimental perspectives*. Chicago, University of Chicago Press, 2010.

_____; LEIMGRUBER, K.; GREENBERG, A. R. "Giving is self-rewarding for monkeys". *Proceedings of the National Academy of Sciences*, USA 105 (2008), pp. 13685-9.

_____; VAN ROOSMALEN, A. "Reconciliation and consolation among chimpanzees". *Behavioral Ecology & Sociobiology* 5 (1979), pp. 55-66.

FLOMBAUM, J. I.; SANTOS, L. R. "Rhesus monkeys attribute perceptions to others". *Current Biology* 15 (2005), pp. 447-52.

FOUTS, R.; MILLS, T. *Next of kin*. Nova York, Morrow, 1997.

FRASER, O.; STAHL, D.; AURELI, A. "Stress reduction through consolation in chimpanzees". *Proceedings of the National Academy of Sciences*, USA 105 (2008), pp. 8557-62.

GOODALL, J. *The chimpanzees of Gombe: patterns of behavior*. Cambridge, MA, Belknap, 1986.

_____. *Through a window*. Boston, Houghton Mifflin, 1990.

HARE, B.; CALL, J.; TOMASELLO, M. "Do chimpanzees know what conspecifics know?". *Animal Behaviour* 61 (2001), pp. 139-51.

HARRIS, P.; JOHNSON, C. N.; HUTTON, D.; ANDREWS, G.; COOKE, T. "Young children's theory of mind and emotion". *Cognition & Emotion* 3 (1989), pp. 379-400.

HOBSON, R. P. "Against the theory of 'Theory of Mind'". *British Journal of Developmental Psychology* 9 (1991), pp. 33-51.

HOFFMAN, M. L. "Is altruism part of human nature?". *Journal of Personality & Social Psychology* 40 (1981), pp. 121-37.
HORNSTEIN, H. A. "Empathic distress and altruism: still inseparable". *Psychological Inquiry* 2 (1991), pp. 133-5.
HUMPHREY, N. "Nature's psychologists". *New Scientist* 78 (1978), pp. 900-4.
JENSEN, K.; HARE, B.; CALL, J.; TOMASELLO, M. "What's in it for me? Self-regard precludes altruism and spite in chimpanzees". *Proceedings of the Royal Society of London* B 273 (2006), pp. 1013-21.
KAGAN, J. "Human morality is distinctive". *Journal of Consciousness Studies* 7 (2000), pp. 46-8.
KREBS, D. L. "Altruism and egoism: a false dichotomy?". *Psychological Inquiry* 2 (1991), pp. 137-9.
KRENSKY, S. *Abe Lincoln and the muddy pig.* Nova York, Simon & Schuster, 2002.
KUROSHIMA, H.; FUJITA, K.; ADACHI, I.; IWATA, K.; FUYUKI, A. "A capuchin monkey recognizes when people do and do not know the location of food". *Animal Cognition* 6 (2002), pp. 283-91.
LADYGINA-KOHTS, N. N. *Infant chimpanzee and human child: a classic 1935 comparative study of ape emotions and intelligence.* Edição de F. B. M. de Waal. Nova York, Oxford University Press, 2001 [1935].
LAKSHMINARAYANAN, V. R.; SANTOS, L. R. "Capuchin monkeys are sensitive to others' welfare". *Current Biology* 18 (2008), pp. R999-R1000.
LANZETTA, J. T.; ENGLIS, B. G. "Expectations of cooperation and competition and their effects on observers' vicarious emotional responses". *Journal of Personality & Social Psychology* 56 (1989), pp. 543-54.
LORDKIPANIDZE, D. et al. "Postcranial evidence from early *Homo* from Dmanisi, Georgia". *Nature* 449 (2007), pp. 305-10.
MACNEILAGE, P. F.; DAVIS, B. L. "On the origin of internal structure of word forms". *Science* 288 (2000), pp. 527-31.
MCCONELL, P. *For the love of a dog.* Nova York, Ballantine, 2005.
MENZEL, E. W. "Spontaneous invention of ladders in a group of young chimpanzees". *Folia primatologica* 17 (1972), pp. 87-106.
_____. "A group of young chimpanzees in a one-acre field". Em: SCHRIER, A. M.; STOLLNITZ, F. (eds.). *Behavior of non-human primates.* Nova York, Academic Press, 1974, pp. 83-153, vol. 5.
_____; JOHNSON, M. K. "Communication and cognitive organization in humans and other animals". *Annals of the New York Academy of Sciences* 280 (1976), pp. 131-42.
NAKAMURA, M.; MCGREW, W. C.; MARCHANT, L. F.; NISHIDA, T. "Social scratch: another custom in wild chimpanzees?" *Primates* 41 (2000), pp. 237-48.

O'CONNELL, S. M. "Empathy in chimpanzees: evidence for Theory of Mind?". *Primates* 36 (1995), pp. 397-410.

OTTONI, E. B.; MANNU, M. "Semi-free ranging tufted capuchin monkeys spontaneously use tools to crack open nuts". *International Journey of Primatology* 22 (2001), pp. 347-58.

PERNER, J.; RUFFMAN, T. "Infants' insight into the mind: how deep?". *Science* 308 (2005), pp. 214-6.

PREMACK, D.; WOODRUFF, G. "Does the chimpanzee have a theory of mind?". *Behavioral and Brain Sciences* 1 (1978), pp. 515-26.

ROSENBLATT, P. *Two in a bed: the social system of couple bed sharing.* Nova York, State University of New York Press, 2006.

SILK, J. B. et al. "Chimpanzees are indifferent to the welfare of unrelated group members". *Nature* 437 (2005), pp. 1357-9.

SMITH, A. *The theory of moral sentiments* [1759]. Nova York, Modern Library, 1937.

SWOFFORD, A. *Jarhead.* Nova York, Scribner, 2003.

TOMASELLO, M.; CALL, J. "Do chimpanzees know what others see — or only what they are looking at?". Em: HURLEY, S.; NUDDS, M. (eds.). *Rational animals?* Oxford, UK, Oxford University Press, 2006, pp. 371-84.

VIRÁNYI, Z.; TOPÁL, J.; MIKLÓSI, A.; CSÁNYI, V. "A nonverbal test of knowledge attribution: a comparative study on dogs and human infants". *Animal Cognition* 9 (2005), pp. 13-26.

WARNEKEN, F.; HARE, B.; MELIS, A. P.; HANUS, D.; TOMASELLO, M. "Spontaneous altruism by chimpanzees and young children". *PLOS Biology* 5 (2007), pp. 1414-20.

WELLMAN, H. M.; PHILIPS, A. T.; RODRIGUEZ, T. "Young children's understanding of perception, desire, and emotion". *Child Development* 71 (2000), pp. 895-912.

WISPÉ, L. *The psychology of sympathy.* Nova York, Plenum, 1991.

YERKES, R. M. *Almost human.* Nova York, Century, 1925.

ZAHN-WAXLER, C.; HOLLENBECK, B.; RADKE-YARROW, M. "The origins of empathy and altruism". Em: FOX, M. W.; MICKLEY, L. D. (eds.). *Advances in animal welfare science.* Washington, DC, Humane Society of the United States, 1984, pp. 21-39.

ZILLMANN, D.; CANTOR, J. R. "Affective responses to the emotions of a protagonist". *Journal of Experimental Social Psychology* 13 (1977), pp. 155-65.

5. O ELEFANTE NA SALA

ANDERSON, J. R.; GALLUP, G. G., JR. "Self-recognition in nonhuman primates: past and future challenges". Em: HAUG, M.; WHALEN, R. E. (eds.). *Animal models of human emotion and cognition*. Washington, DC, APA, 1999, pp. 175-94.

BALFOUR, D.; BALFOUR, S. *African elephants, a celebration of majesty*. Nova York, Abeville Press, 1998.

BATES, L. A. et al. "Do elephants show empathy?". *Journal of Consciousness Studies* 15 (2008), pp. 204-25.

BEKOFF, M. "Observations of scent-marking and discriminating self from others by a domestic dog: tales of displaced yellow snow". *Behavioural Processes* 55 (2001), pp. 75-9.

_____; SHERMAN, P. W. "Reflections on animal selves". *Trends in Ecology and Evolution* 19 (2003), pp. 176-80.

BISCHOF-KÖHLER, D. "Über den Zusammenhang von Empathie und der Fähigkeit sich im Spiegel zu erkennen". *Schweizerische Zeitschrift für Psychologie* 47 (1988), pp. 147-59.

_____. "The development of empathy in infants". Em: LAMB, M.; KELLER, M. (eds.). *Infant development: perspectives from german-speaking countries*. Hillsdale, NJ, Erlbaum, 1991, pp. 245-73.

BONNIE, K. E.; DE WAAL, F. B. M. "Primate social reciprocity and the origin of gratitude". Em: EMMONS, R. A.; MCCULLOUGH, M. E. (eds.). *The psychology of gratitude*. Oxford, UK, Oxford University Press, 2004, pp. 213-29.

BUTTERWORTH, G.; GROVER, L. "The origins of referential communication in human infancy". Em: WEISKRANTZ, L. (ed.). *Thought without language*. Oxford, UK, Clarendon, 1988, pp. 5-24.

CALDWELL, M. C.; CALDWELL, D. K. "Epimeletic (care-giving) behavior in Cetacea". Em: NORRIS, K. S. (ed.). *Whales, dolphins and porpoises*. Berkeley, University of California Press, 1966, pp. 755-89.

CARPENTER, C. R. "A field study of the behavior and social relations of howling monkeys". *Comparative Psychology Monographs* 10 (1934), pp. 1-168.

CENAMI SPADA, E.; AURELI, F.; VERBEEK, P.; DE WAAL, F. B. M. "The self as reference point: can animal do without it?". Em: ROCHAT, P. (ed.). *The self in infancy: theory and research*. Amsterdam, Elsevier, 1995, pp. 193-215.

CHENEY, D. L.; SEYFARTH, R. M. *Baboon metaphysics: the evolution of a social mind*. Chicago, University of Chicago Press, 2008.

CONNOR, R. C.; NORRIS, K. S. "Are dolphins reciprocal altruists?". *American Naturalist* 119 (1982), pp. 358-72.

DE WAAL, F. B. M. *Chimpanzee politics: power and sex among apes* [1982]. Baltimore, MD, Johns Hopkins University Press, 2007.

_____. "The communicative repertoire of captive bonobos (*Pan paniscus*), compared to that of chimpanzees". *Behaviour* 106 (1988), pp. 183-251.

_____. *Bonobo: the forgotten ape*. Com fotografias de Frans Lanting. Berkeley, CA, University of California Press, 1997.

_____. *The ape and the sushi master*. Nova York, Basic Books, 2001.

_____. "Putting the altruism back into altruism: the evolution of empathy". *Annual Review of Psychology* 59 (2008), pp. 279-300.

_____; AURELI, F. "Consolation, reconciliation, and a possible cognitive difference between macaque and chimpanzee". Em: RUSSON, A. E.; BARD, K. A.; PARKER, S. T. (eds.). *Reaching into thought: the minds of the great apes*. Cambridge, UK, Cambridge University Press, 1996, pp. 80-110.

_____; DINDO, M.; FREEMAN, C. A.; HALL, M. "The monkey in the mirror: hardly a stranger". *Proceedings of the National Academy of Sciences*, USA 102 (2005), pp. 11140-7.

DECETY, J.; CHAMINADE, T. "When self represents the other: a new cognitive neuroscience view on psychological identification". *Consciousness & Cognition* 12 (2003), pp. 577-96.

_____; GRÈZES, J. "The power of simulation: imagining one's own and other's behavior". *Brain Research* 1079 (2006), pp. 4-14.

DOUGLAS-HAMILTON, I.; BHALLA, S.; WITTEMYER, G.; VOLLRATH, F. "Behavioural reactions of elephants towards a dying and deceased matriarch". *Applied Animal Behaviour Science* 100 (2006), pp. 87-102.

EMERY, N. J.; CLAYTON, N. S. "Effects of experience and social context on prospective caching strategies by scrub jays". *Nature* 414 (2001), pp. 443-6.

_____. "The mentality of crows: convergent evolution and intelligence in corvids and apes". *Science* 306 (2004), pp. 1903-7.

ENGH, A. L. et al. "Behavioural and hormonal responses to predation in female chacma baboons". *Proceedings of the Royal Society of London* B 273 (2005), pp. 707-12.

EPSTEIN, R.; LANZA, R. P.; SKINNER, B. F. "'Self-awareness' in the pigeon". *Science* 212 (1981), pp. 695-6.

GALLUP, G. G. "Chimpanzees: self-recognition". *Science* 167 (1970), pp. 86-7.

_____. "Toward a comparative psychology of mind". Em: MELLGREN, R. L. (ed.). *Animal cognition and behavior*. Nova York, North-Holland, 1983, pp. 473-510.

GOLEMAN, D. *Social intelligence: the new science of human relationships*. Nova York, Bantam Books, 2006. [Edição brasileira: *Inteligência social: o poder oculto das relações humanas*. São Paulo, Campus, 2006.]

GOULD, S. J. *Ontogeny and phylogeny*. Cambridge, MA, Harvard University Press, 1977.

HAKEEM, A. Y.; SHERWOOD, C. C.; BONAR, C. J.; BUTTI, C.; HOF, P. R.; ALLMAN, J. M. "Von Economo neurons in the elephant brain". *Anatomical Record* 292 (2009), pp. 242-8.

JOHNSON, D. B. "Altruistic behavior and the development of the self in infants". *Merrill-Palmer Quarterly of Behavior & Development* 28 (1992), pp. 379-88.

JORGENSEN, M. J.; HOPKINS, W. D.; SUOMI, S. J. "Using a computerized testing system to investigate the preconceptual self in nonhuman primates and humans". Em: ROCHAT, P. (ed.). *The self in infancy: theory and research*. Amsterdam, Elsevier, 1995, pp. 243-56.

LADYGINA-KOHTS, N. N. *Infant chimpanzee and human child: a classic 1935 comparative study of ape emotions and intelligence.* DE WAAL, F. B. M. (ed.). Nova York, Oxford University Press, 2001.

KRAUSE, M. A. "Comparative perspectives on pointing and joint attention in children and apes". *International Journal of Comparative Psychology* 10 (1997), pp. 137-57.

KUMMER, H. *Social organization of hamadryas baboons.* Chicago, University of Chicago Press, 1968.

LEAVENS, D. A.; HOPKINS, W. D. "Intentional communication by chimpanzees: a cross-sectional study of the use of referential gestures". *Developmental Psychology* 34 (1998), pp. 813-22.

_____; _____. "The whole-hand point: the structure and fucntion of pointing from a comparative perspective". *Journal of Comparative Psychology* 113 (1999), pp. 417-25.

LEWIS, M.; RAMSAY, D. "Development of self-recognition, personal pronoum use, and pretend play during the 2nd year". *Child Development* 75 (2004), pp. 1821-31.

MANGER, P. R. "An examination of cetacean brain structure with a novel hypothesis correlating thermogenesis to the evolution of a big brain". *Biological Review* 81 (2006), pp. 293-338.

MARAIS, E. N. *My friends the baboons.* Nova York, McBride, 1939.

MARINO, L. "A comparison of encephalization between odontocete cetaceans and anthropoid primates". *Brain, Behavior, and Evolution* 51 (1998), pp. 230-8.

_____ et al. "Cetaceans have complex brains for complex cognition". *PLOS Biology* 5 (2007), p. e139.

MEDICUS, G. "The inapplicability of the biogenetic rule to behavioral development". *Human Development* 35 (1992), pp. 1-8.

MENZEL, C. R. "Unprompted recall and reporting of hidden objects by a chimpanzee (*Pan troglodytes*) after extended delays". *Journal of Comparative Psychology* 113 (1999), pp. 426-34.

MENZEL, E. W. "Leadership and communication in young chimpanzees". Em: MENZEL, E. W. (ed.). *Precultural primate behavior*. Basileia, Karger, 1973.

_____. "Communication of object-locations in a group of young chimpanzees". Em: HAMBURG, D. A.; MCCOWN, E. R. (eds.). *The great apes*. Menlo Park, CA, Benjamin Cummings, 1979, pp. 359-71.

MOSS, C. *Elephant memories: thirteen years in the life of an elephant family*. Nova York, Fawcett Columbine, 1988.

NIMCHINSKY, E. A. et al. "A neuronal morphologie type unique to humans and great apes". *Proceedings of the National Academy of Sciences*, USA 96 (1999), pp. 5268-73.

PLOTNIK, J.; DE WAAL, F. B. M.; REISS, D. "Self-recognition in an Asian elephant". *Proceedings of the National Academy of Sciences*, USA 103 (2006), pp. 17053-7.

POOLE, J. *Coming of age with elephants: a memoir*. Nova York, Hyperion, 1996.

POVINELLI, D. J. "Failure to find self-recognition in Asian elephants (*Elephas maximus*) in contrast to their use of mirror cues to discover hidden food". *Journal of Comparative Psychology* 103 (1989), pp. 122-31.

_____; CANT, J. G. H. "Arboreal clambering and the evolution of self-conception". *Quarterly Review of Biology* 70 (1995), pp. 393-421.

PRESTON, S. D.; DE WAAL, F. B. M. "Empathy: its ultimate and proximate bases". *Behavioral & Brain Sciences* 25 (2002), pp. 1-72.

REISS, D.; MARINO, L. "Mirror self-recognition in the bottlenose dolphin: a case of cognitive convergence". *Proceedings of the National Academy of Sciences*, USA 98 (2001), pp. 5937-42.

ROCHAT, P. "Five levels of self-awareness as they unfold early in life". *Consciousness & Cognition* 12 (2003), pp. 717-31.

SAPOLSKY, R. M. *A primate's memoir: a neuroscientist's unconventional life among the baboons*. Nova York, Scribner, 2001. [Edição brasileira: *Memórias de um primata: a vida pouco convencional de um neurocientista entre os babuínos*. São Paulo, Companhia das Letras, 2004.]

SCHINO, G.; GEMINIANI, S.; ROSATI, L; AURELI, F. "Behavioral and emotional response of Japanese macaque mothers after their offspring receive an aggression". *Journal of Comparative Psychology* 118 (2004), pp. 340-6.

SEED, A. M.; CLAYTON, N. S.; EMERY, N. J. "Postconflict third-party affiliation in rooks". *Current Biology* 17 (2007), pp. 152-8.

SEELEY, W. W. et al. "Early frontotemporal dementia targets neurons unique to apes and humans". *Annals of Neurology* 60 (2006), pp. 660-7.

SEMENDEFERI, K.; LU, A.; SCHENKER, N.; DAMASIO, H. "Humans and great apes share a large prefrontal cortex". *Nature Neuroscience* 5 (2002), pp. 272-6.

SIEBENALER, J. B.; CALDWELL, D. K. “Cooperation among adult dolphins”. *Journal of Mammalogy* 37 (1956), pp. 126-8.

SMUTS, B. B. *Sex and friendship in baboons* [1985]. Cambridge, MA, Harvard University Press, 1999.

THOMPSON, R. K. R.; CONTIE, C. L. “Further reflections on mirror usage by pigeons: lessons from Winnie-the-Pooh and Pinocchio too”. Em: PARKER, S. T. et al. (eds.). *Self-awareness in animals and humans*. Cambridge, UK, Cambridge University Press, 1994, pp. 392-409.

TODA, K.; WATANABE, S. “Discrimination of moving video images of self by pigeons (*Columbia livia*)”. *Animal Cognition* 11 (2008), pp. 699-705.

TOMASELLO, M.; CARPENTER, M.; LISZKOWSKI, U. “A new look at infant pointing”. *Child Development* 78 (2007), pp. 705-22.

TRIVERS, R. L. “The evolution of reciprocal altruism”. *Quarterly Review of Biology* 46 (1971), pp. 35-57.

VEÀ, J. J.; SABATER-PI, J. “Spontaneous pointing behaviour in the wild pigmy chimpanzee”. *Folia primatologica* 69 (1998), pp. 289-90.

VERBEEK, P.; DE WAAL, F. B. M. “Postconflict behavior in captive brown capuchins in the presence and absence of attractive food”. *International Journal of Primatology* 18 (1997), pp. 703-25.

VON HOESCH, W. “Über Ziegenhütende Bärenpaviane”. *Zeitschrift für Tierpsychologie* 18 (1961), pp. 297-301.

ZAHN-WAXLER, C.; RADKE-YARROW, M.; WAGNER, E.; CHAPMAN, M. “Development of concern for others”. *Developmental Psychology* 28 (1992), pp. 126-36.

6. JUSTIÇA SEJA FEITA

AHN, T. K.; OSTROM, E.; SCHMIDT, D.; WALKER, J. “Trust in two-person games: game structures and linkages”. Em: OSTROM, E.; WALKER, J. (eds.). *Trust and reciprocity*. Nova York, Russell Sage, 2003, pp. 323-51.

ALVARD, M. “The Ultimatum Game, fairness, and cooperation among big game hunters”. Em: HEINRICH, J. et al. (eds.). *Foundations of human sociality: ethnography and experiments in 15 small-scale societies*. Londres, Oxford University Press, 2004, pp. 413-35.

AMATI, S.; BABWETEERA; WITTIG, R. M. “Snare removal by a chimpanzee of the Sonso community, Budongo Forest (Uganda)”. *Pan Africa News* 15 (2008), pp. 6-8.

BARTELS, L. M. *The political economy of the new gilded age*. Princeton, NJ, Princeton University Press, 2008.

BECK, B. B. "Cooperative tool use by captive hamadryas baboons". *Science* 182 (1973), pp. 594-7.

BELLUGI, U.; LICHTENBERGER, L.; JONES, W.; LAI, Z.; ST. GEORGE, M. "The neurocognitive profile of Williams Syndrome: a complex pattern of strengths and weaknesses". *Journal of Cognitive Neuroscience* 12 (2000), pp. 7-29.

BOEHM, C. "Egalitarian behavior and reverse dominance hierarchy". *Current Anthropology* 34 (1993), pp. 227-54.

BOESCH, C.; BOESCH-ACHERMANN, H. *The chimpanzees of the Taï Forest.* Oxford, UK, Oxford University Press, 2000.

BOYD, R. "The puzzle of human sociality". *Science* 314 (2006), pp. 1555-6.

BRÄUER, J.; CALL, J.; TOMASELLO, M. "Are apes inequity averse? New data on the token-exchange paradigm". *American Journal of Primatology* 71 (2006), pp. 175-81.

BROSNAN, S. F. "Responses to inequity in non-human primates". Em: GLIMCHER, P. W. et al. (eds.). *Neuroeconomics: decision making and the brain.* Nova York, Academic Press, 2008, pp. 283-300.

_____; DE WAAL, F. B. M. "Monkeys reject unequal pay". *Nature* 425 (2003), pp. 297-9.

_____; _____. "Socially learned preferences for differentially rewarded tokens in the brown capuchin monkey". *Journal of Comparative Psychology* 118 (2004), pp. 133-9.

_____; SCHIFF, H.; DE WAAL, F. B. M. "Tolerance for inequity increases with social closeness in chimpanzees". *Proceedings of the Royal Society of London* B 272 (2005), pp. 253-8.

BSHARY, R,; WÜRTH, M. "Cleaner fish *Labroides dimidiatus* manipulate client reef fish by providing tactile stimulation". *Proceedings of the Royal Society of London* B 268 (2001), pp. 1495-501.

BURNHAM, T. C.; JOHNSON, D. D. P. "The biological evolutionary logic of human cooperation". *Analyse & Kritik* 27 (2005), pp. 113-35.

CHASE, I. "The vacancy chain process: a new mechanism of resource distribution in animals with application to hermit crabs". *Animal Behaviour* 36 (1988), pp. 1265-74.

CLARK, M. S.; GROTE, N. K. "Close relationships". Em: MILLON, T.; LERNER, M. J. (eds.). *Handbook of psychology: personality and social psychology.* Nova York, John Wiley, 2003, pp. 447-61.

CSÁNYI, V. *If dogs could talk: exploring the canine mind.* Nova York, North Point, 2005.

DANA, J. D.; KUANG, J.; WEBER, R. A. "Exploiting moral wriggle room: behavior inconsistent with a preference for fair outcomes". Disponível em *Social Science Research Network*, abstract 400900, 2004.

DE WAAL, F. B. M. *Chimpanzee politics: power and sex among apes* [1982]. Baltimore, MD, Johns Hopkins University Press, 2007.

_____. "Food sharing and reciprocal obligations in chimpanzees". *Journal of Human Evolution* 18 (1989), pp. 433-59.

_____. *Good natured: the origins of right and wrong in humans and other animals.* Cambridge, MA, Harvard University Press, 1996.

_____. *Bonobo: the forgotten ape.* Com fotografias de Frans Lanting. Berkeley, CA, University of California Press, 1997.

_____. "The chimpanzee's service economy: food for grooming". *Evolution of Human Behavior* 18 (1997), pp. 375-86.

_____. "Attitudinal reciprocity in food sharing among brown capuchins". *Animal Behaviour* 60 (2000), pp. 253-61.

_____; BERGER, M. L. "Payment for labour in monkeys". *Nature* 404 (2000), p. 563.

_____; LEIMGRUBER, K.; GREENBERG, A. R. "Giving is self-rewarding for monkeys". *Proceedings of the National Academy of Sciences*, USA 105 (2008), pp. 13685-9.

_____; LUTTRELL, L. M. "Mechanisms of social reciprocity in three primate species: symmetrical relationship characteristics or cognition?". *Ethology & Sociobiology* 9 (1988), pp. 101-18.

FEHR, E.; FISCHBACHER, U. "The nature of altruism". *Nature* 425 (2003), pp. 785-91.

_____. SCHMIDT, K. M. "A theory of fairness, competition, and cooperation". *Quarterly Journal of Economics* 114 (1999), pp. 817-68.

FLETCHER, G. E. "Attending to the outcome of others: disadvantageous inequity aversion in male capuchin monkeys". *American Journal of Primatology* 70 (2008), pp. 901-5.

FRANK, R. H. *Passions within reason.* Nova York, Norton, 1988.

_____; COOK, P. J. *Winner-Take-All-Society.* Nova York, Free Press, 1995.

FREUD, S. "Totem and taboo: some points of agreement between the mental lives of savages and neurotics" [1913]. Nova York, Norton, 1950.

GINTIS, H.; BOWLES, S.; BOYD, R.; FEHR, E. *Moral sentiments and material interests.* Cambridge, MA, MIT Press, 2005.

GÜTH, W.; SCHMITTBERGER, R.; SCHWARZE, B. "An experimental analysis of ultimatum bargaining". *Journal of Economic Behavior & Organization* 3 (1982), pp. 367-88.

HANDLER, J. F. *Social citizenship and workfare in the United States and Western Europe: the paradox of inclusion.* Cambridge, UK, Cambridge University Press, 2004.

HARBAUGH, W. T.; MAYR, U.; BURGHART, D. R. "Neural responses to taxation and voluntary giving reveal motives for charitable donations". *Science* 326 (2007), pp. 1622-5.

HEIDARY, F. et al. "Food inequality negatively impacts cardiac health in rabbits". *PLOS ONE* 3(11), p. e3705. doi:10.1371/journal.pone.0003705.

HENRICH, J.; BOYD, R.; BOWLES, S.; CAMERER, C.; GINTIS, H.; MCELREATH, R.; FEHR, E. "In search of *Homo economicus*: experiments in 15 small-scale societies". *American Economic Review* 91 (2001), pp. 73-9.

HENZI, S. P.; BARRETT, L. "Infants as a commodity in a baboon market". *Animal Behaviour* 63 (2002), pp. 915-21.

HOBBES, T. *De Cive.* Whitefish, MT, Kessinger, 2004 [1651]. [Edição brasileira: *Do cidadão* [1651]. São Paulo, Martins Fontes, 2002.]

HOCKINGS, K. J. et al. "Chimpanzees share forbidden fruit". *PLOS ONE* 9 (2007), p. e886.

JENSEN, K.; CALL, J.; TOMASELLO, M. "Chimpanzees are rational maximizers in an Ultimatum Game". *Science* 318 (2007), pp. 107-9.

KAHNEMAN, D.; KNETSCH, J.; THALER, R. "Fairness and the assumption of economics". *Journal of Business* 59 (1986), pp. 285-300.

KNUTSON, B.; WIMMER, G. E.; KUHNEN, C. M.; WINKIELMAN, P. "Nucleus accumbens activation mediates the influence of reward cues on financial risk taking". *NeuroReport* 19 (2008), pp. 509-13.

KOYAMA, N. F.; CAWS, C.; AURELI, F. "Interchange of grooming and agonistic support in chimpanzees". *International Journal of Primatology* 27 (2006), pp. 1293-309.

KROPOTKIN, P. *The conquest of bread.* Nova York, Putnam, 1906.

KUMMER, H. "Evolutionary transformations of possessive behavior". *Journal of Social Behavior and Personality* 6 (1991), pp. 75-83.

LANGERGRABER, K. E.; MITANI, J. C.; VIGILANT, L. "The limited impact of kinship on cooperation in wild chimpanzees". *Proceedings of the National Academy of Sciences*, USA 104 (2007), pp. 7786-90.

NEIWORTH, J. J.; JOHNSON, E. T.; WHILLOCK, K.; GREENBERG, J.; BROWN, V. "Is a sense of inequity an ancestral primate trait? Testing social inequity in cotton top tamarins (*Saguinus oedipus*). *Journal of Comparative Psychology* 123 (2009), pp. 10-17.

NÉMIROVSKY, I. *Suite française.* Nova York, Knopf, 2006.

NISHIDA, T.; HASEGAWA, T.; HAYAKI, H.; TAKAHATA, Y.; UEHARA, S. "Meat-sharing as a coalition strategy by an alpha male chimpanzee?". Em: NISHIDA, T. (ed.). *Topics of primatology.* Tóquio, Tokyo Press, 1992, pp. 159-74.

NOË, R.; HAMMERSTEIN, P. "Biological markets: supply and demand determine the effect of partner choice in cooperation, mutualism and mating". *Behavioral Ecology & Sociobiology* 35 (1994), pp. 1-11.

PEPPERBERG, I. M. *Alex & me.* Nova York, Collins, 2008.

PERRY, S. *Manipulative monkeys: the capuchins of Lomas Barbudal.* Cambridge, MA, Harvard University Press, 2008.

_____; ROSE, L. "Begging and transfer of coati meat by white-faced capuchin monkeys, *Cebus capucins*". *Primates* 35 (1994), pp. 409-15.

_____. et al. "Social conventions in wild white-faced capuchin monkeys: evidence for traditions in a neotropical primate". *Current Anthropology* 44 (2003), pp. 241-68.

RANGE, F.; HORN, L.; VIRANYI, Z.; HUBER, L. "The absence of reward induces inequity aversion in dogs". *Proceedings of the National Academy of Sciences,* USA 106 (2009), pp. 340-5.

ROSE, L. "Vertebrate predation and food-sharing in Cebus and Pan". *International Journal of Primatology* 18 (1997), pp. 727-65.

ROSENAU, P. V. "Is economic theory wrong about human nature?". *Journal of Economic and Social Policy* 10 (2006), pp. 16-78.

SANFEY, A. G.; RILLING, J. K.; ARONSON, J. A.; NYSTROM, L. E.; COHEN, J. D. "The neural basis of economic decision-making in the ultimatum game". *Science* 300 (2003), pp. 1755-8.

SHERMER, M. *The mind of the market.* Nova York, Times Books, 2008.

SKYRMS, B. *The stag hunt and the evolution of social structure.* Cambridge, UK, Cambridge University Press, 2004.

SMITH, A. *An inquiry into the nature and causes of the wealth of nations* [1776]. Indianápolis, IN, Liberty Classics, 1982.

SUBRAMANIAN, S. V.; KAWACHI, I. "The association between state income inequality and worse health is not confounded by race". *International Journal of Epidemiology* 32 (2003), pp. 1022-8.

TRIVERS, R. "Mutual benefits at all levels of life". *Science* 304 (2004), pp. 964-5.

VAN WOLKENTEN, M.; BROSNAN, S. F.; DE WAAL, F. B. M. "Inequity responses of monkeys modified by effort". *Proceedings of the National Academy of Sciences,* USA 104 (2004), pp. 18854-9.

VISALBERGHI, V.; ANDERSON, J. "Fair game for chimpanzees". *Science* 319 (2008), pp. 283-4.

WILKINSON, G. S. "Reciprocal altruism in bats and other mammals". *Ethology & Sociobiology* 9 (1988), pp. 85-100.

WILKINSON, R. G. "The impact of inequality". *Social Research* 73 (2006), pp. 711-32.

WOLFE, J. B. "Effectiveness of token-rewards for chimpanzees". *Comparative Psychology Monographs* 12 [5] (1936), pp. 1-72.

ZAK, P. *Moral markets.* Princeton, NJ, Princeton University Press, 2008.

7. PAU TORTO

ALLEN, J. G.; FONAGY, P.; BATEMAN, A. W. *Mentalizing in clinical practice.* Arlington, VA, American Psychiatric Publishing, 2008.

BABYAK, P.; HARE, R. D. *Snakes in suits: when psychopaths go to work.* Nova York, Collins, 2006.

BARON-COHEN, S. *The essential difference: the truth about the male and female brain.* Nova York, Basic Books, 2003.

BLAIR, R. J. R. "A cognitive developmental approach to morality: investigating the psycopath". *Cognition* 57 (1995), pp. 1-29.

COLAPINTO, J. *As nature made him: the boy who was raised as a girl.* Nova York, Harper Collins, 2000.

COOLIDGE, F. L.; DAVIS, F. L.; SEGAL, D. L. "Understanding madmen: a DSM-IV assessment of Adolf Hitler". *Individual Differences Research* 5 (2007), pp. 30-43.

DE MANDEVILLE, B. *The fable of the bees: or private vices, publick benefits* [1714], vol. I. Londres, Oxford University Press, 1966.

DE VIGNEMONT, F.; SINGER, T. "The empathic brain: how, when and why?". *Trends in Cognitive Sciences* 10 (2006), pp. 435-41.

EISENBERG, N. "Empathy and sympathy". Em: LEWIS, M.; HAVILLAND-JONES, J. M. (eds.). *Handbook of emotion*, pp. 677-91, 2000.

FEINGOLD, A. "Gender differences in personality: a meta-analysis". *Psychological Bulletin* 116 (1994), pp. 429-56.

FREEMAN, R. E. *Strategic management: a stakeholder approach.* Boston, Pitman, 1984.

GROSSMAN, D. *On killing: the psychological cost of learning to kill in war and society.* Nova York, Back Bay Books, 1995.

HOFFMAN, M. L. "Perspectives on the difference between understanding people and understanding things: the role of affect". Em: FLAVELL, J. H.; ROSS, L. (eds.). *Social cognitive development.* Cambridge, UK, Cambridge University Press, 1981, pp. 67-81.

JAFFEE, S.; HYDE, J. S. "Gender differences in moral orientation: a meta-analysis". *Psychological Bulletin* 126 (2000), pp. 703-26.

KAGAN, J. "The uniquely human in human nature". *Daedalus* 133 [4] (2004), pp. 77-88.

KANT, I. "Idee zu einer allgemeinen Geschichte in weltbürgerlicher Absicht". *Berlinische Monatsschrift*, novembro, 1784, pp. 385-41.

MCCONNELL, P. B. *For the love of a dog: understanding emotions in you and your best friend.* Nova York, Ballantine, 2005.

MENCIUS. *The works of Mencius.* Tradução inglesa de J. Legge. Oxford, UK, Clarendon, 1895 [original século IV a.C.].

MONTAGU, A.; MATSON, F. *The dehumanization of man.* Nova York, McGraw-Hill, 1983.

NISTERS, B. "Tertullian: seine Persönlichkeit und sein Schicksal". *Münsterische Beiträge zur Theologie* 25, 1950.

PINKER, S. *The blank slate: the modern denial of human nature.* Nova York, Viking, 2002. [Edição brasileira: *Tábula rasa. A negação contemporânea da natureza humana.* São Paulo, Companhia das Letras, 2004.]

PREMACK, D. "Human and animal cognition: continuity and discontinuity". *Proceedings of the National Academy of Sciences,* USA 104 (2007), pp. 13861-7.

PRESTON, S. D.; DE WAAL, F. B. M. "Empathy: its ultimate and proximate bases". *Behavioral & Brain Sciences* 25 (2002), pp. 1-72.

RIDLEY, M. "Re-reading Darwin". *Prospect* 66 (2001), pp. 74-6.

ROWLANDS, M. *The philosopher and the wolf.* Londres, Granta, 2008.

ROWLING, J. K. "Magic for muggles". *Greater Good* V [1] (2008), p. 40.

SAPOLSKY, R. M.; SHARE, L. J. "Darting terrestrial primates in the wild: a primer". *American Journal of Primatology* 44 (1998), pp. 155-67.

SINGER, T.; SEYMOUR, B.; O'DOHERTY, J. P.; STEPHAN, K. E.; DOLAN, R. J.; FRITH, C. D. "Empathic neural responses are modulated by the perceived fairness of others". *Nature* 439 (2006), pp. 466-9.

TROTSKY, L. "The tasks of communist education". *Communist Review* 4 (7), 1922.

WAITE, R. *The psychopathic god: Adolf Hitler.* Nova York, Basic Books, 1977.

WIGHT, J. B. "Teaching the ethical foundations of economics". *Chronicle of Higher Education,* 15 de agosto de 2003.

ZAHN-WAXLER, C.; CRICK, N.; SHIRTCLIFF, E. A.; WOODS, K. "The origins and development of psychopathology in females and males". Em: CICCHETTI, D.; COHEN, D. J. (eds.). *Developmental Psychopathology.* 2ª ed. Nova York, John Wiley, 2006, pp. 76-138, vol. I.

ZAHN-WAXLER, C.; RADKE-YARROW, M.; WAGNER, E.; CHAPMAN, M. "Development of concern for others". *Developmental Psychology* 28 (1992), pp. 126-36.

ZAK, P. J. "The neuroeconomics of trust". Disponível em *Social Science Research Network,* abstract 7649944, 2005.

Agradecimentos

Durante aproximadamente uma década, acumulei informações sobre o papel da empatia e da confiança na sociedade — tanto humana como animal — para *A era da empatia*. Este livro deve muito a diversas pessoas, especialmente à minha equipe constantemente renovada de vinte estudantes, técnicos e cientistas no Living Links Center, que faz parte do Centro Yerkes de Pesquisa Nacional de Primatas, na Emory University em Atlanta, Geórgia. Quero agradecer a cada um desses colaboradores, colegas e amigos que deram suas opiniões sobre partes do manuscrito ou ofereceram observações, ideias e citações. Sou grato a John Allman, Filippo Aureli, Christophe Boesch, Peter Bos, Sarah Brosnan, Devyn Carter, Marietta Dindo, Pier Francesco Ferrari, Jessica Flack, Robert Frank, Amy Fultz, Beatrice de Gelder, Milton Harris, Yuko Hattori, Victoria Horner, Scott Lilienfeld, Charles Menzel, Alison Nash, Mathias Osvath, Susan Perry, Ing-Marie Persson, Diana Reiss, Colleen Schaffner, Anindya Sinha, Susan Stanich, Benjamin de Waal, Polly Wiesner e Tiffany Young.

Agradeço também a Toshisada Nishida por ter me convidado a visitar seu acampamento no Parque Nacional das Montanhas Mahale, na Tanzânia, a Joshua Plotnik e Richard Lair pela hospitalidade quando fui ver os elefantes na Tailândia, a Maria Butovskaya por providenciar um *tour* pelos bastidores do State Darwin Museum em Moscou, a Emil Menzel pela gentileza de me conceder uma entrevista sobre suas ideias pioneiras, a Wim Suermondt, recentemente falecido, por me ensinar a desenhar e a Stephanie Preston pela ajuda no desenvolvimento de ideias--chave sobre o funcionamento da empatia. Nossa pesquisa contou com o financiamento da National Science Foundation, do National Institutes of Health, da Emory University e também com contribuições privadas. Quero agradecer ainda a minha agente, Michelle Tessler, pelo apoio constante, e a John Glusman, da Harmony Books, pelo incentivo e por sua leitura crítica do texto completo.

Minha primeira leitora, como sempre, foi minha esposa, Catherine Marin, que certifica-se de que o texto está claro e legível, e que nunca deixa de alegrar minha vida.

Índice remissivo

à moda antiga *ver old way, the* (Marshall Thomas)
abolicionismo, 316
abraço, 27, 30, 93, 137-8, 171, 204, 285
acerto de contas, 256
adoção, 66
adoção de perspectiva *ver* perspectiva, tomada de
Afável ver *Good natured* (De Waal)
afogamento simulado, técnica do, 297
agressão, 40, 55, 69, 113-4, 132, 135, 136, 200, 287, 293, 310
Ahla (babuíno fêmea), 207
ajuda mútua, 54
ajuda para necessidade específica (*targeted helping*), 135
Alex (papagaio), 272-3
Allman, John, 197
alpinismo, 231
altruísmo, 16, 63-4, 68, 105, 110-2, 124, 129, 150, 152, 154, 158-9, 165, 168-9, 183, 185, 258
altruísmo de alto custo, 154
altruísmo de autoproteção, 111, 129
altruísmo de baixo custo, 158-9
Alzheimer, mal de, 108
"angústia pessoal", 110
animal moral, O (Wright), 68
Anistia Internacional, 296, 297
annotated fuld, The (Raymond), 267
apontar, gesto de, 80, 163, 214-23
Apple Computer, 306
assistência médica, 60
"assobios de separação", 102
atitude "primeiro eu", 17
Aureli, Filippo, 199
autismo, 237
autointeresse esclarecido, 50, 315
automaticidade/ automático, 117
autonomia motivacional, 65-6, 258
autoproteção, 111-2

autorreconhecimento no espelho, 177, 196, 212
autossacrifício, 151
autosseleção, 52
autossuficiência, 49, 264
aversão à desigualdade, 265-6, 272

babuínos, 24, 39, 55, 77, 200-7, 217, 249, 282, 305
babuínos-sagrados, 205
Balboa Park, San Diego, 150
balbucio, 91, 139, 140
baleias, 84, 180, 184-6, 198, 264
Ballmer, Steve, 305
Beatle (fêmea do gênero *Macacus*), 55
Beck, Benjamin, 282
Behaviorismo/ behaviorista, 26, 105, 148, 285
Bekoff, Marc, 210
Belle (chimpanzé fêmea), 142-3
Bias (macaco-prego fêmea), 242-3, 250, 281
Bíblia, 63, 260, 297
bicicletas, 78-9, 221
biologia, papel da, 10
Bischof-Köhler, Doris, 177
Blair, Tony, 82
Boaventura, São, 227
bocejo (pandiculação), 75-6, 81
Boehm, Christopher, 228
Bom Samaritano, 131
"bom selvagem", 41
boneca russa, modelo da, 289, 294-5
bonobos, 21, 43, 133-4, 182, 220-1, 287
Boussou, Guiné, 254
boxímanes, 33-6, 42-5, 239
Brenin (lobo), 300-1
Brezhnev, Leonid, 295
bridging behavior, 208
Brooks, David, 289
Brosnan, Sarah, 265-6, 272, 274
Bshary, Redouan, 235
bugios, 96, 208
Bugnyar, Thomas, 145
Bundy, Ted, 298
Bush, George W., 82
Buss, David, 65

caça à lebre *versus* caça ao cervo, 265
caçadores de baleia de Lamalera, 264
cães, 23, 78, 135, 136, 141, 210, 270, 273
cães de trenó, 78, 299
caixa fantasma, 90
camaradagem, sistema de, 244
camundongos, 57, 103-8, 118
canto, 59, 96-7, 237
capital social, 240
capitalismo, 62, 267, 277
"cara de brincadeira", 74-5
caranguejos ermitões, 241
Carnegie, Andrew, 48
Carter, Devyn, 76
cavalos, 53-4, 75, 77-8, 97, 115, 173
Ceausescu, Nicolau, 28
células fusiformes, 196-8
Centro de Conservação Thai Elephant, 172
Centro de Pesquisa da Linguagem, Universidade do Estado da Geórgia, 219
Centro Nacional de Pesquisa Yerkes sobre Primatas, 17, 63, 74, 218, 273
Cheney, Dick, 20

Chimp Haven, 153
Chimpanzee politics (De Waal), 69
chimpanzés, 17-9, 21, 29-31, 35, 39, 43, 56-7, 63, 70, 74, 76, 79, 85-96, 118-9, 126-8, 132-4, 138, 141-3, 147-9, 153-5, 160-1, 165-6, 203, 218, 220-2, 226-7, 238-9, 244-6, 249-52, 254-6, 269-77, 293, 305-6
Church, Russell, 104
Churchill, Winston, 41-2
"ciência lúgubre" (economia), 313-4
Clayton, Nicky, 213-4
Clever Dog Lab, Universidade de Viena, 273
coçada social, 160-1
coemergência, hipótese da, 177, 179, 183, 186, 196-8, 204, 212-3
cognição corporificada, 91
comiseração, 307, 311
compaixão, 20, 48, 127, 152, 171, 298, 310, 314, 316
compartilhamento de comida, 18-9, 162, 205, 251, 253, 256, 276
competição, 11, 15, 19, 44, 46, 48, 51, 54, 62-3, 70-1, 118, 187, 243, 276-7, 289, 304
"comportamento repetitivo diante do espelho", teste do, 194
comunidade, interesse pela (motivo social), 59
comunismo, 125, 267
condicionamento aversivo, 299
confiança, 55, 71, 151, 229-30, 232-3, 235-7, 239-40, 247, 257, 280-1, 312, 316-7
confinamento solitário, 23
conflitos, resolução de, 56, 69-70
Confúcio, 310
confusão moral, 21
consolo, 132, 135, 199, 205-6, 208, 212, 275
Constituição dos Estados Unidos, 33
contágio à dor, 106, 118
contágio do bocejo, 75-6
contágio emocional, 100-1, 110, 121, 138, 142, 189, 192, 201
contato corporal, 27-8, 113, 137
contrato social, 38
convergência emocional, 23
cooperação, 9, 46, 50, 53, 69, 71, 168, 174, 187, 193, 229, 236, 242-3, 250, 254-9, 264, 266, 275, 282, 311
coordenação dos movimentos, 78-9
cores, visão das, 64
correspondência, problema da, 74, 82, 171
corticosterona, 203
corvídeos, família dos, 212-3
corvos, 145, 212
crescimento populacional, 50
criança "beijada demais", 20, 28
criança(s), 12, 20, 24, 27-8, 34, 39, 66-8, 73, 81-4, 88, 91, 93, 101, 110, 116, 128, 133-6, 139-40, 143-6, 150-1, 156-7, 159, 165, 167-8, 176-9, 181, 194-5, 201, 213, 218, 221, 223, 237-40, 258, 260, 262, 269, 275, 278, 285, 290, 293, 296, 299, 303, 314
crise financeira global (2008), 9
cultura/ costume, 33, 52, 71, 78, 83, 95, 160-2, 239, 286, 293

dança, 93, 94
Darwin, Charles, 21, 47, 50, 54, 63, 124, 126, 135, 292
darwinismo social, 47-9, 289

Dawkins, Richard, 62-4
De Gaulle, Charles, 29
De Gelder, Beatrice, 119
debate presidencial (2008), 47
decisões econômicas, 229
Declaração da Independência (EUA), 29
descent of man, The (Darwin), 21
"deschimpanzadas", 119
desconfiança, 14, 266
desumanização, 119, 302
deuses devem estar loucos, Os (filme), 34
dícticos, gestos, 223
Diego (gato), 24
Dimberg, Ulf, 99, 117
Dinamarca, 240
diques, 12, 14, 17
Direita Cristã, 48
direitos adquiridos, 49
Discurso sobre a origem e os fundamentos da desigualdade entre os homens (Rousseau), 230
DNA (ácido desoxirribonucleico), 41, 63, 117, 255, 287
dor, contágio à, 106, 118
Dowd, Maureen, 268
Down, síndrome de, 237
Dylan, Bob, 259

economia comportamental, 242
egoísmo/ egoísta, 12, 16, 53, 61, 68, 111, 124, 130, 163, 169, 225, 229-30, 274-5
Einfühlung, 98
Eleanor (elefanta), 189
elefantes, 24-5, 93, 170-4, 179, 186, 189-98, 202, 212, 296
eleições parlamentares (EUA-2006), 196
Elephant Nature Park, Tailândia, 172, 174
Emery, Nathan, 214
"Emotional reactions of rats to the pain of others" (Church), 104
empatheia, 98
empatia involuntária, 99
endorfinas, 233
Engh, Anne, 202-3
Enron, 61-3, 71, 298
escolha racional, teoria da, 168
escravidão, 316
espécie humana, 32-3, 36, 41, 43, 62, 70, 115, 128, 133, 155, 172, 178, 229, 265, 284-5, 291-4
espírito evolucionário, 14-6, 47
estados de espírito, contágio dos, 77
estados de humor, convergência de, 95
estresse pós-traumático, 309
estudo nocaute, 57
eu/ outro, distinção, 117, 169, 178
"eu", noção de, 174, 178, 209
evolucionismo *ver* teoria evolucionista
expectativa de vida, 23, 280
"experimento iniciado" *versus* "adivinhadores", 141-5
experimento do "Pequeno Albert", 26
explicação linear da empatia, 98
explicações hierárquicas da empatia, 99
expressões faciais, 22, 99-100, 119-23, 207, 232, 289

falácia naturalista, 49, 51
felicidade, 12, 29, 240, 275, 312
Ferrari, Pier Francesco, 81
Fifi (chimpanzé fêmea), 79-80

filogenia, 173, 179, 198
Flack, Jessica, 57
focas, 184-5
Frank, Robert, 230, 279
fraternidade, 281
frequência cardíaca, 113-5
Freud (chimpanzé macho), 79
Freud, Sigmund, 228
Friedman, Milton, 61-2, 312
Frodo (chimpanzé macho), 79-80
Fuld comentado ver *annotated Fuld, The* (Raymond)
Fuld, Richard, 267
Fuzileiro ver *Jarhead* (Swofford)

gaios, 212-4
Gallup, Gordon, 174-5, 179
ganância, 9, 15-6, 62-3, 71, 266, 304, 313
gatos, 12, 40, 109-10
Gazzaniga, Michael, 187
Geissmann, Thomas, 97
gene egoísta, O (Dawkins), 61-3
gênero, diferenças de, 101, 304
gênero, identidade de, 286
gentileza, 63-4, 161, 188, 246, 251-2, 276, 314
Georgia (chimpanzé fêmea), 222
Gingrich, Newt, 17
Gini, índice de, 279
gliais, células, 180, 183
Goleman, Daniel, 178
golfinhos, 68, 82, 173, 179-84, 192, 194-8, 202, 212
Good natured (de Waal), 113
Goodall, Jane, 79
Google, 305
Gorbachev, Mikhail, 295
Gould, Stephen Jay, 179
Goy, Robert, 114
Grace (elefanta), 189
gralhas, 212
"grande anomalia", 254, 293
Grasso, Richard, 266
gratidão, 185, 238, 246, 248
Greenspan, Alan, 53, 312
Griffin (papagaio), 272-3
Grossman, Dave, 307-8
Guerra do Iraque, 41, 151, 288
Guerra do Vietnam, 308
Guerra e paz (Tolstói), 108, 308
guerra(s), 13, 40-4, 84, 137, 257, 288, 293, 308-10

Haidt, Jonathan, 20
Hanuman, 291
Happy (elefanta), 186, 195, 196
Hare Krishna, seguidores do, 251
Harlow, Harry, 28
Hello, Dolly! (filme), 279
Henrich, Joseph Henrich, 263-4
Herding cats (Lott), 39
heroísmo, 125, 155
hierarquia, 18, 30, 49, 56, 58, 87, 114, 122, 187, 226-8, 245, 246, 252, 254, 282, 306, 310
Hobbes, Thomas, 136, 261
Hockings, Kimberley, 254
Hoffman, Martin, 289
Holanda, 14, 78, 94, 278
homicídio, 41
Horner, Vicky, 86, 222
humanos, 16
humor, senso de, 148, 171
Hussein, Saddam, 298

identificação, 83, 90, 92, 98, 118-9, 157, 168, 301-2
ideologias políticas, 47
igualdade/ desigualdade, 17, 228,

230, 261, 265-6, 268-9, 271-2, 278-83, 312, 316
igualitaristas, 225, 228
Iluminismo francês, 262-3
imitação, 81, 83-6, 90, 92-5, 100, 107, 121, 249
imitação espontânea, 85
imitação neonatal, 81
impulso sexual, 66
Indah (orangotango fêmea), 144
índios americanos, 216
individualismo, 49
indústria automobilística, 267
instinto de rebanho, 39, 40, 77, 314
instintos sociais, 21
Instituto Max Planck, Leipzig, 165
interesse solidário, 132
intolerância, 63
inveja, 44, 88, 225, 266, 278
Isobel (cadela), 78
israelenses, 288

Jackson, Jesse, 304
Jarhead (Swofford), 136
Jericó, 41
Jethro (cão), 210
Jiang Xiaojuan, 151
Jobs, Steve, 306
jogo do ultimato, 263-4
jogos de confiança, 231, 233
justiça/ injustiça, 14, 16-7, 48, 61, 225, 229, 241, 259, 261-3, 265, 269, 271-3, 276-7, 280-1, 283, 307, 313

K2, montanha, 231
Kagan, Jerome, 293
Kant, Imannuel, 20, 31, 286
Katie (chimpanzé fêmea), 222
Katrina, furacão, 12-4, 17, 315, 317
Khrushchev, Nikita, 295
Köhler, Wolfgang, 91
Kohts, Aleksandr, 125, 129
Kohts, Nadia, 125-9, 133, 140
Kropotkin, Piotr, 53-4, 243
Kummer, Hans, 205
Kuni (chimpanzé fêmea), 134-5

lábios, estalos dos, 55, 81
Lamalera, Indonésia, 264
Lamarck, Jean-Baptiste, 124, 126
Lapid, Yosef, 288
Lay, Kenneth, 298
Leavens, David, 218
Lehman Brothers, 267
lei da oferta e da procura, 241
lei das consequências não intencionais, 284
lei de Murphy, 284
Leimgruber, Kristi, 163
Lenin, Vladimir, 295
leões, 35, 75, 202, 223
liberdade, 17, 30, 38, 45, 61, 75, 102, 281, 313
liberdade econômica, 46, 48
Lincoln, Abraham, 12, 130, 316-7
língua francesa, 49
linguagem corporal, 22, 86, 112, 121, 143, 217, 219
linguagem, desenvolvimento da, 139
Lipps, Theodore, 72, 98-100, 116
Liza (chimpanzé fêmea), 218-9
lobos, 19, 53-4, 96
Loeke (gato), 201
Lott, Trent, 39
Lysenko, Trofim, 125, 128

Macaca radiata, macacos da espécie, 206
Macaca, gênero, 39, 55, 199, 206, 217
macacos, 16-7, 21, 28, 39, 55, 57-8, 64, 69-70, 75, 77, 81, 84, 87, 89, 111-4, 116-7, 138, 140-1, 143, 145, 162-4, 166, 174-5, 197-212, 217, 227, 232-3, 236, 242-5, 250-2, 259, 265, 266, 268-9, 271-2, 274-7, 290-1
macacos-aranha, 208
macacos-dourados da China, 55
macacos-prego, 162, 164, 166, 204-5, 208, 211, 232-3, 236, 250, 265-6, 268, 272, 274-5
macacos-rabo-de-porco, 57
macaquear, 82-3, 94
MacLean, Paul, 102
Madame Bee (chimpanzé fêmea), 152
Madison, James, 11, 28
Mae Mai (elefanta), 191-2
Mahale, montanhas (Tanzânia), 160-1
Malthus, Thomas, 50, 54
Mandeville, Bernard de, 303-4, 314
Manger, Paul, 180
manutenção da ordem/ policiamento, 58
"mão invisível", 13, 313
mapeamento corporal, 81-2, 91-2
mar Vermelho, 235
marca, teste da, 176, 181, 193-6, 209
Marin, Catherine, 130-1, 260
Marino, Lori, 181
Marley (cão), 135
Marshall Thomas, Elizabeth, 34, 42
marxismo, 286
massas, psicologia das, 40
matar, 41-2, 103, 137, 305, 308-9
materno, cuidado/amor, 25, 27
Maxine (elefanta), 193-4
May (chimpanzé fêmea), 246
Mêncio, 310-1
Mencken, H. L., 271
mentalização, 290
Menzel, Charles, 147, 219
Menzel, Emil, 141, 143, 145, 148-9, 157, 217, 219
"mercado de serviços", 249
"mercado de trabalho", 250
mérito, sociedade baseada no, 48
Merleau-Ponty, Maurice, 122
Meston, Cindy, 65
Microsoft, 305
migração, 37, 259
Milgram, Stanley, 308
Miller, Arthur, 83
mitos de origem, 32, 44
Moe (chimpanzé macho), 270-2
Mogil, Jeffrey, 105
moralidade, 20-2, 31, 293, 300, 313
morcegos vampiros, 244, 259
Moskito, James, 186
Moss, Cynthia, 190
movimento feminista nos Estados Unidos, 286
música, 40, 52, 91, 95-7
Mussolini, Benito, 298
Mutual aid (Kropotkin), 243
mutualismo, 235, 256

navios-caixão, 52
Némirovsky, Irène, 224
neonatal, imitação, 81
neurônios von Economo, 197
neurônios-espelho, 81, 116-7, 169
New England Journal of Medicine, 108

New York Times, The, 289
Nikkie (chimpanzé macho), 214-5, 218
Nishida, Toshisada, 161
nivelamento, mecanismos de, 47
noblesse oblige, 51
norma de justiça, 268-9, 272

Obama, Barack, 9, 304, 315
Okavango, delta do (Botswana), 200
old way, The (Marshall Thomas), 34
"olho por olho, dente por dente", 247, 266, 277
On killing (Grossman), 307
ontogenia, 173, 179, 198
Ontogeny and phylogeny (Gould), 179
11 de setembro, ataque terrorista de, 36, 151
orangotangos, 21, 79, 209
orfanatos, 26, 28, 285
origem do homem, A ver *descent of man, The* (Darwin)
Oscar (gato), 108-10, 140

palestinos, 288
pandiculação, 75-6
Panzee (chimpanzé fêmea), 219
papagaios, 272, 276
parasitismo, 257, 266
Parkinson, mal de, 108, 122
Parque Nacional de Gombe, Tanzânia, 152
Parque Nacional de Kibale, Uganda, 255-6
Parque Nacional de Taï, Costa do Marfim, 19
Partido Republicano, 47, 196
"partilha dos riscos", 43
pássaros, 37, 39, 77, 84, 96, 134, 143, 145, 184, 212-4, 243
Pat (babuíno fêmea), 282
Payne, Katy, 93, 98
Peewee (babuíno macho), 282
pega-rabuda, 212-4
peixes, 32, 36-8, 65, 134, 183, 234-6, 259, 295
peixes limpadores, 235, 259
Peony (chimpanzé fêmea), 152-3
Pepperberg, Irene, 272, 276
Perry, Susan, 232
perspectiva, tomada de, 80, 142-4, 146, 149-50, 156, 158-9, 161, 179, 183, 185, 197, 199-201, 207, 209, 212-3, 215, 222, 230, 293, 295, 297-8, 303
philosopher and the wolf, The (Rowlands), 300
piadas étnicas, 73
Plínio, o Velho, 171
Plotnik, Joshua, 171
Plutarco, 82
pobreza, 17, 48, 277, 315
pombos, 148, 181
posturas corporais, 119, 120, 217
predação, 39, 202
Premack, David, 293
pré-preocupação, 139-40, 147
Presley (golfinho), 181
Preston, Stephanie, 113
"primata interior", 13
"primatas assassinos", 40
Prince Chim (bonobo macho), 133
Prior, Helmut, 213
pró-sociais, tendências, 166, 169, 177, 275, 302

psicopatia, 298, 301
Psiquê (deusa grega), 292
Putin, Vladimir, 295

Rand, Ayn, 53
Range, Friederike, 273
Raymond, Geoffrey, 267
"Reações emocionais de ratos à dor em outros" *ver* "Emotional reactions of rats to the pain of others" (Church)
Reagan, Ronald, 9, 245
"rebanhos egoístas", 37
reciprocidade, 245-8, 251-2, 254, 256-7, 285
reciprocidade atitudinal, 251
reciprocidade forte, 257
recompensa competitiva, paradigma da, 277
reconciliação, 70, 132, 199, 298
reencarnação, 291
Reiss, Diana, 181, 192
religião, 47-8, 71, 287-8, 291-3
renda, desigualdade de, 279, 316
ressentimento, 260, 266
Revolução Francesa, 33
Revolução Industrial, 11, 51
Rieman, Tommy, 151
riqueza das nações, A (Smith), 12
riso, 72-5, 94, 227
Robespierre, Maximilien, 119
Rock (chimpanzé macho), 142-3, 149
Rockfeller, John D., 48
roedores, 103-4, 141, 296
Roma antiga, 171
Romênia, orfanatos da, 285
Roosevelt, Franklin D., 284
Roosevelt, Theodore, 12
Ropey (fêmea do gênero Macaca), 55
Rosenblatt, Paul, 137-8
Rousseau, Jean-Jacques, 38, 41, 230
Rowlands, Mark, 300-1
Rowling, J. K., 296
Rumsfeld, Donald, 288

Sabater-Pi, Jordi, 220
Sammy (macaco-prego fêmea), 242-3, 250, 281
Sapolsky, Robert, 206, 305
Sara (chimpanzé fêmea), 153
Sarah (gata), 24
Schadenfreude, 107, 225, 267
Schino, Gabriele, 199-200
Segunda Guerra Mundial, 40, 308
"segunda mão invisível", 310, 313
segurança, necessidade de, 39
seleção natural, 50, 52, 67, 69, 71, 167
sentimento de satisfação, 167, 276, 314
sentimentos morais, 12
serviços comunitários voluntários, 314
Sheila (chimpanzé fêmea), 153
Sherman, William, 310
Shipman, Harold, 298
siamangos, 96-7
sincronia/ sincronização, 40, 75-7, 81, 93-4, 173
Singer, Tania, 307
Sinha, Anindya, 205
sistema límbico, 102
Skilling, Jeff, 62-3, 71
Skinner, B. F., 285
Skvara, Steve, 59-60

Smith, Adam, 11, 13, 124, 241, 254, 313
Smuts, Barbara, 206
sobrevivência dos mais aptos, 13
social scratching (coçada social), 160
Socko (chimpanzé macho), 246
Sófocles, 309
solidariedade, 11-3, 17, 50, 59, 67, 73, 75, 105, 127, 129-33, 139-41, 168, 171, 231, 261, 306, 312-4
Spencer, Herbert, 47-8, 50-1, 53
Stálin, Joseph, 125, 128, 295, 298
Streisand, Barbra, 279
Suazilândia, 259
Suite française (Némirovsky), 224, 283
Swofford, Anthony, 136

"Tales of displaced yellow snow" (Bekoff), 210
targeted helping (ajuda para necessidade específica), 135
"Teoria da emoção em primeiro lugar", 121
teoria da mente (adoção de perspectiva "fria"), 142
"Teoria do corpo em primeiro lugar", 120
teoria dos sentimentos morais, A (Smith), 11-2
teoria evolucionista, 15, 21, 47, 125
Tertuliano de Cartago, 301
teste do "comportamento repetitivo diante do espelho", 194
Thatcher, Margaret, 9
Tina (elefanta), 190
Tocqueville, Alexis de, 53
tolerância, 63, 282
Tolstói, Liev, 308
toninhas, 36, 180
tortura, 293, 297-8, 301
trabalho voluntário, 314
transtorno do estresse pós-traumático, 309
trapacear, 308
Trivers, Robert, 258
Trotsky, Leon, 285
Turguêniev, Ivan, 102
Two in bed (Rosenblatt), 137

Universidade de Kyoto, 76
Universidade de Parma, 116
Universidade de Viena, Clever Dog Lab, 273
Universidade do Estado da Geórgia, Centro de Pesquisa da Linguagem, 219
ursos, 35, 84

Van Hooff, Jan, 73
Vermelho, mar, 235
vínculo, 25, 29, 43, 71, 94, 102, 105, 163, 187, 247
Vitória, rainha da Inglaterra, 292

Walden two (Skinner), 285
Wall Street (filme), 15
warm glow, 167
Warneken, Felix, 165
Washoe (chimpanzé fêmea), 154
Watson, John, 26-8
Whiten, Andy, 86
Wiessner, Polly, 43
Wilkinson, Richard, 280
Williams, síndrome de, 237-8
Wilson, E. O., 14
Wispé, Lauren, 130
Wright, Robert, 68

Yeltsin, Bóris, 295
Yerkes, Robert, 128, 133
Yeroen (chimpanzé macho), 226-7
Yoni (chimpanzé macho), 126-9, 132, 135, 140

Zahn-Waxler, Carolyn, 135, 303
Zoológico Brookfield, Chicago, 282
Zoológico de Arnhem, 134, 253
Zoológico de Chester, Reino Unido, 254
Zoológico de Londres, 292
Zoológico de Roma, 199
Zoológico de San Diego, 221
Zoológico do Bronx, Nova York, 174, 193

ESTA OBRA FOI COMPOSTA EM ELECTRA PELO ESTÚDIO O.L.M./ FLAVIO PERALTA
E IMPRESSA PELA UMLIVRO EM PROCESSO DE IMPRESSÃO SOB DEMANDA
SOBRE PAPEL PÓLEN SOFT DA SUZANO S.A. PARA A EDITORA SCHWARCZ
A PARTIR DE ABRIL DE 2021

FSC
www.fsc.org
MISTO
Papel produzido a partir de fontes responsáveis
FSC® C128038

A marca FSC® é a garantia de que a madeira utilizada na fabricação do papel deste livro provém de florestas que foram gerenciadas de maneira ambientalmente correta, socialmente justa e economicamente viável, além de outras fontes de origem controlada.